"十三五"国家重点出版物出版规划项目

现代电子战技术丛书

微波光子信号处理技术

Microwave Photonic Signal Processing Technology

周 涛 孙力军 顾 杰 刘静娴 陈智宇 等著

国防工业出版社

·北京·

图书在版编目(CIP)数据

微波光子信号处理技术/周涛等著. —北京:国防工业出版社,2023.3
(现代电子战技术丛书)
ISBN 978 – 7 – 118 – 12748 – 5

Ⅰ.①微… Ⅱ.①周… Ⅲ.①微波理论 – 光电子学 – 光学信号处理 Ⅳ.①TN911.74

中国国家版本馆 CIP 数据核字(2023)第 027845 号

※

*国防工业出版社*出版发行
(北京市海淀区紫竹院南路23号 邮政编码100048)
三河市腾飞印务有限公司印刷
新华书店经售

*

开本 710×1000 1/16 插页8 印张21 字数306千字
2023年3月第1版第1次印刷 印数1—2000册 定价148.00元

(本书如有印装错误,我社负责调换)

国防书店:(010)88540777　　书店传真:(010)88540776
发行业务:(010)88540717　　发行传真:(010)88540762

致 读 者

本书由中央军委装备发展部**国防科技图书出版基金**资助出版。

为了促进国防科技和武器装备发展,加强社会主义物质文明和精神文明建设,培养优秀科技人才,确保国防科技优秀图书的出版,原国防科工委于1988年初决定每年拨出专款,设立国防科技图书出版基金,成立评审委员会,扶持、审定出版国防科技优秀图书。这是一项具有深远意义的创举。

国防科技图书出版基金资助的对象是:

1. 在国防科学技术领域中,学术水平高,内容有创见,在学科上居领先地位的基础科学理论图书;在工程技术理论方面有突破的应用科学专著。

2. 学术思想新颖,内容具体、实用,对国防科技和武器装备发展具有较大推动作用的专著;密切结合国防现代化和武器装备现代化需要的高新技术内容的专著。

3. 有重要发展前景和有重大开拓使用价值,密切结合国防现代化和武器装备现代化需要的新工艺、新材料内容的专著。

4. 填补目前我国科技领域空白并具有军事应用前景的薄弱学科和边缘学科的科技图书。

国防科技图书出版基金评审委员会在中央军委装备发展部的领导下开展工作,负责掌握出版基金的使用方向,评审受理的图书选题,决定资助的图书选题和资助金额,以及决定中断或取消资助等。经评审给予资助的图书,由国防工业出版社出版发行。

国防科技和武器装备发展已经取得了举世瞩目的成就,国防科技图书承担着记载和弘扬这些成就,积累和传播科技知识的使命。开展好评审工作,使有限的基金发挥出巨大的效能,需要不断摸索、认真总结和及时改进,更需要国防科技和武器装备建设战线广大科技工作者、专家、教授,以及社会各界朋友的热情支持。

让我们携起手来,为祖国昌盛、科技腾飞、出版繁荣而共同奋斗!

国防科技图书出版基金
评审委员会

国防科技图书出版基金
2018 年度评审委员会组成人员

主 任 委 员　吴有生

副 主 任 委 员　郝　刚

秘 书 长　郝　刚

副 秘 书 长　许西安　谢晓阳

委　　　员　才鸿年　王清贤　王群书　甘茂治
（按姓氏笔画排序）　甘晓华　邢海鹰　巩水利　刘泽金
　　　　　　　孙秀冬　芮筱亭　杨　伟　杨德森
　　　　　　　肖志力　吴宏鑫　初军田　张良培
　　　　　　　张信威　陆　军　陈良惠　房建成
　　　　　　　赵万生　赵凤起　唐志共　陶西平
　　　　　　　韩祖南　傅惠民　魏光辉　魏炳波

"现代电子战技术丛书"编委会

编委会主任 杨小牛

院 士 顾 问 张锡祥 凌永顺 吕跃广 刘泽金 刘永坚
王沙飞 陆 军

编委会副主任 刘 涛 王大鹏 楼才义

编委会委员
(排名不分先后)
许西安 张友益 张春磊 郭 劲 季华益 胡以华
高晓滨 赵国庆 黄知涛 安 红 甘荣兵 郭福成
高 颖

丛书总策划 王晓光

丛书序

新时代的电子战与电子战的新时代

广义上讲,电子战领域也是电子信息领域中的一员或者叫一个分支。然而,这种"广义"而言的貌似其实也没有太多意义。如果说电子战想用一首歌来唱响它的旋律的话,那一定是《我们不一样》。

的确,作为需要靠不断博弈、对抗来"吃饭"的领域,电子战有着太多的特殊之处——其中最为明显、最为突出的一点就是,从博弈的基本逻辑上来讲,电子战的发展节奏永远无法超越作战对象的发展节奏。就如同谍战片里面的跟踪镜头一样,再强大的跟踪人员也只能做到近距离跟踪而不被发现,却永远无法做到跑到跟踪目标的前方去跟踪。

换言之,无论是电子战装备还是其技术的预先布局必须基于具体的作战对象的发展现状或者发展趋势、发展规划。即便如此,考虑到对作战对象现状的把握无法做到完备,而作战对象的发展趋势、发展规划又大多存在诸多变数,因此,基于这些考虑的电子战预先布局通常也存在很大的风险。

总之,尽管世界各国对电子战重要性的认识不断提升——甚至电磁频谱都已经被视作一个独立的作战域,电子战(甚至是更为广义的电磁频谱战)作为一种独立作战样式的前景也非常乐观——但电子战的发展模式似乎并未由于所受重视程度的提升而有任何改变。更为严重的问题是,电子战发展模式的这种"惰性"又直接导致了电子战理论与技术方面发展模式的"滞后性"——新理论、新技术为电子战领域带来实质性影响的时间总是滞后于其他电子信息领域,主动性、自发性、仅适用于本领域的电子战理论与技术创新较之其他电子信息领域也进展缓慢。

凡此种种,不一而足。总的来说,电子战领域有一个确定的过去,有一个相对确定的现在,但没法拥有一个确定的未来。通常我们将电子战领域与其作战对象之间的博弈称作"猫鼠游戏"或者"魔道相长",乍看这两种说法好像对于博弈双方一视同仁,但殊不知无论"猫鼠"也好,还是"魔道"也好,从逻辑上来讲都是有先后的。作战对象的发展直接能够决定或"引领"电子战的发展方向,而反之则非常困难。也就是说,博弈的起点总是作战对象,博弈的主动权也掌握在作战对象手中,而电子战所能做的就是在作战对象所制定规则的"引领下"一次次轮回,无法跳出。

然而,凡事皆有例外。而具体到电子战领域,足以导致"例外"的原因可归纳为如下两方面。

其一,"新时代的电子战"。

电子信息领域新理论新技术层出不穷、飞速发展的当前,总有一些新理论、新技术能够为电子战跳出"轮回"提供可能性。这其中,颇具潜力的理论与技术很多,但大数据分析与人工智能无疑会位列其中。

大数据分析为电子战领域带来的革命性影响可归纳为**"有望实现电子战领域从精度驱动到数据驱动的变革"**。在采用大数据分析之前,电子战理论与技术都可视作是围绕"测量精度"展开的,从信号的发现、测向、定位、识别一直到干扰引导与干扰等诸多环节,无一例外都是在不断提升"测量精度"的过程中实现综合能力提升的。然而,大数据分析为我们提供了另外一种思路——只要能够获得足够多的数据样本(样本的精度高低并不重要),就可以通过各种分析方法来得到远高于"基于精度的"理论与技术的性能(通常是跨数量级的性能提升)。因此,可以看出,大数据分析不仅仅是提升电子战性能的又一种技术,而是有望改变整个电子战领域性能提升思路的顶层理论。从这一点来看,该技术很有可能为电子战领域跳出上面所述之"轮回"提供一种途径。

人工智能为电子战领域带来的革命性影响可归纳为**"有望实现电子战领域从功能固化到自我提升的变革"**。人工智能用于电子战领域则催生出认知电子战这一新理念,而认知电子战理念的重要性在于,它不仅仅让电子战具备思考、推理、记忆、想象、学习等能力,而且还有望让认知电子战与其他认知化电子信息系统一起,催生出一种新的战法,即,

"智能战"。因此,可以看出,人工智能有望改变整个电子战领域的作战模式。从这一点来看,该技术也有可能为电子战领域跳出上面所述之"轮回"提供一种备选途径。

总之,电子信息领域理论与技术发展的新时代也为电子战领域带来无限的可能性。

其二,"电子战的新时代"。

自1905年诞生以来,电子战领域发展到现在已经有100多年历史,这一历史远超雷达、敌我识别、导航等领域的发展历史。在这么长的发展历史中,尽管电子战领域一直未能跳出"猫鼠游戏"的怪圈,但也形成了很多本领域专有的、与具体作战对象关系不那么密切的理论与技术积淀,而这些理论与技术的发展相对成体系、有脉络。近年来,这些理论与技术已经突破或即将突破一些"瓶颈",有望将电子战领域带入一个新的时代。

这些理论与技术大致可分为两类:一类是符合电子战发展脉络且与电子战发展历史一脉相承的理论与技术,例如,网络化电子战理论与技术(网络中心电子战理论与技术)、软件化电子战理论与技术、无人化电子战理论与技术等;另一类是基础性电子战技术,例如,信号盲源分离理论与技术、电子战能力评估理论与技术、电磁环境仿真与模拟技术、测向与定位技术等。

总之,电子战领域100多年的理论与技术积淀终于在当前厚积薄发,有望将电子战带入一个新的时代。

本套丛书即是在上述背景下组织撰写的,尽管无法一次性完备地覆盖电子战所有理论与技术,但组织撰写这套丛书本身至少可以表明这样一个事实——有一群志同道合之士,已经发愿让电子战领域有一个确定且美好的未来。

一愿生,则万缘相随。

愿心到处,必有所获。

杨小牛

2018年6月

杨小牛,中国工程院院士。

前言

微波光子学是一门微波和光子学交叉融合的新兴学科,目前的研究主要集中在信息领域。虽然现在学术界尚未有统一的微波光子学定义,但就一般性而言,微波光子学可以分为微波光子器件和微波光子信号处理两个大类:前者侧重探讨在器件中电磁场、光子、电子等物理量的产生、调控等基础性研究;后者侧重将微波信号转换到光学域中,用光学方法实现微波信号的产生、传输、变换、控制等功能。考虑到在微波光子器件方面已有不少业内知名学者撰写了相关专著,珠玉在前;因而本书的重点是讨论微波光子信号处理技术。

微波光子信号处理在军民电子信息系统中的应用潜力非常广大,尤其在雷达、通信、电子战等应用场合中,不断催生出宽带微波信号的产生、变频、延迟、波束形成等多种功能需求。例如:雷达为了提高成像分辨率和克服孔径渡越时间,需要可控的宽带真实延迟,它关注的是光域上的宽带一致性和延迟精确性;通信为了提升多信道的柔性透明转发,需要可重构的宽带变频和交换能力,它关注的是光域上的精细操纵和频谱搬移特性;电子战为了提高全频谱检测能力和宽带截获概率,需要宽带信道分割和参数测量功能,它关注的是光域上的幅、频、相等参量的转换特性。可见,光域上的微波信号处理能力才是核心,而光域上可处理的信号类型多样、可利用的物理参量众多,激发了多样化的微波光子信号处理手段,使得微波光子技术充满活力和无限创新的可能。

本书作者从事微波光子信号处理技术的研究已近20年,积累了较为丰富的技术研究和工程应用经验,深切感受到微波光子信号处理的研究价值和现实意义都很大。但遗憾的是业内缺少系统性阐述微波光子信号处理的专著,其中部分原因是作为交叉学科,微波光子信号处理技术涉及微波、光学、信号处理等多种学科方向,超越了大部分读者的专业范畴,使得大家难窥其径。因此,作者及团队愿意尽绵薄之力,从多年的研究经验出发,并广泛吸纳业内的丰富研究成果,尝试着对微波光子信号处理这一领域的研究成果进行梳理和归纳,希望能对有志于从事微波光子信号处理技术研究的同志有所裨益。

全书共7章。首先,在第1章中回顾了微波与光波两个学科的发展历程和交叉融合的渊源。微波光子交叉学科能够诞生,说明微波和光波二者之间一定具有物理上互通的共性,这种共性为二者之间信息的变换与处理奠定了物理基础;而之所以得到了日益广泛的研究,又归因于二者之间的差异性带来的互补和融合。因此,作者以多年的研究认知探讨了微波和光波的统一性与差异性,便于读者从各种多样化的处理方法中窥见物理本质,进而更好地理解和创新微波光子信号处理技术。

其次,虽然本书的重心是微波光子信号处理技术,但用于微波－光波相互作用的微波光子器件和实现微波－光波相互转换的微波光子链路是微波光子信号处理的物理基础,且不同的器件特性和调制解调方式对于理解不同的微波光子信号处理方法有直接影响。因此,本书第2章和第3章分别对部分核心的微波光子器件及其构成的典型微波光子链路进行了必要的介绍,重点分析这些器件或链路对于微波光子信号处理中信号特性的影响,如噪声、动态范围、非线性及其抑制方法。显然,所介绍的器件和链路技术难以完备,对于更详细的情况,读者可以参考引用文献或相关专著。

再次,本书着重对微波光子信号处理方法进行介绍,然而微波光子信号处理的内涵非常丰富,一书难以穷尽,如何分类作者曾大费周折,最终考虑到微波光子信号处理不管技术手段如何,其主要目的都是对微波信号进行时域、空域、频域等维度的变换与处理,因此本书将微波光子处理按照作用域将其大致分为时域处理、空域处理和频域处理3种主要形式,并分别在第4、5、6章详细阐述。显然这样的分类方法不尽完善,会存在一些跨域或相互耦联的处理技术,在此,本书尽可能按照主要功能或作用进行归类;同时,时、空、频域各种信号处理方法也是多样化的,本书仅重点选择了已经有所突破且相对典型的研究成果。

最后,作者在第7章中探讨了一些典型的微波光子信号处理应用。其中:在军用方面,重点介绍了微波光子雷达和微波光子电子战系统,分析了微波光子信号处理技术在系统中的各种典型应用方法;在民用方面,则重点介绍了深空探测、分布式传输和时频基准传递等典型应用。涉猎虽少,但基本涵盖了本书时、空、频多维的微波光子信号处理过程,抛砖引玉,供读者发展创造。

本书作为专门侧重微波光子信号处理方面的著作,可以供从事微波光子信号处理技术探索的研究人员和学生借鉴和参考,掌握一般性的微波光子信号处理知识。也可为从事系统总体技术研究的人员增加一种了解微波光子信号处理技术特点和应用方法的渠道。此外,对于从事微波光子器件和基础技术研究的科技人员,可以通过本书更好地了解系统需求和器件应用方法,有利于提升其研究的针对性和成果转化效率。

本书得以出版,首先感谢丛书主编中国电子科技集团公司杨小牛院士的亲切关怀和热忱推荐,正是他的邀约才使我们鼓起勇气将研究成果编纂成册;同时,感谢中国电子科技集团公司第二十九研究所张锡祥院士、北京邮电大学徐坤教授等业内专家的无私帮助。特别感谢国防工业出版社王晓光编审,她在作者团队著作经验缺乏的情况下给予了非常悉心的指导。在本书成稿过程中,不仅主要著作者在全书策划、撰写、校对等工作中付出了辛勤劳动,而且中国电子科技集团公司第二十九研究所的钟欣博士、陈智宇博士、李文亮博士、崔岩博士、李涛高工以及我的学生隆仲莹、廖丰卓、毕廷锋,分别在微波光子信号的时、空、频处理方面贡献了宝贵的研究经验,并在第3~6章的相关小节中有所呈现;中国电子科技集团公司第四十四研究所的张羽博士、瞿鹏飞博士、刘绍殿硕士和肖永川博士,不仅在微波光子器件研究方面有着深厚的基础和丰富的经验,也是第2章微波光子器件的主要撰写者,使得微波光子处理的方法探讨和物理实现得以融会贯通。最后,刘静娴博士付出了大量时间对书稿全文进行了精心校对。正是这些同志们的共同努力,才使得本书得以与读者结缘,在此作者代表整个著作团队表示真诚的感谢!

鉴于微波光子信号处理仍是一个新兴技术领域,很多概念及理论尚未形成业界共识,也有很多新的技术尚在不断发展之中;而作者及团队的认识和经验均有限,书中难免有所纰漏或不妥之处,敬请广大读者和行业专家批评指正。

周涛
2021年9月于成都

目 录

第1章 微波光子学的诞生及其特点 1
  1.1 微波与光波的科学发展历程 1
    1.1.1 微波和光波的科学起源 2
    1.1.2 微波与光波的统一性 8
    1.1.3 微波与光波的差异性 10
  1.2 微波光子的交叉学科诞生 16
  1.3 微波光子学的研究方向 27
    1.3.1 微波光子基础器件 27
    1.3.2 微波光子链路 28
    1.3.3 微波光子信号处理 29
    1.3.4 微波光子系统 30
  1.4 本章小结 30
  参考文献 30

第2章 微波光子信号处理的基础器件 32
  2.1 激光器 32
    2.1.1 直调激光器 33
    2.1.2 连续波激光器 38
  2.2 电光调制器 41

2.2.1	电光调制器材料	42
2.2.2	相位调制器	43
2.2.3	强度调制器	46
2.2.4	偏振调制器	47
2.2.5	复杂结构的电光调制器	49

2.3 光电探测器 50
    2.3.1 光电探测器基本原理 50
    2.3.2 垂直入射式光电探测器 55
    2.3.3 波导型光电探测器 57
    2.3.4 平衡光电探测器 59

2.4 微波光子器件的集成 60
    2.4.1 光电子集成工艺 61
    2.4.2 耦合组装工艺 64

2.5 本章小结 68

参考文献 68

第3章 微波与光波的信息映射 73

3.1 微波与光波信息映射的关键特性 73
    3.1.1 链路增益 73
    3.1.2 噪声及噪声系数 76
    3.1.3 非线性失真 79
    3.1.4 无杂散动态范围 83

3.2 微波到光波的强度调制与解调 84
    3.2.1 直接(强度)调制技术 84
    3.2.2 外部(强度)调制技术 90

3.3 微波到光波的相位调制与解调 97
    3.3.1 相位调制原理 97
    3.3.2 相位调制信号解调 99
    3.3.3 相位调制链路的特性参数 103
    3.3.4 相位调制链路的非线性抑制方法 105

3.4 微波到光波的偏振态调制与解调 108
    3.4.1 偏振调制与解调 108
    3.4.2 偏振调制链路的非线性抑制方法 109

3.5　宽带大动态微波光子混合链路 ·· 112
3.6　本章小结 ·· 116
参考文献 ·· 116

第4章　时域微波光子信号处理 ·· 118
4.1　微波信号的光学产生方法 ·· 118
  4.1.1　基于光学差拍的光生微波/毫米波 ······························· 119
  4.1.2　基于光调制的光生微波/毫米波 ··································· 119
  4.1.3　光学直接频率合成 ·· 122
  4.1.4　光电振荡器 ··· 125
4.2　微波信号的光学延迟方法 ·· 127
  4.2.1　级联光开关的可调微波延迟 ······································ 128
  4.2.2　基于色散的连续可调光延迟 ······································ 130
  4.2.3　基于光波导的精密可调延迟 ······································ 133
4.3　微波信号的长距离传输 ·· 138
  4.3.1　传输损耗与相位噪声 ·· 139
  4.3.2　光纤色散与非线性效应 ·· 142
4.4　本章小结 ·· 151
参考文献 ·· 151

第5章　空域微波光子信号处理 ·· 154
5.1　空间传播的近场与远场效应 ·· 154
5.2　基于短基线的微波光子波束形成方法 ······························ 157
  5.2.1　波束形成的基本原理 ·· 158
  5.2.2　超宽带信号的波束形成 ·· 161
  5.2.3　基于光纤光学的微波光子波束形成 ·························· 163
  5.2.4　基于集成波导的微波光子波束形成 ·························· 167
  5.2.5　基于自由空间的微波光子波束形成 ·························· 171
5.3　基于长基线的时差测向定位 ·· 181
  5.3.1　长基线时差测向的原理与特性 ·································· 181
  5.3.2　基于声光技术的光学相关器 ······································ 185
  5.3.3　基于光纤的光学相关器 ·· 193
5.4　基于长基线的相位差变化率测量 ······································ 195
  5.4.1　基于长基线相位差变化率的目标分辨原理 ·············· 196

5.4.2　长基线微波光子传输中的相位抖动补偿机理 ……………… 203
5.4.3　基于往返传输的微波光子相位校正技术 …………………… 207
5.5　本章小结 …………………………………………………………… 212
参考文献 …………………………………………………………………… 212

第6章　频域微波光子信号处理 …………………………………………… 215
6.1　微波光子滤波 ……………………………………………………… 215
6.1.1　微波光子滤波的基本原理 ……………………………………… 215
6.1.2　法布里-珀罗干涉型滤波器 …………………………………… 217
6.1.3　回音壁高 Q 值滤波器 ………………………………………… 222
6.1.4　光纤光栅滤波器 ………………………………………………… 230
6.2　微波光子变频 ……………………………………………………… 237
6.2.1　基于直接调制的微波光子变频 ………………………………… 237
6.2.2　基于外调制的微波光子变频 …………………………………… 239
6.2.3　基于光频梳的多通道微波光子变频 …………………………… 243
6.3　微波光子信道化 …………………………………………………… 245
6.3.1　非相干光学信道化处理 ………………………………………… 245
6.3.2　相干光学信道化处理 …………………………………………… 249
6.3.3　具有变频功能的光学信道化处理 ……………………………… 250
6.4　微波光子瞬时测频 ………………………………………………… 253
6.4.1　微波功率映射型微波光子测频 ………………………………… 253
6.4.2　光功率映射型微波光子测频 …………………………………… 255
6.4.3　时域映射型微波光子测频 ……………………………………… 258
6.5　本章小结 …………………………………………………………… 259
参考文献 …………………………………………………………………… 259

第7章　微波光子信号处理的系统应用 …………………………………… 261
7.1　微波光子信号处理在雷达中的应用 ……………………………… 261
7.1.1　雷达的基本原理及技术挑战 …………………………………… 261
7.1.2　微波光子探测雷达 ……………………………………………… 267
7.1.3　微波光子成像雷达 ……………………………………………… 272
7.1.4　分布式雷达系统的信号传输与定位 …………………………… 278
7.2　微波光子信号处理在电子战中的应用 …………………………… 281
7.2.1　电子战的基本原理及技术挑战 ………………………………… 281

  7.2.2　全向告警与分布式测向定位 …………………………… 284
  7.2.3　微波光子宽带阵列波束合成 …………………………… 289
  7.2.4　自卫干扰中的光纤拖曳式诱饵 ………………………… 290
 7.3　微波光子信号处理在科学研究中的应用 ……………………… 293
  7.3.1　深空探测 …………………………………………………… 293
  7.3.2　信号分配与交换 …………………………………………… 297
  7.3.3　时频基准产生与传递 ……………………………………… 299
 7.4　本章小结 ………………………………………………………… 302
 参考文献 ……………………………………………………………… 302
主要缩略语 ……………………………………………………………… 304
内容简介 ………………………………………………………………… 308

Contents

Chapter 1 The emergence and features of microwave photonics 1
  1.1 The scientific development of microwave and optical wave 1
      1.1.1 The scientific origin of microwave and optical wave 2
      1.1.2 The homology between microwave and optical wave 8
      1.1.3 The difference between microwave and optical wave 10
  1.2 The naissance of interdisciplinary subject on microwave photonics 16
  1.3 Branches of microwave photonics 27
      1.3.1 Basic devices for microwave photonics 27
      1.3.2 Microwave photonic link 28
      1.3.3 Microwave photonic signal processing 29
      1.3.4 Microwave photonic system 30
  1.4 Conclusions 30
  References 30

Chapter 2 Basic devices for microwave photonic signal processing 32
  2.1 Laser devices 32
      2.1.1 Direct – modulated laser 33
      2.1.2 Continuous – wave laser 38
  2.2 Electro – optic modulator 41
      2.2.1 Materials for electro – optic modulation 42
      2.2.2 Phase modulator 43
      2.2.3 Intensity modulator 46
      2.2.4 Polarization modulator 47
      2.2.5 Complex electro – optic modulation devices 49
  2.3 Photodetector 50
      2.3.1 Principle of photodetector 50
      2.3.2 Vertical incidence photodetector 55
      2.3.3 Photodetector based on waveguide 57

  2.3.4 Balanced photodetector ……………………………………… 59
 2.4 Integrated microwave photonic devices ………………………………… 60
  2.4.1 Optoelectronic integration technique ……………………… 61
  2.4.2 Coupling and assembly technique ………………………… 64
 2.5 Conclusions ………………………………………………………… 68
 References ……………………………………………………………… 68

Chapter 3 Information mapping between microwave and optical wave …… 73
 3.1 Key characteristics in information mapping ……………………………… 73
  3.1.1 Link gain …………………………………………………… 73
  3.1.2 Noise and noise figure …………………………………… 76
  3.1.3 Nonlinear distortion ……………………………………… 79
  3.1.4 Spurious free dynamic range ……………………………… 83
 3.2 Intensity modulation and demodulation of optical wave by
  microwave ……………………………………………………………… 84
  3.2.1 Direct intensity modulation technology …………………… 84
  3.2.2 External intensity modulation technology ………………… 90
 3.3 Phase modulation and demodulation of optical wave by microwave …… 97
  3.3.1 Principle of phase modulation …………………………… 97
  3.3.2 Demodulation of phase-modulated signal ……………… 99
  3.3.3 Characteristic parameters of phase modulation link ……… 103
  3.3.4 Method for nolinear mitigation in phase modulation link ……… 105
 3.4 Polarization modulation and demodulation of optical wave by
  microwave ……………………………………………………………… 108
  3.4.1 Principle of polarization modulation and demodulation ……… 108
  3.4.2 Method for nolinear mitigation in polarization modulation
    link ……………………………………………………… 109
 3.5 Hybrid microwave photonic link with wideband and large dynamic … 112
 3.6 Conclusion …………………………………………………………… 116
 References ……………………………………………………………… 116

Chapter 4 Microwave photonic signal processing in time domain ………… 118
 4.1 Microwave signal generation using optical method ……………………… 118
  4.1.1 Generation of microwave/millimeter-wave based on optical
    heterodyne technique ……………………………………… 119
  4.1.2 Generation of microwave/millimeter-wave based on optical

     modulation technique ……………………………………… 119
  4.1.3 Optical direct frequency synthesis ……………………… 122
  4.1.4 Optoelectronic oscillator ………………………………… 125
 4.2 Delay of microwave signal by photonic approach ………………… 127
  4.2.1 Tunable microwave delay by cascaded optical switches ……… 128
  4.2.2 Continuously adjustable delay based on optical dispersion …… 130
  4.2.3 Precisely tunable delay based on optical waveguide ………… 133
 4.3 Long-haul transmission of microwave signals ……………………… 138
  4.3.1 Transmission loss and phase noise ……………………… 139
  4.3.2 Fiber dispersion and nonlinear effect …………………… 142
 4.4 Conclusion ……………………………………………………… 151
 References ………………………………………………………………… 151

Chapter 5 Microwave photonic signal processing in spatial domain ………… 154
 5.1 Near and far field effect of free-space propagation ………………… 154
 5.2 Photonic beam forming for short baseline …………………………… 157
  5.2.1 The principle of beam forming …………………………… 158
  5.2.2 Beam forming for ultra-wideband signal ………………… 161
  5.2.3 Photonic beam forming based on fiber optics …………… 163
  5.2.4 Photonic beam forming based on integrated waveguide ……… 167
  5.2.5 Photonic beam forming based on free space optics ………… 171
 5.3 Time difference direction based on long baseline …………………… 181
  5.3.1 Principle and characteristic of time difference direction for long baseline ……………………………………………… 181
  5.3.2 Optical correlator based on acousto-optic technology ……… 185
  5.3.3 Optical correlator based on fiber optics ………………… 193
 5.4 Measurement of phase difference changing rate based on long baseline ……………………………………………………………… 195
  5.4.1 Principle of target resolution based on phase difference changing rate of long baseline …………………………………… 196
  5.4.2 Compensation of phase jitters for long-baseline microwave photonic transmission ………………………………… 203
  5.4.3 Phase correction technique in microwave photonic round trip transmission ………………………………………… 207
 5.5 Conclusion ……………………………………………………… 212

References ………… 212
Chapter 6　Microwave photonic signal processing in frequency domain …… 215
　6.1　Microwave photonic filter ………… 215
　　6.1.1　Principle of microwave photonic filter ………… 215
　　6.1.2　F – P interference filter ………… 217
　　6.1.3　High Q whispering – gallery – mode filter ………… 222
　　6.1.4　Fiber grating filter ………… 230
　6.2　Microwave Photonic Frequency Conversion ………… 237
　　6.2.1　Frequency conversion based on direct modulation ………… 237
　　6.2.2　Frequency conversion based on external modulation ………… 239
　　6.2.3　Multi – channel frequency conversion based on optical frequency comb ………… 243
　6.3　Photonic RF channelization ………… 245
　　6.3.1　Incoherent photonic RF channelization ………… 245
　　6.3.2　Coherent photonic RF channelization ………… 249
　　6.3.3　Photonic RF channelization with frequency conversion capability ………… 250
　6.4　Instantaneous frequency measurement by microwave photonics ………… 253
　　6.4.1　RF Frequency measurement based on microwave power mapping ………… 253
　　6.4.2　RF Frequency measurement based on optical power mapping ………… 255
　　6.4.3　RF Frequency measurement by mapping in time domain ………… 258
　6.5　Conclusion ………… 259
　References ………… 259
Chapter 7　Systematic applications of microwave photonic signal processing ………… 261
　7.1　Application of microwave photonics in radar ………… 261
　　7.1.1　Principle and technical challenges in radar ………… 261
　　7.1.2　Microwave photonic acquisition radar ………… 267
　　7.1.3　Microwave photonic imaging radar ………… 272
　　7.1.4　Signal transmission and location in distributed radar system … 278
　7.2　Application of microwave photonics in electronic warfare ………… 281
　　7.2.1　Principle and technical challenges in electronic warfare ………… 281

    7.2.2 Omnidirectional warning and location in distributed system ··· 284
    7.2.3 Microwave photonic beam forming for broadband array ········ 289
    7.2.4 Fiber – optic towed decoy in self – protection jamming ········ 290
  7.3 Application of microwave photonics in scientific research ············· 293
    7.3.1 Deep space exploration ·· 293
    7.3.2 Signal distribution and switching ··································· 297
    7.3.3 Generation and maintenance of time and frequency
       standard ·· 299
  7.4 Conclusion ·· 302
  References ··· 302
Major abbreviations ··· 304
Abstract ··· 308

第1章 微波光子学的诞生及其特点

纵观历史,在人类对自然界和科学不断认知的过程中,诞生了各种不同的学科,有的学科独立发展,并在此基础上不断衍生出新的分支;有的学科则在发展过程中不断与其他学科发生交联,进而融合诞生出新的学科。本书所介绍的微波光子信号处理技术属于微波光子学范畴,是由电学与光学融合发展而来的。之所以能发生这样的融合,有以下几个主要因素。

(1) 随着电磁波理论的出现与发展,揭示出这两个学科相同的本源,在基础理论方面具有了融合的可能。

(2) 半导体激光器、电光调制器、光电探测器、光放大器、低损耗传输光纤等关键器件的实现,使得信号在微波与光波域内相互转换、传输和处理成为现实,为构建各种微波光子信号处理功能和系统提供了可能。

(3) 基于应用需求的推动。随着宽带光通信、宽带高速电子信息系统的应用需求不断增加,常规纯射频和数字的技术体制面临着若干难以逾越的瓶颈,而微波光子学作为一条新的技术路径,利用光的宽带性、高速性、并行性等优势,能有效地解决常规技术体制中面临的多种问题。

因此,在上述多方面因素的综合作用下,微波光子学和微波光子信号处理技术在诞生之后的几十年内得到了高速发展。

1.1 微波与光波的科学发展历程

在当今社会,微波和光波与人们的生活息息相关。以移动电话为例,移动电话与基站之间的通信是依靠微波作为媒介,而如果要将信号传递得更远,比如到另一个城市,甚至地球的另一端,虽然可以用海事卫星直接进行微波信号的中继,但难以满足高速率、大带宽的信号传输需求。因此,为了实现宽带高速通信,大多数情况是将微波信号转换为光信号,通过光纤实现大容量传输,然后再转换成微波信号进行无线通信。从移动通信的例子可以看出，微波与光波现在已经越来越多地融合在一起，显著地提升了人们的生活质量。

相比之下，光学从人类用眼睛观察世界开始就引起了人们的注意，人类对光学现象的认识要古老得多，比如早期的彩虹、日食等天文现象。而微波不易被人类感知，则是相对较新的物理概念，其本质是电学、磁学等基础物理学科演变至电磁学后才产生的新学科。二者的科学轨迹长期处于平行独立发展的阶段。虽然后来有了电磁场理论对其物理本质进行统一，但光学和微波的应用融合及得到广泛关注是近三十年才出现的事情。

微波光子学有多种多样的研究内容和科学分支，但其本质都是利用微波和光波各自的个性和共性物理特性，因此，有必要对微波与光波的发展历程和本质特点进行回顾。

1.1.1 微波和光波的科学起源

在介绍微波与光波的融合之前，我们先简要回顾一下微波与光波这两个重要领域的发展历程，其中又主要以电磁理论的确立和激光器等微波光子器件的出现为两个重要事件。前者不仅揭示了光的电磁波本质，同时也预测了微波的存在，为微波技术的广泛应用奠定了基础；后者则使得人类对光波的研究从认识光跃升到能够操控光，并促进了光传输等技术的出现，最终为实现微波与光波的融合应用奠定了重要基础。

1.1.1.1 光的科学发展历程和波粒二象性

由于光是人眼可感知的，因此早在数千年前人类就开始了对光的研究。但由于基础理论和实验手段的缺乏，人们对光的认知基本局限在几何光学的范畴之内，进而诞生了著名的几何光学四大基本定律：光的直线传播定律、独立传播定律、反射定律和折射定律。这四大基本定律揭示了光线在传输时遵循的基本物理规律，至今仍在光学系统设计过程中发挥着重要作用。但是，几何光学理论仅仅揭示了光在传播过程中的规律，并未深入到光波的物理本质，这就涉及历史上著名的"粒子说"和"波动说"之争。

早期，牛顿在科学巨著《光学》中对光的特性，尤其是色散和波长等特性进行了深入的分析，并用粒子说成功解释了光的反射、折射等一系列物理现象。然而，随着人类对光的认识不断深入，几何光学的基本定律在一些场合遇到了难以逾越的障碍。事实上，在粒子说大行其道的同时，科学家们已经逐渐发现了光具有波动特性。早在1660年，意大利的格里马第（F. M. Grimaldi）教授就观察到光照在小孔等几何边缘锐化的物体上时其光斑有模糊化扩展的现象，首次发现了光可能具有类似波的特性,并将之定义为"衍射"。5 年后,胡克(R. Hooke)第一次在其著作中详细描述了牛顿环的经典光学现象。牛顿环的实验装置和光学现象如图 1.1 所示,呈现出非常典型的光学相干特性。如果用粒子说来解释就比较困难,因为如果光只是一种粒子,那么垂直入射和均匀照明的光粒子流为什么都不能出现在暗条纹所在的区域里?尽管牛顿提出了一套非常复杂的假设来解释这一现象,但实际上这个解释是比较牵强的,并和他所创建的万有引力这样简洁有效的科学方法相违背。

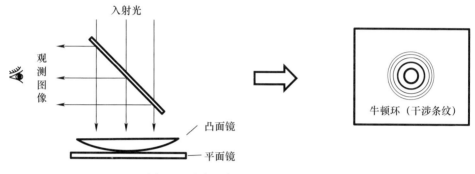

图 1.1　牛顿环揭示的光学干涉现象

随后,惠更斯(C. Huygens)对上述光学实验进行了认真分析后,在 1678 年提出了比较完整的波动学理论。惠更斯认为,如果把光当成一种波,那么光的传播过程可以认为是从其任一时刻波前中的每个点所产生的波前子波叠加而成的。以折射为例,图 1.2 中的入射波到达界面不同位置处的时刻是不同的,因此产生的子波传输时间是不同的,多个子波叠加形成了新的子波波前,而该波前的方向就是折射后的传播方向。通过这个方法,惠更斯很好地解释了光的反射、折射、色散等光学现象。

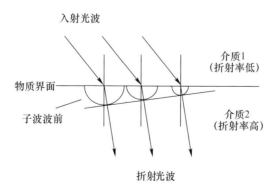

图 1.2　用波动学解释折射现象

然而,惠更斯原理虽然能解释光的传播方向,但这种几何方法却无法确定传播后的强度分布,因此难以解释光给狭缝衍射后的条纹亮度变化。直到1818年,菲涅耳(A. J. Fresnel)对惠更斯的原理进行了发展和补充,在子波的基础上增加了相干叠加的概念,使得子波传播后既可以相互增强也可以相互抵消,从而形成了比较完备的"惠更斯-菲涅耳原理"。

除了衍射现象,1801年英国物理学家托马斯·杨(T. Young)完成了著名的光学双缝干涉实验,解释了光的这种干涉现象和两点源的水波纹干涉极其相似,如图1.3所示;并用惠更斯原理对牛顿环的成因进行了完美解释,从而大大推动了波动光学的发展。

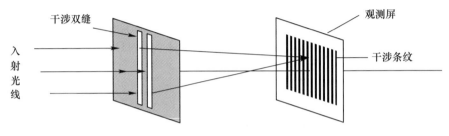

图1.3 双缝干涉

由于粒子说和波动说在阐释光的特性方面各有优势,长期以来争论不休。因此,1818年法国科学院举办了一个关于光的衍射问题的辩论会,支持粒子说和波动说的科学家们进行了精彩的辩论。其中,支持粒子说的科学家泊松(S. Poisson)对菲涅耳的理论提出了质疑,声称如果菲涅耳的理论是正确的,那么当光射向一个圆盘时,在穿过圆心和垂直圆盘的光学主轴上将出现一个亮斑,因为此时所有从圆盘边缘衍射的光到光学主轴上任一点的光程都相同,一定会出现光波波前的同相叠加而呈现亮色,而周边的很大区域内都不能满足这一条件而呈现暗色,因此就形成了"阴影中诡异的亮斑"。戏剧性的是,这个实验的结果却证明了这个亮斑的真实存在,且被命名为"泊松亮斑",如图1.4所示。显然,从粒子说的角度,由于衍射圆盘是实心的,无法解释清楚这个亮斑的存在。

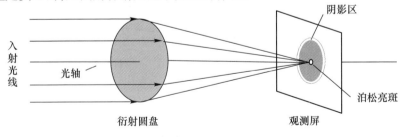

图1.4 泊松亮斑

第1章　微波光子学的诞生及其特点

至此,光的波动学说看似占据了上风。然而,光的波动学说脱胎于对水波纹或空气振动等自然现象的思考,所以人们一直认为光的波动需要依赖一种物质,尤其是当发现不同物质能造成光的折射和全反射现象之后,更使得科学家们相信即使在真空中光波也必须基于一种叫"以太"的物质传播,这种观点最终也遇到了不可克服的困难。

其中,最直接的是1887年迈克尔逊(A. A. Michelson)和莫雷(Edward Morley)用被后世命名为"迈克尔逊干涉仪"的装置测量以太运动的"以太漂流"实验,但实验结果却直接否定了以太的存在,对于波动光学产生了严重的冲击。紧随其后,1888年海因里希·鲁道夫·赫兹(H. R. Hertz)在研究电磁波的过程中,偶然发现当接收电路中的缝隙处受到光辐照时,比没有光照时更容易产生电火花,这就是著名的"光电效应"。而波动光学不能解释光电效应为何与照射光的波长密切相关等问题,波动学说再次受到质疑。

进入20世纪后,普朗克(M. Planck)提出了光的量子假说,认为光是一份一份携带独立能量的粒子流。爱因斯坦则运用量子假说成功解释了光电效应。粒子说再次得到普遍重视。

然而,随着康普顿(A. H. Compton)散射实验证明传统被认为是波的X射线也具有粒子性,而德布罗意(de Broglie)推导出传统被认为是粒子的电子和原子等物质也具有波动性,人们已经认识到光和其他粒子一样,同时具有粒子和波动性。其实,早在笛卡儿(R. Descartes)时代,笛卡儿就在其科学著作《方法论》的附录之一"折光学"中分别提出了光是粒子和光是波两种假说,为光的波粒二象性及其统一埋下了伏笔。

如今,人们已经普遍认同了光的波粒二象性特征,但长期以来缺乏直接的实验证据。2015年,瑞士联邦理工学院的科学家在实验中首次捕获到光以波和粒子两种形式同时存在的微观照片,如图1.5所示,照片里底部切片中的离散性说明了光具有相对清晰的粒子特性,而顶部的景象及其扩散特性说明了光具有明显的波动性,直接证明了光同时具有粒子和波两种特性。

对以上光学发展历程的回顾和波粒二象性的讨论,不仅是为了更好地理解光的基本物理特性,而且本书要讨论的微波光子学和微波光子信号处理技术,很多都是建立在光的波动性和粒子性的基础上。例如,在讨论微波光子器件时,光的粒子性及量子效应更为明显。如讨论用光电探测器将光携带的信息转换为电信号时,光电探测器的响应波长和量子响应效率,直接与探测器的能级设计有关,这正是光的粒子性的体现。而在讨论光在光纤、波导或空间中的传输和处理时,波动光学提供了重要的研究手段。例如,在讨论基于光的空间波束形成时,本质上是在处理光波波前携带的不同方向的信息,这是光的波动性的直接体现。

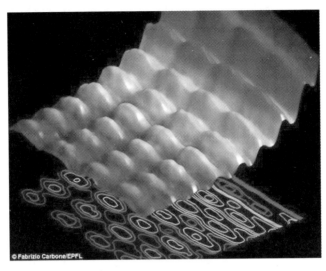

图1.5 对光的波粒二象性的实验观测(见彩图)

1.1.1.2 电磁理论的确立和微波的诞生

在光学发展的同时,人们在电学与磁学的相互作用领域,即电磁学领域也取得了长足的进步。在电磁理论诞生之前,电学和磁学作为相对独立的学科经过了长期的发展,摩擦生电和指南针分别是早期电学与磁学的经典现象和发明。近代科学不断发展,研究出了安培定律、法拉第电磁感应定律等一系列理论成果,其中,安培定律解释了电流的变化会产生磁场,法拉第电磁感应定律揭示了导体在磁场中运动引起的磁场切割可以产生电场,这两个定理说明了电和磁之间可以相互转化,二者第一次发生了深刻的联系,也为电磁理论的进一步发展奠定了基础。

麦克斯韦(J. C. Maxwell)在1864年提出了电磁波理论,建立了电磁场方程组(常称为麦克斯韦方程组)。并且,从这组方程出发,麦克斯韦在理论上精确地推断出电磁波的存在。电磁波是随时间变化的交变电磁场,正是变化的磁场产生随着时间和空间变化的电场,变化的电场又产生随着时间和空间变化的磁场,结果这种磁场和电场的反复变化使得电磁波可以在自由空间传播。电磁场可以用电场强度矢量 E 和磁场强度矢量 H 来描述。而为了描述物质对电磁场的影响,引进电位移矢量 D 和磁感应强度矢量 B。在空间的每一点,各场量之间的时-空变化关系由下述麦克斯韦方程表示[1]:

$$\nabla \times \boldsymbol{H} = \boldsymbol{J} + \frac{\partial \boldsymbol{D}}{\partial t} \tag{1.1}$$

$$\nabla \times \boldsymbol{E} = -\frac{\partial \boldsymbol{B}}{\partial t} \tag{1.2}$$

$$\nabla \cdot \boldsymbol{D} = \rho \tag{1.3}$$

$$\nabla \cdot \boldsymbol{B} = 0 \tag{1.4}$$

式中：$\boldsymbol{J}$ 为传导电流密度；ρ 为介质中的自由电荷密度。

麦克斯韦方程组是电磁学理论史上最为重要的里程碑事件之一，但其具体的内涵不在本书的范畴之内，感兴趣的读者请自行查阅相关资料。

更为重要的是，由麦克斯韦方程可以得到电磁波的速度与光速相同的结论，从而引起了人们对于光是否是一种电磁波的广泛探讨。至此，光学和电磁学产生了关联。

直到 1888 年，电磁学历史上的另一个里程碑事件最终确立了光的电磁本质，这就是著名的赫兹实验，如图 1.6 所示。赫兹不仅通过实验证实了电磁波的存在，而且测量了电磁波的传播速度，并且证实了电磁波具有与光波一样的偏振、折射、衍射等特性，光的电磁波本质终于被人类所揭示。

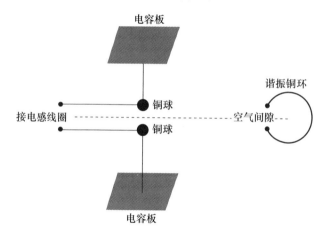

图 1.6　赫兹的电磁实验装置

电磁波理论的伟大之处不仅在于解释了光的物理本质，更重要的是揭示了电磁波是广泛客观存在的，赫兹的电磁波实验有力地证实了这一点。至此，人类对电磁波的研究进入一个全新的阶段，不仅此前历史上对光的波动性研究的相关理论得以融入和完善，而且揭示和证实了电磁波的存在，为人类实现对电磁波的利用奠定了基础。

赫兹的电磁波实验用检波器在距离振荡器 10m 之外的地方成功捕获了电磁波，而同时代的另一位意大利科学家马可尼（G. Marconi）敏锐地认识到这个现象意味着电磁波有可能实现无线信号发送。因此，1895 年马可尼发明了首部电报装置，并在 1896 年成功地完成了无线电报发送与接收的实验。

马可尼的发明极大地提升了人类在信息传递方面的能力,而巨大的应用需求也带动了电磁波领域的技术研究。由于这个阶段及后期用于无线电传输的电磁波频率普遍处于数百 MHz 到数百 GHz 之间,因此人们将频率处于 $300\,\text{MHz}\sim300\,\text{GHz}$ 之间的电磁波称为微波,而微波学也相应得到确立和快速发展。

除了在通信方面的应用,电磁波在军事上的用途也为其发展提供了强大的原动力。在 20 世纪初期,欧洲和美国的一些科学家已经知道了电磁波被物体反射的现象。而在第一次世界大战期间,英国急需一种能够有效地搜寻德国战机的技术,雷达技术应运而生,图 1.7 为某型陆基雷达的实物图。有了雷达和通信,用于侦测和干扰的电子战系统也开始发展起来。到了第二次世界大战期间,地对空、空对地、空对空、敌我识别等功能的雷达技术迅速发展,而这些雷达的共同基础都是微波技术。

图 1.7 某型陆基雷达

这一阶段,微波学具有着强大的应用需求刺激,因此发展非常迅速;而光学由于依然缺乏高质量的光源等器件,即使人们在不断地深入解释其基础特性,如光电效应、波粒二象性等,却始终处于应用受限的局面,发展速度远不如微波学。直到 20 世纪中叶激光器和电光调制器等器件诞生,这一问题才得到有效解决。

1.1.2 微波与光波的统一性

从麦克斯韦的电磁场理论可知,微波与光波的物理本质都是电磁波,都服从电磁波的基础理论。微波与光波这种物理本质的统一性,使得微波与光波在相互转换的过程中能够保持信号的原始信息不丢失,这是微波和光波在电子信息系统中得以融合应用的关键条件。对此,根据作者多年从事微波和光波方面的研究经验,对光波和微波的主要相似性归类如下。

(1) 微波和光波的物理本质是高度统一的。二者在真空中的速度是相同的,其特性都会受到电导率和磁导率的影响。事实上,光速本身就被表示成电导率和磁导率乘积的倒数平方根。因此,微波和光波的特性都可以通过电场或者磁场的调控发生变化。例如:在微波滤波器中,可以通过调节介电常数实现滤波特性和工作频段的变化;在电光晶体中,通过调节电压场强的变化,可以使其折射率发生变化,从而产生双折射效应。

(2) 微波和光波都具有显著的波动特性,都服从衍射和干涉等波动学效应的约束。例如,对比光学多缝干涉和微波天线阵很容易发现,单个微波天线的方向图本质上和光学单缝衍射的强度分布图等价,阵列天线的方向图本质上和光学多缝干涉的强度分布图等价,由此就很好理解阵列天线波束方向图中旁瓣和栅瓣产生的原因以及抑制的方法。这种相似性也为微波和光波的空间处理提供了相互借鉴的可能。例如,产生了一种将微波阵列信号的波前信息通过电光转换映射成光的波前信息,然后通过成熟的光学透镜成像体系进行波束形成或者空间成像的新方法[2]。同样,通过光学相位控制的光学相控阵在扫描方法和控制逻辑上也可以借鉴成熟的微波相控阵技术。

(3) 微波和光波都有相应的波导理论,如果说上一条将微波和光波在自由空间中传播方式统一起来,那么波导是工程中对微波和光波进行定向和可控传输的共同手段,尽管微波和光波采用的波导形式各有不同,但都存在类似的波导结构形式,如矩形波导、类似光纤的圆波导。且有相同的模式表征,如横电(TE)模、横磁(TM)模和横电磁模(TEM$_{00}$),均有截止频率和波长,均存在模式色散和波长色散等效应。当然,在工程上二者也有明显的差异,比如光学器件大都采用介质型波导,而微波往往采用金属波导。其中,高锟发明的光纤是最为经典和广泛使用的光波导类型,不仅传输带宽大,而且传输损耗很小,也是微波光子学得以发展的主要原因之一。

(4) 微波和光波都具有谐振效应。因此,通过谐振腔微波可产生微波源,光学谐振腔可以产生激光器,而且谐振效应也使得微波源和光源都可以通过外部注入锁定等方式实现不同源之间的相参甚至全相干。同时,微波和光波的谐振特性还可以相互转换,比如微波光子学经典的光电振荡器(OEO)就是在同一环路中实现了微波和光波的谐振,甚至可以同时输出相频高度相关的微波源和脉冲光子源。

(5) 虽然微波和光波长期分属不同的学科,会使用不同的表征方法,但在表征参量上具有高度的相似性。例如,表征微波和光波类的器件和系统时,都会采用波长、频率、带宽、群速度等相同概念,或者采用等价的概念。例如:表征电磁场振荡方向的，微波用极化的概念，光波用偏振的概念；表征不同波长/频率的响应差异的，微波用 S_{21} 曲线或频率响应差异，而光波采用色散的概念；微波和光波中也有些参量的物理内涵不同，但具有高度相关性。例如光学中通常用相对强度噪声（RIN）来表征光谱非临近区的相对噪声水平，而微波通常用相位噪声来表征频谱中特定频偏处的相对噪声水平，实际上二者是可以等价的，相对强度噪声本质上类似于在远离主频分量区域的相位噪声平均水平。这种相似性，为微波特性和光波特性的映射和转换提供了可能，使得对同样的信息可用不同的微波和光波处理方式组合，为处理方式的多样性和灵活性提供了丰富的空间。

(6) 不仅表征参量相似，大部分微波和光波元器件及功能组件也有可比性。例如：激光器与微波源等价，都通过谐振产生不同频的电磁波；光放大器与微波放大器等价，都用于对信号放大且都可以用噪声系数和增益表征其特性；光波常用的耦合器、分束器也和微波中的功分器、合路器相似；光电探测器类似于微波中的视频检波器，不同的是光电探测器用于检测光载波上的微波信号，视频检波器用于检测微波载波上的视频/低频信号。诸如此类的情况还很多。

(7) 微波与光波有共同的变换特征，都可以对电磁波最根本的幅度、频率、波长、相位、偏振等参量进行变换，而且都存在饱和、交调等非线性效应。比如，微波可以通过混频器、梳状发生器等进行倍频和混频，光波则可以通过非线性晶体进行倍频或四波混频。从这个角度理解，微波向光波的电光转换本质上就是将微波频段的信号频谱特性向光波频段进行上变频，而光波向微波的光电转换本质上就是将光频段的信号频谱特性向微波频段进行下变频，这就意味着在信号处理领域微波和光波频段的各种处理可统一在相同的数学模型框架中。事实上，微波光子学的各种信号处理方法理论上都服从随机过程的理论约束。同样，这种变换特性和数学模型的相似性也为微波系统和光波系统中相互运用对方的处理方法提供了可能。比如：调频连续波的激光雷达，本质上就是在传统的激光雷达中引入微波调制和相应的处理算法；微波光子储频本质上就是在传统射频存储器的基础上引入了具有宽带和长延迟低损耗特性的光纤环。

1.1.3 微波与光波的差异性

微波与光波的统一性奠定了二者融合的基础，而微波与光波的差异性使得它们分别适应不同应用场合。无论从电磁场理论还是从量子力学的角度，微波和光波的根本物理差异只有频率（或者对应的波长），而二者的其他差异都是由此衍生出来的。从电磁场角度来说，光波的频率比微波高、波长比微波短，所以同等孔径的情况下光的衍射特性就没有微波显著。而从量子力学的角度来看，单个量子的能量是普朗克常数与频率的乘积，因此单个光量子的能量远大于单个微波量子，所以光量子的量子效应比较显著,在激光器、光电探测器等的设计和分析过程中往往会讨论能级的概念,而微波则很少讨论其量子效应。虽然在量子力学的框架内,光波应该被称为光子,但本书讨论的微波光子信号处理技术主要基于电磁场的框架内,为了统一说法,本书比较时主要考虑光波和微波的特性。

按照国际上惯有的规定,通信、广播、雷达等应用中常用的微波信号的频段通常指 $1\times10^6 \sim 1\times10^{11}\,\text{Hz}$(波长为 300m~3mm),而光频段为 $1\times10^{13} \sim 1\times10^{16}\,\text{Hz}$(波长为 0.03mm~0.03μm),如图 1.8 所示。

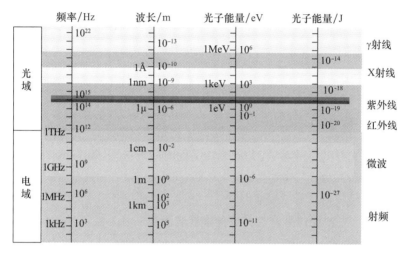

图 1.8 电磁波频谱的分布(见彩图)

可以看到,微波与光波的频率相差多个量级,利用这个差异,能够在微波和光波频段获得不同的优势。根据作者多年从事微波和光波方面的研究经验,对光波和微波的主要差异归类如下。

1.1.3.1 光波相对微波的工作频率更高,瞬时带宽更大

带宽分为绝对带宽和相对带宽。绝对带宽是信号的最大频率和最小频率之差,也称为瞬时带宽,其单位是 Hz;而相对带宽是绝对带宽与中心频率的比值,其单位是"%"。绝对带宽对于信息的携带、传输和处理很重要,如成像雷达的距离分辨率直接取决于雷达信号的绝对带宽,通信信号的传输速率则正比于绝对带宽。而相对带宽则对于技术的物理实现很重要。这是因为大多数微波系统是频率相关系统,不同频率的信号分量其响应函数是不同的,以最基础的电缆传输为例,高频与低频的传输损耗会相差数倍甚至更高。因此,相对带宽越大的系统设计时不得不对不同频率的差异性进行专门考虑,如相控阵体制的雷达在跳频时必须调整移相器的相位权值以修正频率相关的波束指向偏差,其波控网络复杂度显然会增加。

此外，微波中一个重要的概念是倍频程，是指最大频率比最小频率的倍率。由于微波系统绝大部分都是频率相关的，当倍频程小于 2∶1 时（一个倍频程内），信号的所有谐波分量均不在此带内，微波系统设计只需要关心交调分量，动态范围通常更大；而当倍频程一旦达到 2∶1 以上时，二次谐波将出现，且倍频程越大谐波分量越丰富，谐波和杂散的抑制就越困难，比如一个 0.1~1GHz 分布的信号区间，其绝对带宽只有 0.9GHz，但倍频程是 10∶1，对于这种频段覆盖达到多个倍频程、相对带宽很大的微波系统，利用纯微波的方法很难处理，通常不得不分解为多个相对窄带的信道，通过增加并行处理规模的方式来解决，此时微波通道的设计就会比较困难。

由于光波频率远比微波高，以光纤通信中常用的 1550nm 波段而言，中心频率高达 195THz，此时，即使全部覆盖从特高频到 W 波段的微波信号，其绝对带宽也在 100GHz 左右，而对于光载波的相对带宽仅 5‰左右。此时，若将同等绝对带宽的微波信号转换到光频段，由于载波的绝对频率提高了若干个量级，相对带宽很小，对于大部分光处理过程而言，相当于一个窄带响应系统，则很多宽带系统中难以解决的问题将变得不再棘手。比如采用光纤进行阵列孔径天线的真实延迟时，由于普通单模光纤的色散系数（与频率相关的时间响应）约为 17ps/(km·nm)，即使孔径达到 10m 量级、绝对带宽达到 50GHz(0.4nm)，其延时误差也小于 0.068ps，对于微波信号的影响几乎可以忽略。

1.1.3.2 光波相对微波的并行处理能力更强

一般来说，并行处理能力指的是同时多信息的携带、传输和变换能力。光的并行性处理能力可以表现在多个方面。

首先在空域上，光能够同时多通道并行传播而不相互干扰。这主要是得益于光的波长在 μm 量级，而在绝大部分 cm 以上量级的器件、组件和系统中，光波均属于自由空间传播，干涉、衍射等波动效应不显著，因此呈现出不同光独立传播和并行处理的优势。例如，在典型的空间矩阵光学处理中，多个通道甚至二维的光信号可以直接和空间光调制器的二维矩阵进行矩阵运算，如图 1.9 所示。从原理上，微波也可以进行这样的空间二维并行处理，但要达到在忽略衍射和干涉效应的同等情况下，所需要的孔径和空间尺度比光波系统高 4~5 个数量级，因此一般情况下几乎难以实现。这在天线阵列的互耦、微波通道的串扰等方面表现尤为突出。

在频域上，光波因为频率很高，可以利用的频谱和波长资源很多，因此可以将一定带宽的微波信号映射到不同的频段或者波长上，达到同时复用和并行处理的效果。其最典型的应用就是光纤通信中波分复用技术，一根光纤往往可以携带数十个波长实现高达 Tbit/s 的高速传输能力。同样，对于阵列天线中不同单元的微波信号，也可以分别映射到不同的波长上，无论是时间延迟、功率放大还是频率变换都可以同时进行，并行度大大提高；而微波频段由于带宽资源有限，且不同频段

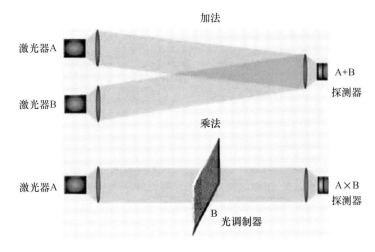

图 1.9　光的空间矩阵信号处理（见彩图）

容易出现频率相关的差异性响应，因此往往难以支持多频段的复用，这也是光波比微波并行性更好的原因之一。

此外，光还有偏振方向、波导模式、涡旋量等多种可复用的参量，具有进一步提高并行性的空间。在近年来的光通信前沿技术研究中，就已在考虑如何利用多模光纤的不同模式以及不同角度轨动量的涡旋光束等新的手段来实现更高容量的数据传输。

1.1.3.3　基于光学的时频基准通常脉宽更窄、抖动更低

很多信号处理都需要时频基准，如同步和采样需要很高的时间精度，混频需要本振信号具有很高的频谱纯度。而光在时频基准方面有更高的优势，如获得诺贝尔物理学奖的光梳就是一种高精度的频谱基准。以采样为例，按照采样定律，采样脉冲的宽度越窄、时间抖动越小，采样精度就越高，而根据傅里叶变换的原理，时域上越窄的脉冲其频谱越宽，理想的 δ 函数形状的均匀间隔时域采样脉冲序列，其频谱也是 δ 函数形状的均匀间隔的谱线序列，所以要想获得高精度的采样，意味着采样脉冲的频谱宽度要求很大；而微波频段没有这么大的频谱宽度足以产生 10ps 量级以下的采样脉冲序列，抖动也难以达到 fs 以下。而光波内有多种方式获得 fs 量级脉宽、亚 fs 抖动的光脉冲，且重复速率很容易做到数十 GHz 以上，这也是光电采样受到广泛关注的原因。

在频率基准方面，相位噪声或者阿伦方差是表征信号源相位抖动程度和频谱纯度的主要参量。通常，石英晶振等低频段的微波源都有很好的相位噪声特性（在 1kHz 频偏处通常可以到 −150dBc/Hz 以下），但难以直接产生 X 波段以上的

高频段微波信号,工程中往往采用倍频或者锁相环等方式,但相位噪声会随着倍频次数的增加急剧恶化,采用分频锁定的锁相环与之类似。而在光波上,由于可以通过低损耗光纤实现更长的振荡环路和更高 Q 值的储能,能够获得更低的损耗,尤其是可以在高频段甚至毫米波直接产生低相位噪声信号,而无须通过多次倍频,杂散抑制也更好。采用这种方法的手段称为光电振荡器(OEO),其频率的短稳水平可以达到 $10^{-12}/s$ 甚至更高。

1.1.3.4 光波类器件比微波类器件在物理尺度上更小巧

由于光波的波长远比微波小,使得由光构成的功能系统在尺寸、重量等方面有望带来巨大优势。典型 X 波段的微波,其波长在 3cm 量级,通信中常用的 C 光波段的波长在 1.5μm 左右,二者相差 5 个数量级以上。以波导为例,电磁场理论决定了当波导宽度和波长接近后,就会形成强限制波导效应,波导自身的损耗会大幅增加,同时产生较为严重的电磁泄漏甚至串扰,因此波导的宽度和波长近似成正比关系。而无论是谐振器还是传输线,都是波导结构,和波长密切相关。以谐振器为例,激光器的有源区仅有 100μm 左右,相比之下,微波谐振腔的尺寸至少在半个波长以上,也就是 mm 甚至 cm 量级。

此外,这种小型化的优势在集成度中更为突出。例如,在相控阵典型的收发组件中:一方面微波元器件及微带线在波导结构设计上不可能太小;另一方面,在多器件或多通道集成时,为了避免产生严重的串扰,通常需要增加吸收材料或者金属隔离腔,因而限制了微波器件和功能系统的集成度和小型化。相比之下,光波导通常在 μm 量级,且波导间隔达到 100μm 以上就几乎可以忽略波导之间的串扰,因此基于平面光波导的光学系统可以实现高密度的集成。若在光纤系统中,单模光纤的芯径约为 9μm,包层为 125μm,因此光纤之间很少会有互耦问题,甚至可以在同一光纤的包层之内同时容纳 2~7 个光纤芯层(被称为多芯光纤)而不产生显著的串扰,这意味着同等规模下的光学系统比微波系统体积将减小 1~2 个数量级以上。

当然,大部分有源的光子器件都需要通过电路来驱动或者控制,因此光子集成中往往是光电混合集成,这种情况下尽管光子的集成密度可以很高,但仍需要引出电子线路或微波线路,因而一定程度上会受到电子线路的工艺密度限制,即便如此,光子集成也展现出了比微波集成更大的潜力。

1.1.3.5 微波处理通常比光波处理具有更高的精细度

当需要对信号的频率进行精细处理时,问题又将反过来。例如,需要通过滤波获取带宽在数十 MHz 以内的信号时,在微波频段内滤波比在光频段内滤波更容易,性能也更好。这是因为滤波器的性能与品质因数 Q 有关,而 Q 可以表示为

$$Q = \frac{v}{\Delta v} \tag{1.5}$$

从式(1.5)不难看出,假设对于相同的滤波带宽 $\Delta v = 10\text{MHz}$,当滤波器的中心频点为微波频段,假如为 10GHz 时,需要的 Q 值为 10^3,基于现在的微波技术水平是很容易实现的;然而如果滤波器的中心频点为光频段,假如为 100THz 时,需要的 Q 值为 10^7,要达到这样高的 Q 值是非常困难的。因此,如果要对信号进行精确的滤波处理,转换到微波频段操作是更为有效的方法。

1.1.3.6　光波和微波在空间和波导中的传输特性各有优势

以光纤为典型的光波导的损耗通常为 $0.1\sim0.2\text{dB/km}$,而一般情况下以电缆为典型的微波波导的损耗则高达 $100\sim1000\text{dB/km}$,二者之间存在 2~3 个数量级的巨大差异。这也是远距离微波有线传输通常会转换到光纤上的原因。反之,在无线传输中,由于大气衰减对于光波段远高于微波,随着天气的恶化,激光传输链路的衰减系数和散射系数都不断增大,激光信号强度急剧减小[3],所以大气层内的无线传输又以微波为主。

当然,事物都有正反两面。在一些特定情况下,光和微波的这种相对优劣也会发生转化,比如在平面光波导中,绝缘体上硅(SOI)等硅基光学材料和脊型波导构型中的光传输损耗会达到 10dB/m 甚至更高,可能比同等长度下的微波波导传输损耗更大;反之,若在真空中,光和微波一样不再有大气吸收损耗,而同等孔径下的光波准直性更好、发散角更小,因此无线传输的效率反倒比微波更高。所以星间宽带链路反倒以光学方式为主。

1.1.3.7　在特定的物理实现手段上,光波和微波的特性差异显著

比如,光放大器相比微波放大器的实现更为复杂:一方面,类似掺铒光纤放大器(EDFA)这样的光放大器,并不能直接通过电抽运来放大光,而需要通过电驱动光抽运源,然后再以光抽运的方式放大光信号,因此结构就比微波放大器复杂得多,迄今小型化困难;另一方面,由于要保证单模输入输出,光波导的尺寸较小,能够耐受的输入/输出光功率密度就相对有限,这一点在半导体光放大器(SOA)中表现尤为突出;此外,即使能够通过固体激光放大器等相对复杂的光学放大手段将功率提高,再转换为微波时也会受到光电探测器的饱和功率限制,这是因为光电探测器是电容性器件,如果频率响应高则需要光敏面大,但光敏面大就会增大结电容,从而造成响应频率下降。因此,迄今为止在光生微波方面也不以能量为主。

反之,在非线性抑制上光具备一些独特的优势。例如:直接在高频上进行微波的谐振输出,在倍频和混频过程中,微波会存在较多的交调、杂散,同时相位噪声会恶化;而光的频率很高,其倍频和谐波往往在频谱上相隔很远,更容易剔除。以光

学拍频法产生微波为例,两个波长/频率不同的光在非线性介质(如光电探测器)中可以产生混频效应,原则上会产生和频项和差频项。其中,和频项会产生频率更高的光波,在光电探测器转换成微波后直接被滤除,而落入检波带宽范围内的差频项则输出为微波。从中可以看到:①由于没有和频项的输出,几乎不会产生任何杂散和交调,所以频谱纯度很高。②只需要改变光波长就可以实现输出微波的频率调谐,而百分之一的光频变化就可以产生从直流(DC)到数百 GHz 的微波频率变化,可以彻底消除微波频段倍频程的限制。

综上所述,正是因为微波与光波都是电磁波,具有电磁场下的统一性,同时又存在频率、带宽、能量等的不同所带来的差异性,才使得微波与光波可以将信息相互转换并根据不同的处理需求进行多样化的处理。微波和光波这种既相似又有区别的对立统一性,促成了微波光子学的诞生,给了我们更大的自由度来灵活选取和运用。而掌握了微波和光波以上本质的异同,就能够更深入地理解和掌握不同的微波光子信号处理方法。

1.2 微波光子的交叉学科诞生

以上所介绍的微波和光波的统一性和差异性为两个学科的融合提供了可能性和必要性;而随着现代社会信息科学和应用的高速发展,特别是在军事电子、国际互联网、宽带移动通信的需求刺激之下,微波学与光子学的融合交叉得到了快速的推动,诞生了微波光子学,如图1.10所示,且在传统微波与光波领域中产生了越来越丰富的应用。

图 1.10 微波光子学的融合交叉

微波光子学诞生的契机是通信需求的快速增长,而随着对研究的不断深入,除了光传输技术以外的其他光子学处理方法也不断被提出和验证,微波光子学在宽带、高速、并行等方面的优势被不断挖掘出来。目前,电子战、雷达等典型的微波应用系统正面临不同的瓶颈问题,迫切需要寻求新的技术解决途径,而微波光子信号处理技术的诸多优势正好能够满足上述系统的发展诉求,因此微波光子学的应用得以进一步扩展。

作者基于自身多年来从事微波光子信号处理领域技术与应用研究的经历,总结了微波光子学诞生与发展历程上的几大重要事件,如图1.11所示。

图1.11 微波光子学的发展历程

事件一:如微波光子学的定义,微波光子信号处理是要将微波信号转换到光域内进行处理,那么光源就是必不可少的重要组成单元。但是,并非任何光源都能用于微波光子信号处理系统中。实际上,直到20世纪中期激光器出现之前,人类对于光的利用一直都十分有限,如日光、普通灯光等都只能用于照明。

激光器的出现使人类对光的认识和利用迈上了新的台阶。但是,激光器也分为很多种,以工作介质来分,大致可以分为气体激光器、固体激光器、液体激光器、光纤激光器、半导体激光器等。这些不同类型的激光器根据其功能和特性的区别,在不同的领域内发挥了重要的作用。对于微波光子学来讲,应用最广的莫过于半导体激光器,图1.12展示了一种典型的半导体激光器及其驱动控制组件。由于半导体激光器体积小、功耗低、稳定性好、成本低、使用方便、易于与光纤系统集成,所以正好满足光通信领域的应用需求,而微波光子学的发展又与光通信领域的发展密不可分。

图1.12 半导体激光器与激光器驱动控制组件

顾名思义，半导体激光器的工作介质是半导体材料。其工作原理是，通过相应的激励措施，使半导体材料出现粒子数反转，达到受激辐射的效果。可作为激光器介质的半导体材质有很多种，而激励措施主要有3种：光泵式、高能电子束激励式和电注入式。其中，目前性能较好，应用较广的GaAs、InP二极管激光器就是电注入式的。

半导体激光器的成功实现是在1962年，在这之前，科学家们对于半导体材料能否实现受激辐射进行了大量的理论和实验研究。其中比较重要的事件有，在1958—1960年间，科学家经过大量的探索，发现了直接带隙半导体比间接带隙半导体更容易受激产生相干光。在1961年，明确提出了半导体激光器实现粒子数翻转的重要条件，即必须满足电子受激辐射产生的能量小于非平衡载流子（电子和空穴）浓度的费米能级差。1962年，美国林肯实验室报道了在77K环境中GaAs材料电致发光效率高达98%的结果，半导体激光器的成功实现近在咫尺！就在同年，美国通用电气研究实验室采用新型的谐振腔结构，成功实现了GaAs材料的受激辐射。同年，还有另外3个实验室也先后成功实现了半导体相干光受激辐射，并且使用的也都是GaAs材质。

最初的GaAs激光器是同质结半导体材料，其临界电流较高，并且要在77K环境下工作，不具备实用价值。后来，科学家们陆续通过对单异质结半导体、双异质结半导体结构的研究，解决了半导体激光器在常温下的连续工作问题，才使得半导体激光器具备了实用价值。

那么半导体激光器又是因何与光通信密切相关的呢？实际上，早期半导体激光器的发射功率无法与气体激光器、液体激光器、固体激光器相比，所以在军事、农业、材料加工等方面都以这几类激光器为主。但是，半导体激光器出现的时间正好赶上光纤的传输损耗问题被高锟所攻克，光纤通信系统迎来快速发展的阶段。人们在研究中发现，半导体激光器的发射波长与光纤的传输窗口十分匹配，加上其体积小、寿命长、成本低等优势，非常适合作为光纤通信系统的光源。因此，半导体激光器和光纤通信结下了不解之缘，同时也正因为光纤通信需求的爆发，半导体激光器得到了快速发展。

而与光纤通信类似，微波光子学的各种系统中也大量使用光纤作为传输介质，以及使用各种以光纤作为输入/输出接口的光学器件，因此半导体激光器也成为微波光子学不可缺少的核心基础器件。如今，随着微波光子学在雷达、电子战、通信等领域的应用不断深入，以及对微波光子信号处理性能的要求不断提高，对半导体激光器的窄线宽、低噪声、高功率、高稳定等要求也越来越显著。因此，高性能半导体激光器的研究方兴未艾。

事件二：无论是光通信，还是微波光子学，所构建的系统一定要能够传输和处理信息才有意义,因此必然要有一个环节来实现微波信号向光信号的转换,也就是我们常说的信号调制。半导体激光器自身是可以实现信号调制的。以电注入的半导体激光器为例,通过改变激光器的输入电流,可以改变其输出的激光功率,这就是半导体激光器的 $P-I$ 特性,如图 1.13 所示。

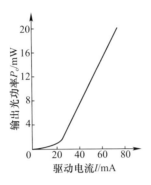

图 1.13　半导体激光器的典型 $P-I$ 曲线

从图 1.13 可以看到:半导体激光器具有激发阈值,当输入的电流低于阈值时,半导体激光器不能输出激光;当电流达到阈值以上时,在一段区间内输出的激光功率与输入电流值具有线性关系,因此可以通过调制注入电流的方式来调制输出的激光功率,实现幅度调制功能。这也就是通常所说的直调激光器。

但是,随着光通信需求的不断增长,信号调制的速率要求越来越高,直调式的半导体激光器逐渐难以满足要求,这主要是因为:①随着调制速率的增加,使用直调式半导体激光器构成的光通信链路的噪声系数会逐渐增大,恶化通信质量。这与半导体激光器的工作原理直接相关。半导体激光器依靠电流注入实现载流子的抽运,形成受激辐射。而直调模式下,半导体激光器的输入电流一直在快速变化,也就是说半导体激光器的载流子分布一直处于快速变化的状态,而这其中的瞬态振荡特性会产生噪声。②为了提高通信电路的容量,人们不断提出了各种新的调制样式。这些复杂的调制样式,不是依靠简单的线性调幅就能够实现的,也就是说,直调激光器在调制模式上也无法满足光通信的发展要求。

实际上,科学家们在研究中早就发现有多种方式可以对光信号进行调制。光调制器发展到现在,根据其工作介质的不同,可以分为半导体电吸收(EA)调制器、半导体光放大器(SOA)、声光调制器(AOM)、电光调制器等。由于各方面综合性能较优,电光调制器的使用最为广泛。

电光调制器利用晶体材料的电光效应实现光信号调制。电光效应是指在电场的作用下,晶体的折射率会发生变化。如果折射率的变化与所加的电场强度呈线性关系,即受电场一次项的影响,则称为线性电光效应,也称为 Pokels 效应,是由普克尔斯(Pokels)在1893年发现的。线性电光效应一般出现在无对称中心的晶体中。当晶体的折射率变化与所加电场强度的平方呈线性关系时,即受电场二次项的影响,这种电光效应称为二次电光效应,也称为Kerr效应,是由克尔(Kerr)在1873年发现的。所有晶体中都存在二次电光效应。

由于我们希望在传输信息时能够尽量保持其原有特征,所以在电光调制器中希望线性电光效应尽量强,二次电光效应尽量弱。在众多的电光晶体材料中,铌酸锂($LiNbO_3$)晶体的线性电光效应比二次电光效应显著得多,再加上其他一些有利的特性,成了电光调制器中使用最广泛的晶体材料,其外形如图1.14所示。在铌酸锂晶体上实现的马赫–曾德尔型调制器(MEM)基本结构及封装实物如图1.15所示。

图1.14　铌酸锂晶体

当我们使用电光调制器来进行光信号的调制时,半导体激光器只承担光源的功能,因此可以工作在非常稳定的状态下,对半导体激光器的设计也就可以更加专注于提升功率、减小噪声、增强稳定性和可靠性等方面。此外,半导体激光器的外围电路也不必再去考虑复杂的高频特性,同样也就能够具有更加优异的性能。

再回到信号调制的性能来讲,由于电光特性的响应速度非常快,远远快于半导体激光器中载流子迁移的速度,因此电光调制器的带宽可以做得非常大(也就是高速率),并且在整个工作频段内,电光调制的噪声系数随频率增大的恶化程度要远远小于直调式半导体激光器,这个特性对于保证高速、宽带系统的信号传输质量非常重要。当前成熟的商用铌酸锂调制器的带宽已经达到40GHz,实验室条件下的带宽则更大。制约电光调制器带宽提升的因素也不是电光效应的响应速度,而是高频电极的设计,以及电极与光波导之间的电磁场匹配问题。换言之,随着技术水平的不断提升,电光调制器的带宽还将继续增大,从而为光通信容量的提升以及微波光子系统向更高频率扩展提供有力的支撑。

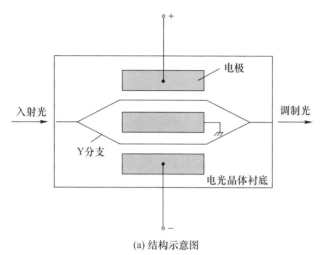

(a) 结构示意图

(b) 调制器实物

图1.15 典型的马赫-曾德尔型铌酸锂调制器

事件三:随着光通信容量的快速增加,对调制器、光电探测器等光电子器件的性能需求也越来越高,人们对于微波与光波的相互转换效应等研究也就越发深入和透彻。1991年,德国科学家耶格尔(D. Jäger)结合其对行波光电器件的研究,首次提出了微波光子学的概念[4]。根据耶格尔的定义,微波光子学的早期概念是:研究工作于微波或者毫米波频率的高速光子器件,以及这些器件在微波或者光子系统中的应用。这里的"光子"与"电子"相对应,能量范围0.5~2eV,对应于自由空间的可见光谱、红外光、紫外光谱范围。从器件层面上看,相互作用通常发生在基本粒子之间,如激光器就是用电子控制光子流,而光电探测器是用光子控制电子。不难看出,微波光子学的概念从诞生伊始就已经和光通信具有很大的区别。光通信关注的是如何提升通信容量、通信质量,而微波光子学则是更加关心光与微波的电磁波本质,或是光子与电子的相互作用,以及由这些相互作用所诞生的各类应用。

微波光子的概念诞生之后,迅速在世界范围内引起了高度关注,越来越多的课题组参与到微波光子技术及其应用的研究中来,微波光子学的概念也不断得到完善。2001 年,耶格尔进一步完善了其对微波光子学的定义:微波光子学是一个新兴多学科交叉领域,主要研究工作在微波或毫米波波段的高速光子器件及其在射频、微波、毫米波、太赫兹或光学系统中的应用。其典型研究内容包括高速信号和微波信号的产生、处理和转换,通过宽带有线或无线光链路分配和传输微波信号等[5]。随着光电子器件研制技术的日益成熟,人们意识到射频(RF)信号通过光载波传输的潜在应用价值,微波光子学的概念和内涵也在不断扩展。2006 年,英国学者西兹(A. J. Seeds)明确地将微波光子学定义为两方面:①针对能够处理微波信号的光电器件和系统进行的研究;②在微波系统中进行信号处理时采用光电子器件和光电子系统[6]。该定义一定程度上呼应了耶格尔曾指出的"在光学中可应用微波技术,也可以在微波系统中利用光学技术"。

2008—2009 年,加拿大渥太华大学的学者姚建平发表文章阐述了对微波光子学概念以及应用的理解:微波光子学是一个研究微波和光学信号相互作用的交叉学科,通过光学方法实现微波和毫米波信号的产生、分配、控制和处理[7]。微波光子学可以应用于传感、雷达、通信、仪器设备和电子战系统,这些应用对速度、带宽和动态范围提出了越来越高的要求,同时还需要设备更小、更轻便、更低功耗。

2015 年,尤里克(V. J. Urick)等的著作中[8],将微波光子学定义为一门多学科领域,包括光学、微波和电子工程。微波光子学覆盖的频率范围下至 1kHz,上至光频的 100THz。这门学科的目的在于:通过在光域上寻求新的可能解决方法,解决电学方法难以应对的复杂工程问题。

尽管上述定义在描述的侧重点上各有不同,但是相比最早期的定义,都明确地提出了微波光子是一门独立的学科,且具有交叉特性,而内涵既包括基础器件,也包括应用系统,目的则基本都是使用光子学处理的方法来解决常规微波手段难以解决的问题,或者是提升微波系统的性能。

因此,本书将用一个章节介绍微波光子学中的基础器件,其余章节着重研究微波光子学的系统应用。就"在微波系统中利用光学技术"方面看,近十年来,面对微波领域在处理带宽、处理频率、动态范围等方面的技术瓶颈,微波光子学展示了极大的应用潜力。因此本书将侧重于通过在光域上寻求新的可能解决方法,解决电学方法难以应对的复杂工程问题。

事件四:由于有着很好的研究基础和广泛的应用需求,微波光子学诞生之后的发展非常迅速。仅在微波光子学概念提出之后的第 5 年,也就是 1996 年,国际上首次召开了微波光子学年会(International Topical Meeting on Microwave Photonics),并在之后每年举办一届,会议涉及的主题也不断丰富,如今已发展成为微波光子学领域的大型国际会议。其中,2017年的国际微波光子学年会就在北京的国家会议中心举行,由清华大学、北京邮电大学、中国科学院半导体研究所、南京航空航天大学、西南交通大学等单位联合承办,来自全球超过100名以上的微波光子领域的学者们参加了会议,涉及的主题主要有:

(1) 高速光电子器件;
(2) 集成微波光子学;
(3) 面向微波信号产生与分配的光子学技术;
(4) 基于光子学的微波处理、感知与测量;
(5) 太赫兹技术及应用;
(6) 数字和模拟信号传输的光纤链路;
(7) 光纤无线电技术,无线通信和5G;
(8) 微波光子学的新应用(天文、交通、自动驾驶、电子战、雷达、医学、以及医疗服务等)。

表1.1汇总了从1996年到2019年的各届微波光子学年会的举办地。

表1.1 国际微波光子学年会的历年举办地

会议年代	会议举办地	会议年代	会议举办地
1996	日本,京都	2008	澳大利亚,黄金海岸
1997	德国,杜伊斯堡	2009	西班牙,瓦伦西亚
1998	美国,普林斯顿	2010	加拿大,蒙特利尔
1999	澳大利亚,墨尔本	2011	新加坡
2000	英国,牛津	2012	荷兰,诺德韦克
2001	美国,加利福尼亚长滩	2013	美国,弗吉尼亚州亚历山大市
2002	日本,兵库县淡路岛	2014	日本,札幌
2003	匈牙利,布达佩斯	2015	塞浦路斯,帕福斯
2004	美国,缅因州奥甘奎特	2016	美国,加利福尼亚长滩
2005	韩国,首尔	2017	中国,北京
2006	法国,格勒洛布尔	2018	法国,图卢兹
2007	加拿大,维多利亚	2019	加拿大,渥太华

同时,随着微波光子学影响力的提升,在其他光学类会议中也不断增设微波光子学相关的主题。例如,国际上著名的美国光纤通信展览会及研讨会的近几年会议中,就专门设有微波光子系统(Microwave Photonics Systems)的主题。

事件五:随着对微波光子学研究的不断深入,除了用于宽带信号传输之外,更多基于微波光子信号处理的信号产生、分配、控制和处理的方法被提出和验证,微波光子学的应用领域也得到了极大扩展。以电子战领域为例,美国国防部高级研究计划局(DARPA)在 2002 年明确提出了将微波光子信号处理的思想用于电子战系统的体系框架,如图 1.16 所示。从图中所示的框架可以看到,在电子战应用中微波光子信号处理涉及的研究内容相当丰富,包括宽带电光调制技术、频率变换、光学干扰消隐技术、光波束形成技术、光学信道化、光学波形产生技术等。这些技术几乎全都是采用光学的新工作机理和新技术途径来实现的,涵盖了很多创新性的思维。而这些创新性思维也带来了基础技术的革新,使其能够实现很多电子处理技术难以达到的高性能。以基于集成光学的信号处理为例,通过在芯片级将宽带光信号处理单元和数字控制电路紧密集成,能够实现硬币大小的 RF 光学信道化处理器,具有 HF(高频)~Ku 频段的宽带适应性,瞬时带宽有望增加 4.5 倍、质量减至 1/80、功耗降低至 1/5、造价降至 1/100,且与 CMOS 工艺完美兼容。DARPA 提出的这一框架,不仅为电子战技术的发展提出了一条全新的技术途径,而且对于微波光子学来讲也具有深远的影响和重大的意义。电子战历来属于军事电子技术的前沿,DARPA 的这一技术框架,高度认可了微波光子学的技术价值和应用价值,更是为后来的微波光子技术研究规划了一套技术体系,标志着微波光子学不再是单项技术的分散性研究,而已经开始针对军事前沿应用进行系统性布局。

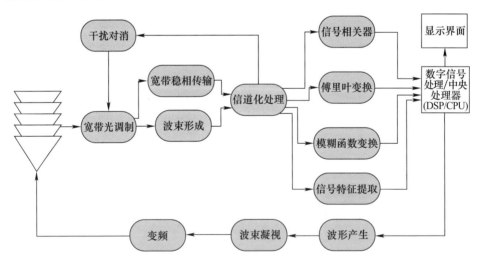

图 1.16　DARPA 提出的基于微波光子信号处理的电子战系统框架

事件六:2008 年,美国 OE - WAVES 公司研发出的微波光子接收机被应用于美国 DARPA 的 ChaSER 项目中,并实现了优异的性能,如图 1.17 所示。该公司采用基于光学相干变频的超外差接收技术,这种方案与射频超外差接收的原理基本相同,区别在于采用高质量的窄线宽激光作为本振信号,利用光学相干变频取代微波混频,可以获得非常好的信号质量,同时由于变频前后的信号分别属于光信号和微波信号,光电的巨大频差带来非常好的隔离度,可以较好地解决本振泄漏问题。ChaSER项目的研究成果,标志着微波光子在电子战侦察方面的应用取得了重大突破。

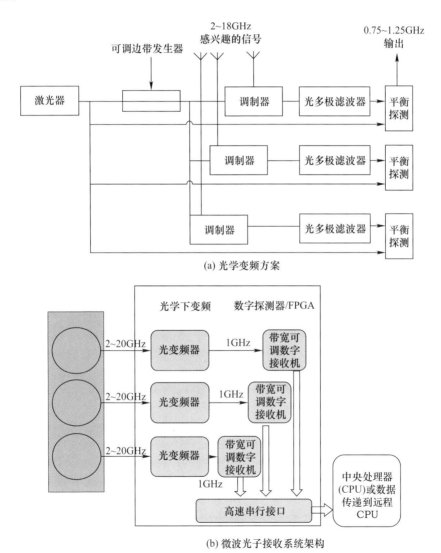

(a) 光学变频方案

(b) 微波光子接收系统架构

图 1.17　ChaSER项目中的微波光子接收机示意图

事件七:2011年,欧盟的全数字光子雷达项目PHODIR(基于光学的全数字雷达)提出资助高频多通道光子雷达信号波形的产生,以期提高雷达系统的跟踪速度。由于需要高频信号处理能力,而常规基于射频的技术体制目前还无法克服在高频条件下的噪声问题,因此研究人员采用了微波光子信号处理中的若干技术手段,实现了雷达技术体制的颠覆性变革。2014年,《自然》期刊报道了意大利研究人员所研制的全光相参雷达系统,如图1.18所示[9]。

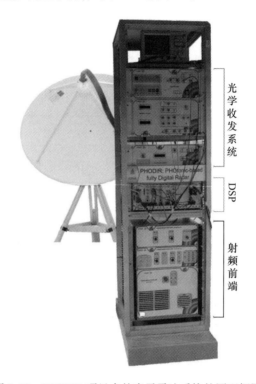

图1.18　PHODIR项目中的光子雷达系统的原理框图

相比常规的射频和电子学体制的雷达,该全光相参雷达系统在部分关键性能方面具有显著的优势。例如:全光相参雷达能够直接产生或接收高达40GHz的射频载波且具有灵活调控能力(常规体制雷达通常只能直接产生2GHz以下的中频载波,再通过上变频变换到射频频段内;接收时也需要先通过下变频将射频信号变换为2GHz以内的中频);全光相参雷达的发射机产生的信号的时间抖动小于15fs(常规体制雷达发射机产生的信号的时间抖动大于20fs);全光相参雷达接收机的采样脉冲的时间抖动小于10fs(常规体制雷达接收机的采样脉冲的时间抖动大于100fs)。该项研究成果对于雷达领域来讲具有深远的影响,表明雷达系统的技术体制和系统架构有望产生重大变革。为此,美国海军研究实验室的麦金尼(J. D. McKinney)在《自然》上发表题为"光子学照亮雷达的未来"(Photonics illuminates the future of radar)的评论文章[10],高度肯定了该项研究的意义和价值。这代表着微波光子学的应用研究除了电子战之外,在雷达领域也取得了重大突破。

1.3 微波光子学的研究方向

1.3.1 微波光子基础器件

微波光子器件是指利用移动的电子、空穴、电场和光子之间的波性相互作用的器件。微波光子器件家族包括:微波到光波的转换类器件,如激光器、电光调制器;光波到微波的转换类器件,如光电探测器;信号的幅、频、相、时等控制类器件,如光放大器、可调光衰减器、可调光延迟线;拓扑结构类器件,如光开关等[11]。

受到微波激射器原理的启发,西奥多·哈罗德·梅曼(T. H. Maiman)在1960年发明了红宝石激光器,第一次实现了脉冲相干光输出,如图1.19所示。激光器能够输出人们长期以来梦寐以求的高相干性、高定向性、高光谱纯度和高功率密度的光波,激光器出现之后,光学的发展进入了一个崭新的阶段,衍生出丰富的理论和应用。可以说在激光器出现之前,人们主要实现了利用光,而在激光器出现之后,人们才做到了操控光。

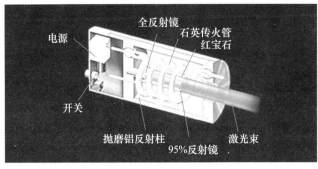

图1.19 梅曼和世界上第一台红宝石激光器的组成(见彩图)

激光器本身具有一定的调制特性,通过在谐振腔中加载射频信号,可以改变激光振荡的参数,从而改变激光的输出特性,即所谓的直接调制技术。进一步地,激光具有电光效应、声光效应、光电效应等光与微波的相互作用,这使得电光、声光、磁光等外部调制方式也能够实现微波与光波的相互转换。其中,电光调制技术基于线性电光效应,即光波导的折射率与外加电场强度成正比,而折射率的变化使光波相位被调制,从而实现相位调制。由两个相位调制器构成马赫-曾德尔干涉仪型调制器又可以实现光波的强度调制。不仅如此,相位调制器可用于产生平坦光频率梳,而马赫-曾德尔型调制器设计还能够用作高速光开关[12]。

在接收端,使用光电探测器接收和探测携带信息的光信号。光电探测器又分为多种类型,其中,半导体光电探测器利用半导体材料的光电效应实现光信号的探测,所探测的相干或非相干光源的波长,已经从可见光波段延伸到红外光区和紫外光区。半导体光电探测器又分为光导型和光伏型两种,前者主要指各种光敏电阻,后者主要指具有光伏结构的光敏二极管。P-I-N型光敏二极管是最常用的光电探测器,其量子效率和频率响应都较为优越[13]。

本书第2章将对基础微波光子器件的类型及基本特点进行分析。

1.3.2 微波光子链路

在低损耗的光纤出现之前,人们已经开始研究自由空间中的光传输。由于典型的1550nm光波在光纤中传输10km后的损耗只有3dB左右[14],自从半导体激光器和低损耗光纤被发明出来以后,基于光纤媒介的光通信技术在过去几十年里取得了快速的发展。因此,本书所讨论的微波光子链路主要是在光纤作为传输媒介的条件下展开的。

微波光子链路被看作不同微波光子系统的基本构成单元。基本的微波光子链路结构如图1.20所示,包含一个用于将RF信号转换到光域的电光转换器件、一路光传输媒质,以及一个光信号到电信号的转换器件。首先在发射端微波输入信号被调制到光载波上,实现电光转换,调制后的光信号经过光纤信道低损传送到位于远端的接收部分进行光电转换,进而再现原射频信号。与通信系统中基波信号和载波信号之间的调制和解调过程相类比,经常将电光转换过程称为"调制",而将光电转换过程称为"解调"。

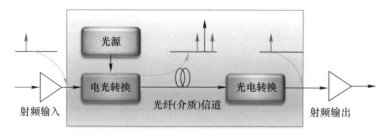

图1.20 微波光子链路的基本模型结构

目前，大多数微波光子链路采用强度调制—直接探测的方法，同时，对相位或频率调制结合直接探测或相干探测等多种映射类型的研究也日益增多。根据调制器件的不同，在微波光子链路中的调制方法可以分为两大类：直接调制和外调制。前者使用一个直接调制激光器，同时用作激光源和调制器；后者包含一个连续波激光器及一个外部电光调制器，由于光源和调制器各司其职，系统的工作带宽、噪声系数等性能得到进一步提升。目前所有的微波光子链路均使用P-I-N型光电探测器作为光电转换器件[15]。

早期的微波光子链路被应用在有线电视网络中，以解决同轴电缆插损的问题。随着数字处理技术的发展，无线通信转而成为研究热点，微波光子技术又被用于将中心站的微波信号传输至分布式基站中。为满足越来越多的具体应用，人们开发出大量基于不同技术的光链路，包括模拟链路和数字链路、单向链路和双向链路、单工或全双工互联等。这些链路使用了不同的波长、复用技术和调制技术。

1.3.3 微波光子信号处理

微波光子信号处理作为微波光子系统中的重要组成部分，通过对调制光信号的处理，能够调控微波信号的一些关键电学参数，从而改变微波信号的某些特征。基于以上内涵，不难得到微波光子信号处理在系统中的位置示意图，如图1.21所示。

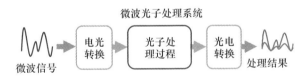

图1.21 微波光子信号处理示意图

根据图1.21，一个典型的微波光子系统包含如下3个主要组成部分。

（1）电光转换部分：主要实现微波信号到光信号的转换，理想的电光转换过程是将微波信号携带的信息无失真地转换到光信号上。

（2）光电转换过程：主要实现光信号到微波信号的转换，理想的光电转换过程是将光信号携带地信息无失真地转换到微波信号上。

（3）光子处理过程：根据系统需要完成的功能，对光信号进行不同类型的处理，如对信号的时、频、幅、相参数进行调控，以及对信号进行分配和合成等，进而由光信号转换到微波信号之后可以实现信号的产生、分配、控制和处理等不同功能。

结合具体的应用，微波光子信号处理当前的技术分类可以按时域、空域、频域处理进行划分，在本书第4章至第6章将分别对此进行详细探讨。

1.3.4 微波光子系统

在微波光子链路的基础上,一旦射频信号被转换到光域,就可以通过光纤进行延时及其他处理,并由光电转换器件解调成 RF 信号。通过处理方法的不同组合,就可以构成各种各样的微波光子系统。微波光子系统利用了微波光子传输和处理过程的某些优势,与传统的微波和数字处理系统相比,微波光子系统具有宽带性、高速性、并行性、小巧性、电磁兼容性、抗干扰性和保密性等一系列特点。

本书第 7 章将通过典型实例介绍微波光子系统的应用情况。

1.4 本章小结

本章首先回顾了微波学和光子学在物理学发展史上的阶段和重要事件,进而介绍了微波与光波的统一性和差异化,阐明了微波与光波实现融合应用的基础;其次,介绍了微波光子学的诞生与发展过程及其概念、内涵;最后,从微波光子器件、链路、信号处理及微波光子系统的角度阐述了微波光子学的主要研究内容。

参考文献

[1] Born M, Wolf E. Principles of optics[M]. Oxford:Pergamon Press,1975.

[2] 隆仲莹. 射频信号光学方法处理——光学多波束形成技术研究[D]. 成都:电子科技大学,2007.

[3] 吴健,杨春平,刘建斌. 大气中的光传输理论[M]. 北京:北京邮电大学出版社,2005.

[4] Jäger D, Kremer R, Stohr A. Travelling – wave optoelectronic devices for microwave applications [C]//Microwave Symposium Digest,1995, IEEE MTT – S International, IEEE,1995.

[5] Jäger D, Stohr A. Microwave photonics[C]//2001 31st European Microwave Conference London, UK, IEEE,2001:1 – 4.

[6] Seeds A J, Williams K J. Microwave photonics[J]. Journal of Lightwave Technology,2006,12(24):4628 – 4641.

[7] Yao J. Microwave photonics[J]. Journal of Lightwave Technology,2009,27(3):314 – 335.

[8] Urick V J, Mckinney J D, Williams K J. Fundamental of microwave photonics[M]. New Jersey:John Wiley & Sons, Inc,2015.

[9] Ghelfi P, Laghezza F, Scotti F, et al. A fully photonics – based coherent radar system[J]. Nature, 2014,507:341 – 345.

[10] Mckinney J D. Photonics illuminates the future of radar[J]. Nature,2014,507:310 – 311.

[11] Lee C H. 微波光子学[M]. 余岚,张道明,杜鹏飞,等译. 北京:国防工业出版社,2017.

［12］陈贺新. 电光调制器及其驱动技术研究［D］. 长春:长春理工大学,2007.
［13］刘刚,余岳辉,史济群,等. 半导体器件——电力、敏感、光子、微波器件［M］. 北京:电子工业出版社,2000.
［14］Cox C H. Analog optical links:theory and practice［M］. Cambridge:Cambridge University Press,2004.
［15］Marpaung D,Roeloffzen C,Heideman R,et al. Integrated microwave photonics［J］. Laser & photonics reviews,2013,7(4):506 – 538.

第 2 章 微波光子信号处理的基础器件

微波光子信号处理系统中所涉及的基础器件主要包括激光器、电光调制器、光电探测器，以及通过上述基础器件集成来实现某种微波光子功能的功能单元。

本章将介绍各种微波光子信号处理的基础器件的基本原理、实现技术以及技术特点等；从微波光子系统所关心的工作带宽、增益、噪声系数、动态范围、响应时间等性能指标出发，分析微波光子系统对各种基础器件的参数要求；论述各类器件的实现方法，以有效提升微波光子系统性能。

2.1 激 光 器

激光器是微波光子信号处理系统的核心光电器件，与早已大规模商用的海底和陆上长途干线、城域网以及接入网中的数字光链路不同，微波光子链路是采用未经数字化的微波信号直接调制光强度、光相位、光频率或光偏振态等光域的特征参量来传输微波信号的链路。因此，微波光子链路对光电元器件的性能要求亦有别于数字光链路；在微波光子链路中，激光器的功率、相对强度噪声、线性度以及光谱纯度等性能都有可能影响微波光子链路的增益、噪声系数（NF）和动态范围，从而影响使用微波光子链路的雷达、电子战、通信、测控系统的整体性能。通过优化激光器设计，可以改善激光器性能，提升微波光子链路性能，提升雷达和电子战系统的超宽带感知能力。

微波光子链路常用的激光器可以分为两类：一类是直调激光器；另一类是用于外调制方式的连续波激光器。

直调激光器一般采用半导体激光器，是目前微波光子链路中广泛应用的激光器，具有结构简单、易制备、性价比高等优点。但当直接调制时，普通半导体激光器的动态谱线增宽，从而在色散作用下会限制光纤通信中的传输带宽，并且直调激光器的调制带宽较低；因此，为了解决直调激光器增益小、调制带宽有限的问题，科学家于 1989 年提出了高性能的外调制光链路的解决方案[1]。在外调制光链路中，不对激光器直接进行调制,激光器输出的光波为连续波,通过电光调制器将电信号的波形加载到光上;最初外调制链路所采用的激光器为固体激光器,后来随着半导体激光器性能的不断提升,其低成本、小体积、灵活性(如波长可选择性多)等优势逐步显现,逐渐取代了固体激光器;因此在本书中,主要论述半导体激光器。

与数字光纤传输系统应用需求不同,模拟传输的微波光子链路需要损耗低、无杂散动态范围大、交调失真小。下面将介绍适用于微波光子链路的半导体激光器基本原理、结构、性能、制备及发展趋势,建立模型用以分析激光器性能对微波光子链路的影响。

2.1.1 直调激光器

直接调制的半导体激光器是微波光子链路发射机的重要实现手段,适用于频段较低的光链路。本节将介绍如何提高直接调制激光器性能从而提高微波光子链路性能。基于直接调制的微波光子链路如图 2.1 所示。

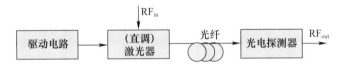

图 2.1 直调微波光子链路示意图

直调激光器是光电转换器件,它将注入的电流转变为光子输出。半导体激光芯片的构成是将某种光增益介质置于一个光学谐振腔中。通过注入电能量或者光能量来抽运该增益材料,使增益材料中的电子被激发到更高非平衡能级上,从而产生受激辐射,如图 2.2 所示。如果产生的增益足够克服光学谐振腔中某一谐振模式的损耗,则该模式达到阈值,发射有一定相干性的光。微波光子链路中激光器应用波长一般为 1310nm、1550nm,对应光纤的最低损耗波段,根据不同的波长、不同性能要求选用不同的材料体系,如 InGaAlAs/InP、InGaAsP/InP 等。

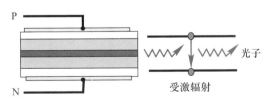

图 2.2 半导体激光器原理

为描述应用于微波光子链路及微波光子系统的直调激光器的特性,本节从激光器的基本数学模型——速率方程出发,论述激光器某一区域内光子浓度和载流子浓度的守恒关系;从激光器静态特性出发,分析激光器在恒定电流注入下光子和载流子的变化关系;从激光器调制特性出发,分析影响小信号响应的因素。

2.1.1.1 速率方程

为了分析激光器中的动力学,本节从较为简单的一维速率方程出发(基于简化假设[2]),建立激光器内某一局部区域中光子和注入载流子的守恒关系如下:

$$\frac{dN}{dt} = \frac{J}{ed_a} - \frac{N}{\tau_r} - R_{st}S \tag{2.1}$$

$$\frac{dS}{dt} = R_{st}S + \frac{N}{\tau_r} - \frac{S}{\tau_p} \tag{2.2}$$

式中:J 为注入电流密度;N 和 S 分别为有源区的载流子和光子密度;τ_r 为电子自发发射复合寿命;d_a 为有源区厚度;R_{st} 为受激发射速率,它是增益系数与光群速度的乘积;τ_p 为光子寿命。

式(2.1)为载流子守恒方程,等式右边包含 3 项:第一项表征因注入电流增加而引起有源区内载流子浓度的增加;第二项表征因自发辐射复合和非辐射复合而引起有源区内载流子浓度的降低;第三项表征因受激发射复合而引起有源区内载流子浓度的降低。

式(2.2)为光子守恒方程,等式右边同样包含 3 项:第一项表征受激发射光子的产生速率;第二项表征自发发射进入激光模式的速率;第三项表征因腔内损耗而引起的光子减少速率。

2.1.1.2 静态特性

分析耦合速率方程的稳态解可以深入了解激光器的静态特性。对于外调链路所使用的连续波激光器来说,正常工作时,激光器的载流子浓度和光子浓度是保持不变的,因此有

$$\frac{dN}{dt} = \frac{dS}{dt} = 0 \tag{2.3}$$

式(2.1)和式(2.2)可写为

$$\frac{dN_0}{dt} = \frac{J}{ed_a} - \frac{N_0}{\tau_r} - R_{st}S_0 \tag{2.4}$$

$$\frac{dS_0}{dt} = R_{st}S_0 + \frac{N_0}{\tau_r} - \frac{S_0}{\tau_p} \tag{2.5}$$

通过讨论阈值以下,$I < I_{th}$,$N_0 = 0$;等于阈值,$I = I_{th}$,$N_0 = N_{th}$;高于阈值,$I > I_{th}$,$N_0 = N_{th}$,对 3 种情况可以分别求解得到激光器在不同情况下的静态解[2],结果如图 2.3 所示。

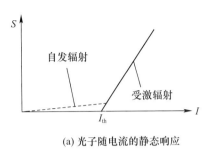 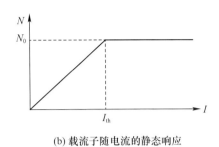

(a) 光子随电流的静态响应　　　　　(b) 载流子随电流的静态响应

图 2.3　激光器在不同情况下的静态解

2.1.1.3　调制特性

当 RF 小信号直接加载到激光器的直流偏置电流上时，I、S、N 可以写为[3]

$$I(t) = I_0 + I_{RF}\sin(\omega_{RF}t) \tag{2.6}$$

$$S(t) = S_0 + S_{RF}\sin(\omega_{RF}t + \theta_{RF}) \tag{2.7}$$

$$N(t) = N_0 + N_{RF}\sin(\omega_{RF}t + \psi_{RF}) \tag{2.8}$$

式中：I_0、S_0、N_0 为前面已经用到的静态值；I_{RF}、S_{RF}、N_{RF} 为微波小信号的幅值；θ_{RF}、ψ_{RF} 分别为小信号的光子和载流子相位。

将式(2.6)~式(2.8)代入式(2.1)和式(2.2)，从而提取出载流子和光子随时间变化的关系式，进行傅里叶变换，即可得到以 ω_{RF} 为变量的响应曲线，如图 2.4 所示[4]；相应 $S_{RF}(\omega_{RF})$ 同 $S_{RF}(0)$ 的相对比值为[4]

$$\left| \frac{S_{RF}(\omega_{RF})}{S_{RF}(0)} \right| = \frac{\Omega_R^2}{[(\Omega_R^2 - \omega_{RF}^2)^2 + \omega_{RF}^2\Gamma_R^2]^{\frac{1}{2}}} \tag{2.9}$$

式中：Ω_R 为弛豫振荡频率；Γ_R 为光场限制因子，表达为

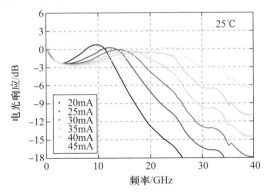

图 2.4　不同电流下激光器小信号响应曲线(见彩图)

$$\varGamma_R = \frac{\varGamma \alpha v_g}{V_a} \frac{\tau_p}{q}(I_0 - I_{th}) \tag{2.10}$$

式中:$\varGamma$为有源区的光场限制因子;V_a为有源区体积;v_g为群速度;q为电子电荷;τ_p为光子寿命。

半导体激光器在达到稳态值之前,半导体激光器的输出呈现出阻尼式周期振荡。载流子和光子之间交换能量所需要的时间包括两部分:首先是打开时间t_n,它表征载流子浓度从阈值到达最大值的时间;其次是光子密度峰值相对于载流子密度峰值滞后的时间t_N。因此,载流子密度和光子密度两者均有弛豫振荡特性,对应的弛豫振荡频率可以表示为

$$\varOmega_R^2 = \frac{\varGamma v_g \alpha}{qV_a}(I_0 - I_{th}) \tag{2.11}$$

当调制频率接近$\varOmega_R$时,弛豫振荡强度调制状态就会因为弛豫振荡的影响而发生畸变,因此该频率反映了模拟调制对应的上限频率。由图2.4可以看出,激光器的弛豫振荡频率$\varOmega_R$随工作电流的增加而增大。当频率大于弛豫振荡频率时,响应曲线就陡峭下降,激光器无法调制工作。为了增加$\varOmega_R$,相当于扩展调制响应的平坦区,需要通过冷却或采用量子阱的方式来增加微分光增益系数α,并通过缩短腔长来降低光子寿命τ_p,同时通过加大注入电流使激光器工作在高光子密度状态下。

从式(2.11)可以看出,弛豫振荡频率与光子寿命和载流子寿命的几何平均值成反比,且有3种独立的方法来提高弛豫振荡频率:

1)增加微分光增益系数

如果将激光器工作温度从室温降低到77K,则可以将微分光增益系数提高约5倍。但从实用角度看,这在工程中难以实现,只能作为一种方法用以验证上式的有效性。

2)增加光子密度

提高激光器偏置电流可提高有源区的光子密度,从下面的关系式可见,提高激光器偏置电流的同时也增加了输出光功率:

$$I_{out} = \frac{1}{2}P_0 \hbar \omega \ln \frac{1}{R_e} \tag{2.12}$$

式中:P_0为输出光功率;R_e为激光器腔面反射率,$\hbar = h/2\pi$,其中h为普朗克常数。但此时偏置电流增大,功率增加的同时,热效应所带来的有关影响将降低激光器的调制效率和微分增益,导致调制带宽下降。

3)降低光子寿命

通过缩短激光器腔长来降低光子寿命。在这种情况下,激光器需要工作在高

电流密度下,此时由于过度加热产生的热效应将限制可能达到的调制带宽。

2.1.1.4 直调激光器发展现状及趋势

高频直调激光器的研究是基于数字光通信用激光器展开的。在数字光通信中,对于工程上非归零码的传输系统,需要接收机采用3dB带宽为0.75倍传输速率的低通滤波器进行滤波,对应系统中光源的调制带宽至少要达到0.75倍调制速率[6]。以6GHz调制带宽的分布反馈(DFB)激光器为例,该激光器的小信号调制特性也适用于8Gbit/s的数字光传输系统。

目前在数字光通信领域,2.5Gbit/s、10Gbit/s调制速率的直调激光器已经非常成熟,这些激光器的3dB调制带宽约1.8GHz、8GHz,针对目前直调微波光子链路的应用,它们的带宽过低。为了进一步提高直调激光器的3dB带宽,并保证激光器的线性、低噪声,研究人员采用了一系列措施来优化直调激光器,具体如下。

(1) 激光器芯片可以通过采用短腔长来增加调制带宽,但是越短腔长的芯片解理工艺越难实现,因此研究人员在有源区域引入无源波导结构,等效减少了腔长,从而增加调制带宽。2012年,日本NTT实验室研发了室温下调制带宽30GHz的DFB激光器芯片[7]。该芯片就采用了有源区集成无源波导的方式,如图2.5所示。该芯片还采用了脊波导结构、聚合物填充等方式来提高芯片调制带宽。

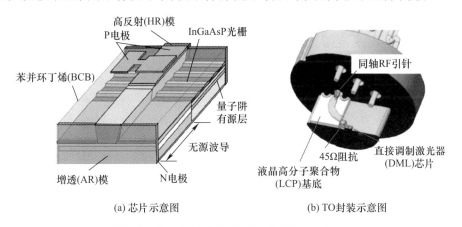

(a) 芯片示意图   (b) TO封装示意图

图 2.5 日本 NTT 实验室 DML 激光器(见彩图)

2014年日本日立公司和Oclaro日本分部共同研发了室温下调制带宽29.5GHz的DFB激光器芯片[8],如图2.6所示。该激光器芯片采用了类脊波导型掩埋异质结构,有源层集成无源波导结构,周期调制光栅,并进行了聚合物填充来达到提高芯片响应带宽的目的。

(2) DFB激光器为满足未来光子链路集成化、小型化、多信道的发展需求,需要研发出多波长阵列的集成芯片。采用单芯片多波长DFB阵列并用合波器

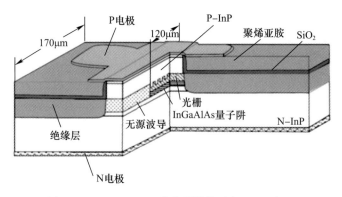

图 2.6　RS-BH DFB 激光器结构示意图(见彩图)

进行合波的方案可实现波长的大范围调谐,每个 DFB 激射的波长不同,通过多模干涉型光耦进行合波,将芯片封装至半导体制冷器,通过温度调节和 DFB 通道切换实现波长的大范围调谐,波长调谐范围可达 30nm 左右。但目前这类单芯片的阵列芯片尚不能应用于微波光子链路,其利用温度改变介质折射率的方式来实现波长调谐的机制调谐速率受限,并且单片阵列芯片的信号串扰大,电隔离度低。

2.1.2　连续波激光器

直调激光器应用于微波光子链路中虽然具有结构简单、易制备、性价比高等优点。但普通半导体激光器直接调制时,动态谱线会加宽,从而在色散作用下会限制光纤通信中的传输容量。采用连续波(CW)激光器外调制方式做发射源可以最大限度地减小光载波的频率啁啾和光纤色散的影响。

在外调链路中,微波信号不是直接加到激光器上,而是与光信号一起输入到电光调制器上,如图 2.7 所示,其中光信号需具备大功率、低相对强度噪声、连续光输出等特性。

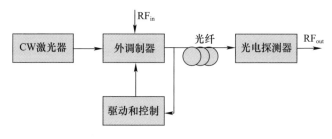

图 2.7　外调链路示意图

2.1.2.1 连续波激光器的相对强度噪声

当激光器达到稳定的工作状态时,就会输出具有恒定平均光功率和波长的连续激光。但由于实际的自发发射具有偶然性,光场的强度和相位会产生起伏,不断变化,因此输出的连续激光不再是理想的单频光,而具有一定的谱线宽度;同时强度上的起伏就会表现为相对强度噪声。

引入朗之万(Langevin)力,经过推演,可以得到相对强度噪声(RIN)的表达式[3]:

$$\mathrm{RIN} = \frac{2\langle |\Delta S(f_{\mathrm{RF}})|^2 \rangle \Delta f_{\mathrm{RF}}}{S_0^2} = \frac{4\beta \Omega_{\mathrm{R}}^4 \tau_{\mathrm{p}}}{\left(\dfrac{I_0}{I_{\mathrm{th}}}-1\right)\left[(\Omega_{\mathrm{R}}^2-\omega_{\mathrm{R}}^2)+\Gamma_{\mathrm{R}}^2\right]} \Delta f_{\mathrm{RF}} \qquad (2.13)$$

通过图2.8曲线可知,总的相对强度噪声反比于正常的偏置水平,即半导体激光器的工作偏置电流越高,相对强度噪声越低。除量子噪声外,载流子浓度的涨落也能产生噪声。相对强度噪声的功率谱密度分布(噪声功率随频率的变化)有一个谐振峰,峰值对应的频率为弛豫振荡频率。频率范围从几GHz到几十GHz,与载流子寿命、光子寿命以及注入电流有关。产生相对强度噪声的原因是光子在腔内动力学行为造成的。载流子涨落造成的噪声比内在的量子噪声大,同时低于1MHz的强度噪声源主要还包括:电流源的电流涨落、自然热作用或者环境温度引起的涨落以及量子效率的涨落。

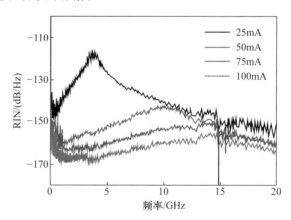

图2.8 不同电流下激光器相对强度噪声(见彩图)

2.1.2.2 连续波激光器发展现状及趋势

早在2001年,1550nm的DFB激光器就已经实现了440mW的功率输出[9],1310nm的DFB激光器芯片出光功率也超过了500mW[10],但是这种DFB激光器的 RIN 较高,并且阈值较大,斜率效率较低。如普林斯顿大学研究人员制备的 500mW 1310nm DFB 激光器在弛豫振荡峰位置的 RIN 值为 -90dB/Hz[11]。因此要同时实现高功率输出和低 RIN 值(0.5~20GHz)是大功率、低噪声激光芯片的技术难点。除了提高芯片本身输出功率以及降低芯片本身 RIN 值以外,研究人员还可以通过注入锁定技术[12]、外腔激光器[13]等来实现相同目的。但是注入锁定技术需要两个激光器才能实现,从而增加了系统成本;而外腔激光器需要引入光纤光栅等器件,并对环境温度等较为敏感,从而增加了系统的复杂性。因此直接提高芯片本身的性能从技术及商业化角度讲更为直接有效。

从 20 世纪 80 年代起,研究人员就已经开始致力于高性能的 DFB 激光器芯片的研发。在连续大功率 DFB 激光器方面,1984 年,日本 NEC 公司研制的连续单纵模 DFB 激光器芯片输出功率达到 47mW[14]。同年,日本 NTT 公司研制的 1.3μm DFB 激光器芯片输出功率达到 53mW[15-16]。1989 年,美国 AT&T Bell 实验室实现了 1.3μm DFB 激光器芯片 40.8mW、200mA 的光输出[17],1.55μm DFB 激光器芯片 18.1mW、200mA 的光输出。接着法国 C.N.E.T 研究中心[18]、日本 Fujitsu 公司等都加入到高性能 DFB 激光器芯片的研发中。这个阶段研究人员的主要关注点集中在降低芯片阈值、提升出光功率上,也就是说这个时期的研发重点在提升芯片基本参数性能上,这时的芯片研发主要受限于外延过程控制以及光栅的制备。随着光通信产业的发展,人们开始追求更高性能的 DFB 激光器芯片,连续大功率的 DFB 激光器芯片不仅需要高功率光输出,还需要低的 RIN 值。前面提到的美国普林斯顿大学实现了 400~500mW 的 DFB 激光器芯片。同一时期,日本 Furukawa 公司也着力于大功率、低 RIN DFB 激光二极管(LD)的研发,在 1999 年推出了 FITEL 系列应用于波分复用器相关产品中,出纤功率大于 40mW,RIN 低于 -140dB/Hz。目前,美国 Emcore 公司、美国 EM4 公司、美国 Apic 公司、美国 JDSU、法国 Ⅲ-Ⅴ 实验室、日本 Furukawa 公司等在通信用连续大功率 DFB 激光器方面处于国际技术领先地位。表 2.1 列出各主流激光器研发机构近年的相关研究成果。

表 2.1 大功率、低 RIN 的 1550nm DFB 激光器发展现状

年代	研发机构	出纤光功率	RIN/(dB/Hz)
2010	3sphotonic[19]	125mW,1A	<-165,[0.1~20GHz]
2011	Emcore[20]	>100mW,500mA	≥-168,[860MHz]
2012	Ⅲ-Ⅴ实验室[21]	140mW,550mA	<-157,[0.1~20GHz]
2011	Apic[22]	200mW,900mA	≤-165,[0.1~20GHz]
2013	EM4[23]	≥100mW,500mA	≤-150,[0.4~17GHz]

2.2 电光调制器

尽管可以通过直接调制半导体激光器来实现特定带宽范围内的强度调制,但随着调制频率的提高,激光器的相对强度噪声、非线性效应和频率啁啾变得越来越严重,从而造成调制速率受限,也就限制了系统的传输或处理性能。直接调制的方式已经不适用于高调制速率系统。

因此,为了避免直接调制激光器的啁啾、相对强度噪声及调制带宽等的影响,充分利用光纤传输的带宽潜力,研究人员发展了外调制方式,其原理如图 2.9 所示,利用特定介质的电光、磁光、声光和电吸收等效应,将携带了信息的电、磁、声等信号作用在相应的介质上来影响介质的光学特性,进而对通过介质的光的特性产生影响,以此实现对光载波的调制。实际应用中分为电光调制器和电吸收调制器。

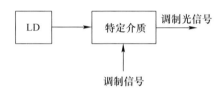

图 2.9 外调制器原理示意图

在微波光子系统中,外部调制技术具有可靠性高、性能优异以及系统成本低等优点,其调制带宽相对直接调制技术可以高很多,一般在 20~40GHz,甚至高达上百 GHz。

电光调制器利用磷酸二氢钾(KH_2PO_4)晶体、铌酸锂($LiNbO_3$)晶体、砷化镓(GaAs)晶体等的电光效应,当晶体被施加电场时,其折射率会随着电场发生变化。当功率恒定的激光束通过电光晶体时,其相位、幅度或强度会产生相应的变化,输出端就得到相位调制、强度调制等的信号光。半导体电吸收调制器的工作机理是基于半导体材料的电吸收效应,即半导体量子阱材料对入射光的吸收系数随外加电场不同而发生变化。电吸收光调制器常与激光器形成体积小、结构紧凑的单频集成组件,驱动电压较低。相比于电光调制器,电吸收光调制器的消光比不高、频率啁啾较大、线性度差,不适合超长距离的微波光子信号处理系统。本节主要讲述电光调制器。

电光调制器的主要参数如下。

(1)插入损耗:调制器插入光路引起光功率的损耗。该指标与衬底材料、波导制作工艺、波导与光纤模场的匹配情况有关。

(2) 半波电压:调制器工作时光相位产生 π 相位差时施加的调制电压。对于强度调制器而言比较直观的就是输出光强度从最大变为最小所需的开关电压。该指标主要与材料的电光系数、电极结构有关。

(3) 调制带宽:调制器工作的频率范围,表征调制深度从最大值降低 1/2(即 3dB)时所对应的频率差。该指标可以有效评估调制器加载射频信息容量的能力,数值大小与光波和调制波的匹配程度有关。

(4) 电反射:微波信号加载到射频端口时反射的电信号与入射电信号的比值,该指标反映调制器的阻抗匹配程度。调制器有自己的特征阻抗,通常匹配阻抗是 50Ω,在微波信号加载系统中相当于一个负载。当阻抗不匹配时,调制器电极的输入端会引起微波信号的反射,从而使驱动功率不能完全进入调制器。

2.2.1 电光调制器材料

根据前面对电光调制器的参数分析,调制器的制作首先面临电光材料的选取。目前从调制器的材料来看,已报道的大多数调制器都基于以下几种材料:硅基(Si 和 SiO_2)、Ⅲ-Ⅳ族半导体化合物(GaAs、InP)、铌酸锂以及有机聚合物等。基于这些衬底材料均能设计制作出上面所述的电光相位调制器或是电光强度调制器等。

各种材料调制器的特点如下。

(1) Si 和 SiO_2:其优点在于损耗低,与光纤模场匹配好,易与大规模集成电路(IC)集成,有大的热光系数,适合制作热光、电光调制器,特别适合大规模矩阵光开关;缺点是电光调制效率低,一般使用热光效应。

(2) Ⅲ-Ⅴ族半导体化合物(GaAs、InP):其优点在于可制作发光、探测以及电子器件,便于光电子集成,易于小型化,有电光效应;缺点是插入损耗大,与光纤模场匹配困难。

(3) 铌酸锂:其优点在于损耗低、稳定性好、波长范围大,在 450~4500nm 范围内均具有良好的光学透明性,同时具有成熟的制备工艺;缺点是体积大。

(4) 有机聚合物:其优点在于成本低、调制效率高;缺点是化学、机械、温度稳定性极差。

相比Ⅲ-Ⅴ族(GaAs,等)调制器,铌酸锂调制器的光波导模场与光纤模场差异较小,耦合损耗低;相比硅基波导调制器,电光调制效率高;相比有机聚合物调制器,其具有长的化学、力学、温度等稳定性。

总体而言,显然基于铌酸锂衬底的电光调制器综合性能最佳,优点包括:良好的物理化学稳定性、响应速度快、损耗低、带宽大。它已成为高速信号处理、宽带大容量光通信系统的关键器件,是目前电光调制器领域的主流器件,也是目前微波光子传输和处理中最重要的电光调制器,因此本节将针对铌酸锂电光调制器按照不同调制方式进行详细分析介绍。

根据对铌酸锂调制器的研究方向分析,主要包括以下发展趋势。

(1)向大带宽方向发展,满足更高数据率的光传输网络。理论上,铌酸锂材料的光波导调制器调制带宽模拟仿真能达到100GHz以上。因此100GHz以上的调制带宽将是调制器的发展方向之一。

(2)向高集成密度的复杂形式的调制器方向发展,以实现多路信号、波分复用系统的应用。

(3)采用串联结构或并联结构或串并联结构方式,抑制非线性效应、实现高消光比等一些独特性能要求,是铌酸锂光波导调制器的又一发展方向。

(4)针对不同应用,开发针对性的高速调制器产品,如超低插入损耗系列、超低半波电压系列、超高调制消光比系列等。

(5)向硅基铌酸锂薄膜方向发展,以满足体积小、重量轻的应用需求。

2.2.2 相位调制器

晶体、各向异性聚合物等电光材料具有线性的电光效应,即折射率会随施加的外电场变化而变化。电光调制便是基于这样的线性电光效应实现的。例如,常规的铌酸锂材料,它的有效折射率与外加电压有关,通过改变外加电压即可对光载波进行调制,从而实现微波信号的加载。当入射光为偏振光时,折射率应为 n' 在施加的电场强度 E 的作用下可以用泰勒级数表示:

$$n' = n + \eta_1 E + \eta_2 E^2 + \cdots \tag{2.14}$$

式中:n 为没有外加电场时的折射率,η_1 和 η_2 分别为一阶和二阶电光系数,同时,其他高阶项较小可以忽略。其中,第二项线性变化也称为泡克耳斯效应,仅存在于非中心对称的晶体中;而第三项被称为克尔效应,反映了2次方的非线性变化,在任何介质中都有可能存在。值得注意的是,在电光效应的多数实际应用中,线性光电效应是主要作用,二次效应较弱,通常可以忽略。

因此,电光调制器通常利用一阶线性电光效应完成电信号的加载。折射率在外加电场作用下的线性变化通常表示为 $\Delta\left(\dfrac{1}{n_{ij}^2}\right)$,进一步当外加电场为 E 时,折射率变化可以表示为

$$\Delta\left(\frac{1}{n_{ij}^2}\right) = \sum_{k=1}^{3} \gamma_{ijk} E_k \tag{2.15}$$

式中:γ_{ijk}表征电光各分张量,$[\gamma_{ijk}]$是一个三阶张量矩阵。由于介电张量矩阵具有对称特性,因此有$n_{ij}=n_{ji}$或$\gamma_{ijk}=\gamma_{jik}$。

根据电光晶体对称性,式(2.15)由矩阵表示为

$$\begin{bmatrix} \Delta\left(\dfrac{1}{n_1^2}\right) \\ \Delta\left(\dfrac{1}{n_2^2}\right) \\ \Delta\left(\dfrac{1}{n_3^2}\right) \\ \Delta\left(\dfrac{1}{n_4^2}\right) \\ \Delta\left(\dfrac{1}{n_5^2}\right) \\ \Delta\left(\dfrac{1}{n_6^2}\right) \end{bmatrix} = \begin{bmatrix} \gamma_{11} & \gamma_{12} & \gamma_{13} \\ \gamma_{21} & \gamma_{22} & \gamma_{23} \\ \gamma_{31} & \gamma_{32} & \gamma_{33} \\ \gamma_{41} & \gamma_{42} & \gamma_{43} \\ \gamma_{51} & \gamma_{52} & \gamma_{53} \\ \gamma_{61} & \gamma_{62} & \gamma_{63} \end{bmatrix} \cdot \begin{bmatrix} E_x \\ E_y \\ E_z \end{bmatrix} \qquad (2.16)$$

以铌酸锂材料为例,该晶体的电光张量矩阵为

$$\begin{bmatrix} 0 & -\gamma_{22} & \gamma_{13} \\ 0 & \gamma_{42} & \gamma_{13} \\ 0 & 0 & \gamma_{33} \\ 0 & \gamma_{42} & 0 \\ \gamma_{42} & 0 & 0 \\ -\gamma_{22} & 0 & 0 \end{bmatrix} \qquad (2.17)$$

室温下:$\gamma_{33}=30.8\times10^{-12}$ m/V,$\gamma_{22}=3.4\times10^{-12}$ m/V,$\gamma_{13}=8.6\times10^{-12}$ m/V,$\gamma_{42}=28\times10^{-12}$ m/V。该晶体为$3m$点群的负单轴晶体,其折射率椭球方程为

$$\dfrac{x^2}{n_o^2}+\dfrac{y^2}{n_o^2}+\dfrac{z^2}{n_e^2}=1 \qquad (2.18)$$

式中:x、y、z为主轴坐标,z为光轴。

为了尽可能地利用铌酸锂晶体的最大电光系数γ_{33},在实际应用中可以沿着z方向外加电场,使$E=E_z$,$E_x=E_y=0$。因此,此时折射率椭球公式可以写为

$$\left(\frac{1}{n_o^2}+\gamma_{13}E_z\right)x^2+\left(\frac{1}{n_o^2}+\gamma_{13}E_z\right)y^2+\left(\frac{1}{n_e^2}+\gamma_{33}E_z\right)z^2=1 \qquad (2.19)$$

经简单运算容易求得外加电场后的折射率变化：

$$\begin{cases} n_x = n_o - \dfrac{1}{2}n_o^3\gamma_{13}E_z \\ n_y = n_o - \dfrac{1}{2}n_o^3\gamma_{13}E_z \\ n_z = n_e - \dfrac{1}{2}n_o^3\gamma_{33}E_z \end{cases} \qquad (2.20)$$

图 2.10 为电光相位调制器的芯片结构示意图。调制电极在光波导两侧平行铺置，微波信号通过调制电极在光波导内建立内电场，从而改变波导材料的折射率，进而改变光相位，实现微波信号到光相位的调制加载。

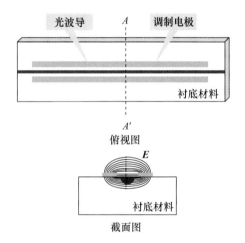

图 2.10 典型电光相位调制器的芯片结构示意图

很显然，通过电光调制后光信号的相位变化为

$$\Delta\phi = \frac{2\pi}{\lambda}\Delta n \times L \qquad (2.21)$$

同样以铌酸锂材料为例，将铌酸锂波导外加电场后的折射率变化代入式(2.21)，可以得到

$$\Delta\phi = -\frac{\pi}{\lambda}n^3\gamma V\frac{L}{d} \qquad (2.22)$$

式中：$\Delta\phi$ 为光信号的相位变化；λ 为光信号的工作波长；n 为折射率；γ 为电光系数；V 为施加的调制电压信号；L 为调制电极长度；d 为电极间距。

2.2.3 强度调制器

电光强度调制器同样基于晶体材料的电光效应,区别在于它除了首先将射频信号转化为光相位的改变外,还需要进一步利用 M-Z(马赫-曾德尔)结构实现光相位到光强度的调制转变。基于 M-Z 结构和光的干涉效应,可以很好地将光的相位调制转化为强度调制,从而更便于光电探测器的探测识别。目前基于 M-Z 结构的电光调制器已经成为广泛应用的微波电信号调制工具,具有对波长不敏感、高消光比、结构简单、啁啾量小等优点。

图 2.11 为目前采用 M-Z 干涉仪结构的电光强度调制器结构示意图。其工作原理为:输入光经过输入端直波导后在第一个 Y 分支处(分束器),被分为相等的两部分,每部分通过一段波导后在第二个 Y 分支处(合束器)合成输出。在没有加调制电压(电信号)时,输出光波振幅不发生变化;如果加上调制电压,由于电光调制效应,分支波导的折射率将发生变化,从而使两路光束之间产生相位差 $\Delta\varphi$,在第二个 Y 分支处干涉合成。如果两束光的光程差是波长的整数倍,那么输出光强度最大;如果两束光的光程差是半波长的奇数倍,两束光抵消,输出光强度最小,从而实现由电信号到光信号的强度调制。

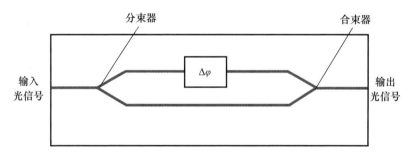

图 2.11 M-Z 干涉仪结构的电光强度调制器结构示意图

该 M-Z 干涉仪结构的强度调制器的相对输出光强度为 $I/I_{max} = \cos^2\left(\dfrac{\Delta\varphi}{2}\right)$,在输入光强一定的情况下,$I_{max}$ 为常量。

根据相对输出光强度公式,可以得出相对输出光强度与 M-Z 结构的强度调制器双臂相位差 $\Delta\varphi$ 的关系如图 2.12 所示。在微波光子系统中,通过施加电信号改变双臂的光相位,再通过干涉合成的方式改变光的强度,从而实现将电信号(微波信号)调制进入光信号,再进一步进入光纤进行传播,这就是电光强度调制器在微波光子链路中的作用。

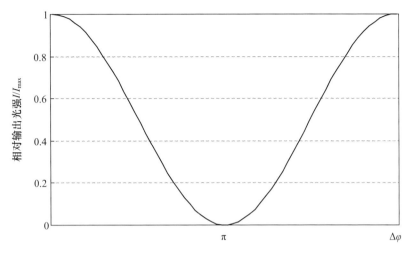

图 2.12 M-Z 结构电光强度调制器的直流特性

2.2.4 偏振调制器

偏振调制器(PolM)是一种特殊的相位调制器,它有两个垂直的偏振轴,可实现对 TE 模、TM 模的反向相位调制。图 2.13 所示为偏振调制器的等效图[24]。

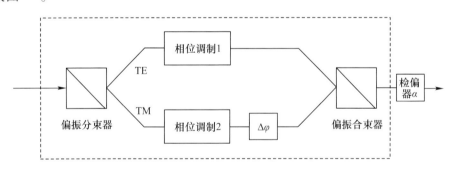

图 2.13 偏振调制器的等效图

当一束单频激光输入偏振调制器时,光信号可表示为

$$E(t) = E_0 \exp(j\omega_0 t) \tag{2.23}$$

式中:E_0、ω_0 分别为入射光信号的幅度和角频率。

设调制器外部加载频率为 ω_m 的正弦射频信号,$\varphi(t) = \eta\cos(\omega_m t)$,$\eta$ 为调制深度,则偏振调制器的输出信号可表示为

$$\begin{pmatrix} E_x \\ E_y \end{pmatrix} = \begin{pmatrix} \exp(j\omega_0 t + j\varphi(t)) \\ \exp(j\omega_0 t - j\varphi(t) + j\Delta\varphi) \end{pmatrix}$$

$$= \begin{pmatrix} \exp(j\omega_0 t + j\eta\cos(\omega_m t)) \\ \exp(j\omega_0 t - j\eta\cos(\omega_m t) + j\Delta\varphi) \end{pmatrix} \quad (2.24)$$

式中:$\Delta\varphi$ 为 E_x 和 E_y 两个偏振态光场之间的相位差,其值与 PolM 的偏置电压相关。

与强度调制器不同,PolM 两个分路中的光场 TE 模、TM 模具有垂直的偏振态,同时均进行相位调制,然后进行合束实现光场偏振态的改变。同时,为了实现相位调制到强度调制的转变,需要在 PolM 的输出端加入偏振控制器和检偏器,通过改变光信号偏振态与检偏器之间的夹角,来实现不同状态输出。当 PolM 输出光信号的 x 方向偏振态与检偏器的夹角为 ϕ 时,检偏器后输出的光信号可表示为

$$\begin{aligned} E_{out}(t) &= E_x\cos\phi + E_y\sin\phi \\ &= \cos\phi\exp(j\omega_0 t + j\eta\cos(\omega_m t)) + \\ &\quad \sin\phi\exp(j\omega_0 t - j\eta\cos(\omega_m t) + j\Delta\varphi) \end{aligned} \quad (2.25)$$

当 $\phi = 0$ 时

$$E_{out}(t) = \exp(j\omega_0 t + j\eta\cos(\omega_m t)) \quad (2.26)$$

当 $\phi = \pi/2$ 时

$$E_{out}(t) = \exp(j\omega_0 t - j\eta\cos(\omega_m t) + j\Delta\varphi) \quad (2.27)$$

由式(2.26)和式(2.27)可知,当 $\phi = 0$ 或 $\phi = \pi/2$ 时,PolM 等效于常规的相位调制并具有相反的调制系数。

假设 $\Delta\varphi = 0$,则输出光信号可表示为

$$\begin{aligned} E_{out}(t) &= \exp(j\omega_0 t)\left[\cos\phi \sum_{n=-\infty}^{\infty} j^n J_n \exp(jn\omega_m t) + \right. \\ &\quad \left. \sin\phi \sum_{n=-\infty}^{\infty} (-j)^n J_n \exp(jn\omega_m t)\right] \\ &= \exp(j\omega_0 t) \sum_{n=-\infty}^{\infty} j^n [\cos\phi + (-1)^n \sin\phi] J_n \exp(jn\omega_m t) \end{aligned} \quad (2.28)$$

式中:J_n 表征 n 阶第一类贝塞尔函数,因此可以看到,经偏振调制器调制后的光信号会在载波两边产生 $n = \pm 1, \pm 2, \cdots$ 的一系列频率边带。

当 $\phi = \pi/4$ 时

$$E_{out}(t) = \frac{\sqrt{2}}{2}\exp(j\omega_0 t) \sum_{n=-\infty}^{\infty} j^n [1 + (-1)^n] J_n \exp(jn\omega_m t) \quad (2.29)$$

由式(2.29)可以看出,当 n 为奇数时,对应边带的幅度为 0,即所有奇数阶边带消失,与常规强度调制器工作在最大偏置点下的输出特性相同。

当 $\phi = 3\pi/4$ 时

$$E_{\text{out}}(t) = \frac{\sqrt{2}}{2}\exp(\mathrm{j}\omega_0 t)\sum_{n=-\infty}^{\infty}\mathrm{j}^n[-1+(-1)^n]\mathrm{J}_n\exp(\mathrm{j}n\omega_\mathrm{m} t) \qquad (2.30)$$

由式(2.30)可以看出,当 n 为偶数时,对应边带的幅度为 0,即所有偶数阶边带消失,与常规强度调制器工作在最小偏置点下的输出特性相同。

2.2.5 复杂结构的电光调制器

除了相位调制器和强度调制器外,通过将相位调制以及 M-Z 结构强度调制器进行组合,电光调制器还可以设计制作更加复杂的结构。

如图 2.14 所示结构的调制器在铌酸锂芯片上集成了一个相位调制单元、一个 M-Z 干涉仪结构以及一个平衡桥式结构的 3dB 光分束器。

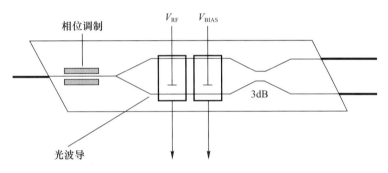

图 2.14 调制器芯片结构图示

图 2.15 是微波光子信号处理领域近年使用较多的单边带调制器,其结构是将多个 M-Z 结构进行串并联。

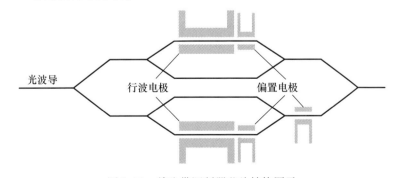

图 2.15 单边带调制器芯片结构图示

上述这些调制器尽管结构更加复杂,但是其原理都基于前面介绍的相位调制和 M-Z 结构强度调制,制作技术也类似,这里不再叙述。

2.3 光电探测器

光电探测器在微波光子链路中扮演着重要角色,其性能决定整个链路的基本特性。在已经广泛应用的数字光通信中,探测器主要围绕"开-关"工作,高速和高响应度为关键的性能参数。然而,在低相位噪声微波信号的产生、相控阵天线的波束成形网络及军用雷达的远程天线等微波光子信号处理系统中,光电探测器除高速、高响应度外,还必须能够提供非常高的光电流,即高的 RF 输出功率,来增加链路增益和信噪比(SNR),同时保持高线性以使链路实现大的无杂散动态范围(SFDR)。

本节首先介绍半导体光电探测器的工作原理和特征参数,然后介绍高速高饱和光电探测器的现状及发展趋势。

2.3.1 光电探测器基本原理

2.3.1.1 工作原理

光电探测器是光电转换器件,其工作原理可以用 PN 结的光电效应来解释。图 2.16 所示为 PN 结能带结构图,导带和价带之间的能带宽度表示为禁带宽度 E_g。当信号光束照射到 PN 结上且对应的光子能量大于禁带宽度时,价带上的电子能够吸收光子并跃迁到导带,从而产生电子-空穴对。结构上,探测器可以简单地分为 P 区、N 区以及耗尽区。当电子-空穴对在耗尽区产生时,在外加电场和内建电场的共同作用下,电子就向 N 区漂移,空穴向 P 区漂移,从而形成光生电流。进一步,光生电流会随着输入光的平均光功率增大而线性变化,最后将光信号有效地转换成电流信号。

由上述光电效应的原理可知,任何材料制作的光电探测器都会有上截止波长,可以表示为

$$\lambda_c = hc/E_g = 1.24/E_g \tag{2.31}$$

式中:c 为真空中光速;h 为普朗克常量;λ 为入射光的波长;E_g 的单位为电子伏(eV)。

截止波长表征能产生光电流的最大波长,不同材料各不相同,例如 Si 材料对应的截止波长为 $1.06\mu m$,而 Ge 材料对应的截止波长为 $1.6\mu m$。

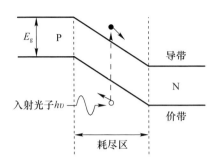

图 2.16　PN 结能带结构图

另外,由于光电材料的吸收系数是与波长相关的函数,当入射光波长较短时,对应的材料吸收系数较大,从而导致大部分光子产生的光生电子无法达到耗尽层形成光电流,从而使二极管总体的光电转换效率降低。因此,基于不同材料制作的光电探测器有不一样的工作波长范围。Si 光电探测器的波长响应范围大约为 0.5~1.06μm,Ge 和 $In_{0.53}Ga_{0.47}As$(下面简写为 InGaAs)光电探测器的波长响应范围为 1.0~1.6μm。

微波光子链路中探测器应用波长对应光纤低损耗窗口 1310nm 和 1550nm,因此,从材料方面来说,Si 光电探测器不适合微波光子信号处理系统。Ge 光电探测器的暗电流大,其应用范围也受到限制。而 Ⅲ-Ⅴ族化合物半导体 InGaAsP,由于其在禁带宽度所对应的波长 0.92μm(InP)至 1.65μm(InGaAs)内可调,与 InP 衬底晶格匹配,且能制作激光器和探测器及其他有源、无源器件,因此得到广泛应用。

2.3.1.2　特征参数

光电探测器的常规特征参数包括响应度、量子效率、带宽和噪声。对于微波光子信号处理系统,饱和光功率和非线性也很重要。

1) 响应度和量子效率

光电探测器的量子效率是指入射光子能够转换成光电流的效率。当入射光中含有大量光子时,量子效率可用转换成光电流的光子数与入射的总光子数之比来表示。对于 PIN 光电探测器(PIN-PD),有

$$\eta = \frac{I_p/e}{P_0/h\upsilon} = (1-R)[1-\exp(-\alpha d)] \qquad (2.32)$$

式中:I_p 为光生电流;P_0 为入射光功率;e 为电子电荷量;υ 为入射光的频率;R 为入射表面的反射率;α 为材料的吸收系数;d 为耗尽区的厚度。

入射光功率与光生电流的转换关系也可直接用响应度来表示,单位为 A/W,即

$$R_e = \frac{I_p}{P_0} = \frac{\eta e}{h\upsilon} = \frac{\eta\lambda}{1.24} \tag{2.33}$$

将式(2.32)代入式(2.33)得 PIN – PD 的响应度为

$$R_e = \frac{\lambda}{1.24} \cdot (1-R)[1-\exp(-\alpha d)] \tag{2.34}$$

2) 带宽

光电探测器的带宽由 RC 时间常数和电子与空穴的渡越时间共同决定。通常,二极管的结电阻很大,且与结电容 C_{pd} 平行,因此可以忽略,只需考虑二极管的串联电阻 R_s 与负载电阻 R_L。那么,由 RC 时间常数限制的带宽为

$$f_{RC} = \frac{1}{2\pi R_{eff} C_{pd}} \tag{2.35}$$

式中:$R_{eff} = R_s + R_L$,$C_{pd} = \varepsilon_0 \varepsilon_r A/d$,其中 ε_0 为真空介电常数,ε_r 为耗尽区材料的相对介电常数,A 为耗尽区面积,d 为耗尽区厚度。

如果引入 50Ω 的匹配电阻,则 $R_{eff} = R_s + R_L \cdot 50\Omega/(R_L + 50\Omega)$。载流子穿过耗尽区被电极收集所需的时间与器件的结构和电场分布有关。对于 PIN – PD,由载流子渡越时间 τ_t 限制的带宽可近似为[1]

$$f_t = \frac{1}{2\pi\tau_t} \approx \frac{3.5\bar{\upsilon}}{2\pi d} \tag{2.36}$$

式中:$\bar{\upsilon}$ 为与电子和空穴速度相关的平均速度,有

$$\frac{1}{\bar{\upsilon}} = \frac{1}{2}\left[\frac{1}{\upsilon_e^4} + \frac{1}{\upsilon_h^4}\right] \tag{2.37}$$

由 RC 时间常数和载流子渡越时间共同决定的 3dB 带宽为

$$f_{3dB} \approx \sqrt{\frac{1}{\frac{1}{f_{RC}^2} + \frac{1}{f_t^2}}} \tag{2.38}$$

由式(2.35)~式(2.37)可知,减小 d 可以增加 f_t,但 f_{RC} 和 η 却同时降低,这就是传统 PIN – PD 中带宽与量子效率之间的矛盾。带宽与量子效率的乘积为带宽 – 效率积。通过适当地缩减面积,二极管有可能达到载流子渡越时间限制的带宽,但有源区面积的减小会导致饱和光功率的降低。因此,在设计 PIN – PD 时需综合考虑各个因素以达到最佳的性能。

3) 噪声

光电探测器的噪声源主要包括热噪声、暗电流噪声、散粒噪声等。其中,热噪声主要由电阻内部自由电子或电荷载流子的不规则运动造成[24]。由于探测器具

有内阻,因此对应的热噪声可用均方电流值表示为

$$\langle i_T^2 \rangle = 4k_{\mathrm{B}}TB/R_{\mathrm{pd}} \quad (2.39)$$

式中:R_{pd}为光电探测器的等效内阻;k_{B}为玻耳兹曼常数;T为热力学温度;B为探测器工作带宽。

从式(2.39)可知,为了降低探测器的热噪声:一方面可以降低探测器的热力学温度;另一方面也可以降低探测带宽。由于热噪声是一种白噪声,所以可以通过带通滤波器滤出信号带宽外的部分噪声,从而减小总体热噪声。

暗电流表征没有光入射时流过光电探测器的电流,主要包括体内电流和表面电流两部分。对于普通 PIN 探测器,暗电流主要受限于 PN 结的缺陷及表面漏电。通过精心设计和制备,最低暗电流则受限于产生 – 复合电流及扩散电流之和。

暗电流的均方值为

$$\langle i_{\mathrm{d}}^2 \rangle = 2qI_{\mathrm{d}}B \quad (2.40)$$

式中:q为电子电荷;I_{d}为暗电流。

光电探测器的散粒噪声或量子噪声主要来源于光子的吸收或者光生载流子。由于具有随机起伏的特性,该噪声不像其他的噪声可以进行限制甚至消除,从而会限制探测器的极限灵敏度。

散粒噪声电流的均方值可以表示为

$$\langle i_{\mathrm{s}}^2 \rangle = 2qI_{\mathrm{p}}BG^2 \quad (2.41)$$

对于 PIN 探测器,$G=1$。

噪声等效功率(NEP)是光电探测器中衡量噪声大小的参数,定义为:在给定光波长和 1Hz 带宽内,产生与总的噪声电流相等的光电流所需的光信号功率:

$$\mathrm{NEP} = \frac{P_0}{B^{1/2}} = \frac{1}{R_{\mathrm{e}}}\left[2q(I_{\mathrm{d}}+I_{\mathrm{p}}) + \frac{4k_{\mathrm{B}}T}{R_{\mathrm{pd}}}\right]^{1/2} \quad (2.42)$$

从式(2.42)可以看出,NEP 的单位为 $\mathrm{W/Hz^{1/2}}$。除 NEP 外,信噪比(SNR)和探测率 D 也可以用来表征光电探测器的噪声。SNR 定义为信号功率与噪声功率的比值,在 1Hz 带宽内,SNR = 1 时对应的光功率即为 NEP。D 定义为 NEP 的倒数,即 $D = 1/\mathrm{NEP}$。

4)饱和光功率

饱和光功率是指在规定工作波长和交流信号频率下,光电探测器输出的 RF 信号功率偏离线性 1dB 时的输入光功率,也称为 1dB 压缩点饱和光功率,如图 2.17 所示。探测器的饱和特性也可以用饱和电流来表征,饱和电流表示 RF 输出功率压缩 1dB 时的电流。

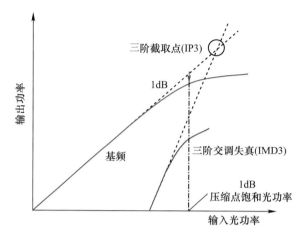

图 2.17 输出 RF 功率与输入光功率的关系

限制光电探测器光功率处理能力的两个主要因素是空间电荷效应和散热。空间电荷效应源于光生载流子在穿越耗尽区时的空间分布。由自由载流子产生的电场为空间电荷场,其方向与电离施主和外加偏置电压建立的电场相反。因此,在高电流密度时,耗尽区中部分区域的总电场会崩溃。一旦这种情况发生,载流子渡越时间就会显著增加,输出的 RF 功率会被压缩或者说达到饱和[25]。同时,高电流时二极管的串联电阻和负载电阻两端的压降减小了有效的偏置电压,这也将光电探测器推向饱和。

另外一个限制 RF 输出功率的主要因素是热诱发的毁灭性失效。对于一个高功率光电探测器,瓦特级的 DC 功率耗散在面积小于 $10^{-4} cm^2$ 的有源区内,二极管的结温可超过 500K,这取决于很多因素,如半导体层的热导率、光电探测器的几何结构及散热设计。通常采用更高的偏置电压来改善光电探测器的饱和特性,但这导致更多的焦耳热,因此,需要更好的热管理。

5) 非线性

光电探测器的非线性包括二阶谐波失真、三阶谐波失真、二阶交调失真、三阶交调失真及更高阶的谐波失真和互调失真。当考虑光电探测器的非线性时,三阶交调失真(IMD3)尤其重要,因为它的频率最接近基本的调制频率。表征 IMD3 的关键品质因数是三阶输出截交点(OIP3),它定义为基频和 IMD3 的 RF 功率的外推截交点,假设基波功率的斜率为 1,IMD3 的功率的斜率为 3,如图 2.18 所示,则 OIP3 可以由测量到的基波功率和 IMD3 功率计算得到,表达式为[26]

$$OIP3 = P_f + \frac{1}{2}(P_f - P_{IMD3}) \quad (2.43)$$

式中：P_f 为基波的 RF 功率；P_{IMD3} 为 IMD3 的 RF 功率。OIP3 的测量通常是采用"三音法"，其测量装置和测量过程参见文献[27]。

目前，已建立各种基于测量的模型来解释光电探测器的非线性。响应的电压依赖性被证实为决定频率较低(小于 3GHz)时光电探测器非线性的主要因素。随着频率的增加，电容的非线性变得显著并占据主导地位[28]。响应的电压依赖性似乎起源于 Franz – Keldysh 效应，如果吸收区耗尽，碰撞电离似乎也为起源之一[29]。

2.3.2 垂直入射式光电探测器

垂直入射式光电探测器(VPD)被认为是光电探测器的标准类型，也代表着最简单的结构(图 2.18(a))。然而，由于带宽 – 效率间的矛盾，正照式 P 型 – 本征 – N 型半导体(PIN)、垂直入射式光电探测器(VPD)的带宽 – 效率积被限制在 20GHz[30]。随着器件的小型化，匹配电路在芯片上的集成以及垂直层结构的改进，使得一些高速的光电探测器实现了较高的量子效率。通过采用较薄的吸收层(200nm)，以顶部电极的反射来加强吸收，实现了 3dB 带宽高达 110GHz 的背照式 PIN 光电探测器(PIN – PD)，其量子效率为 30%[31]。如果光谱响应范围的减小能够接受，谐振腔增强型光电探测器是另一种解决方案，这种光电探测器在顶部和底部都集成了反射镜，可以实现多次吸收，使量子效率倍增。

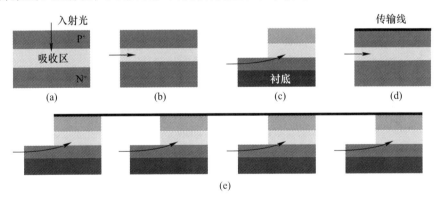

图 2.18 VPD(a)、波导光电(WGPD)(b)、倏逝波耦合式 WGPD(c)、
行波光电二极管(TWPD)(d)和周期性 TWPD(e)

对更高带宽的需求迫使减小有源区面积以降低 RC 时间常数，而有源区面积的减小使得在给定入射光功率下的光电流密度增加，导致器件饱和特性降低。如前面"饱和光功率"所述，空间电荷效应、串联电阻和散热都会对探测器的饱和特性产生影响。抑制空间电荷效应的一种方法是采用单行载流子(UTC)结构。

图 2.19 所示为 UTC – PD 和 PIN – PD 的能带结构图[32]。UTC – PD 的有源区

由一个 P 型掺杂的窄禁带光吸收层(通常为 InGaAs)和一个未掺杂(或低 N 型掺杂)的宽禁带耗尽漂移层(通常为 InP)组成。吸收层中光生少子-电子在扩散和漂移运动作用下进入收集层。通过禁带渐变或掺杂浓度渐变可以在吸收层中产生一个感生电场,以加速电子的扩散运动。一旦电子达到高电场收集层,就以饱和速度漂移向 N 接触层。另外,由于吸收层是准中性的,光生多子-空穴在其弛豫时间内很快被收集。因此,光电流是纯电子运动。上述过程与传统的 PIN-PD 有本质上的不同,在传统的 PIN-PD 中,电子和空穴都对光电流有贡献,低速空穴的输运限制了带宽并加剧了空间电荷效应[33]。

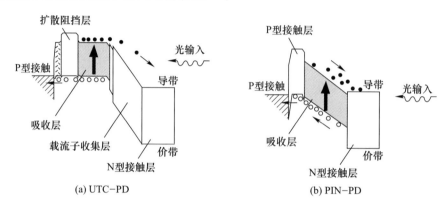

图 2.19　能带结构

通过修改 InP 收集层的掺杂分布,UTC-PD 已经能高功率工作。Li 等[34]报道了一种使用电荷补偿 UTC 结构的光电探测器,其响应度为 0.45A/W,带宽为 25GHz,1dB 大信号压缩电流大于 90mA,20GHz 处的 RF 输出功率为 20dBm。Chtioui 等已实现 0.83A/W 响应度、24GHz 带宽、80mA 饱和电流和 10GHz 处三阶截交点(IP3)为 30dBm 的在收集层中采用非均匀掺杂的 UTC-PD[35]。

在垂直入射式 UTC-PD 中,同样需在带宽和量子效率间做折中,为提高带宽-效率积,一种方法是将宽禁带的收集层替换成耗尽的薄 InGaAs 吸收层。这种结构被称为部分耗尽吸收层光电探测器。同质结有利于载流子的输运,因为在 P-I 或 I-N 界面上没有能带的不连续性来阻挡载流子的迁移。Williams 等[36]报道了一个直径 34μm 的部分耗尽吸收层 PD,其在 300MHz、1GHz 和 6GHz 处的 1dB 小信号压缩电流分别为 700mA、620mA 和 260mA。部分耗尽吸收层结构的缺点是,电子和空穴在耗尽区同时存在会降低饱和特性。此外,厚 InGaAs 层的导热性差,也会导致热失效。

UTC-PD 的频率响应可以通过利用耗尽层中电子的过冲速度而进一步提高。基于此原理,Shi 等[37]开发出近弹道 UTC 结构,这种光电探测器利用传统 UTC 收

集层中的 $P^+\delta$ 掺杂层来使电子在高偏置电压下的输运接近最大过冲速度。近弹道 UTC - PD 的能带图如图 2.20 所示。这种方法的优点是,减少的渡越时间允许使用较厚的收集层,从而导致较低的电容,因此放松了实现给定的带宽所需的器件尺寸。在本质上,近弹道 UTC 结构在单位面积上产生更高的带宽或对于一个特定的带宽达到更高的饱和电流。文献[45]报道了一个背照式近弹道 UTC - PD,其面积为 $64\mu m^2$,饱和光电流为 24.6mA,带宽为 120GHz(25Ω 负载)。将垂直入射式近弹道 UTC 倒装焊到 AlN 基板上得到了更高的饱和电流[38]。对于一个面积为 $144\mu m^2$ 的近弹道 UTC - PD,在 110GHz 处的饱和电流为 37mA,对应饱和电流 - 带宽积为 4070GHz · mA,1550nm 处的响应度为 0.15A/W。更小面积的近弹道 UTC - PD 的带宽高达 250GHz 和 17mA 饱和电流,但响应度只有 0.08A/W[39]。

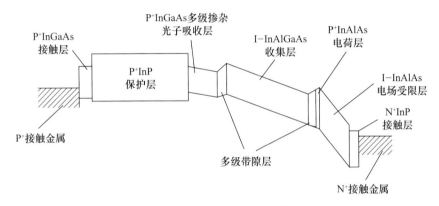

图 2.20 近弹道 UTC - PD 的能带图

2.3.3 波导型光电探测器

为了克服带宽 - 效率间的矛盾,提出了波导光电探测器(WGPD)。这种探测器的优点是能同时达到高量子效率和短载流子渡越时间。此外,通过采用行波结构能够有效地避开需在 RC 时间常数和渡越时间限制的带宽之间所做的折中。

2.3.3.1 边入射式和倏逝波耦合式波导探测器

WGPD 可分为边入射式和倏逝波耦合式两类。在边入射式 WGPD 中,如图 2.18(b)所示,光从光纤端接耦合进吸收区。这种类型的 WGPD 的典型例子是蘑菇形 - 台面光电探测器,其达到的最大带宽 - 效率积为 55GHz[40]。边入射式 WGPD 的缺点是沿光传播路径上载流子的非均匀分布使高功率处理能力受到限制和输入信号在水平与垂直方向上的位移容差低。

与边入射式器件相对比,倏逝波耦合式 WGPD 包含一个位于无源波导顶部的光电探测器，如图 2.18(c) 所示。入射光从输入波导倏逝耦合进二极管台面，使沿波导方向的吸收分布更加均匀，光功率处理能力也得到提高[41]。这种 WGPD 很适合在光子集成回路中与平面光路单片集成，而且可以与模场转换器集成以提高光纤-芯片的耦合效率。这意味着，允许使用平面光纤来替代锥形/透镜光纤，从而简化了光纤-芯片的耦合过程且提供大的对准容差。一个在竖直方向具有锥形模场转换器的 WGPD，使用平面光纤在竖直和水平方向的 1dB 对准容差分别为 $\pm 2.5\mu m$、$\pm 3.5\mu m$ [42]。已经报道了一个使用类似锥形模斑转换器的高效率 PIN-PD，其探测速率高达 160Gbit/s[43]。

通过使用短得多模输入波导，可以实现高的光纤耦合效率，而不需要模场转换器[44]。Demiguel 等报道的光电探测器利用平面稀释波导和两层光匹配层来提供从稀释波导到吸收层逐渐增加的折射率，这导致量子效率显著增加[45]。对于一个优化的输入波导长度，当使用透镜光纤时，响应度为 1.07A/W，偏振相关损耗小于 0.5dB，带宽为 48GHz，40GHz 处饱和光电流为 11mA。最近，干法刻蚀被用来刻蚀波导输入端面以精确控制平面多模波导的长度。此外，将输入端面刻蚀成透镜使水平方向的光纤-芯片 1dB 对准容差至大于 $20\mu m$ [46]。已报道的透镜端面波导型 UTC-PD 的响应度达到 0.55A/W，带宽大于 50GHz[47]。

2.3.3.2 分布式行波探测器

行波光电二极管(TWPD)亦称行波探测器，是一种分布式结构，光和光生电信号沿器件长度方向共同传输，如图 2.18(d) 所示。接触电极被设计成传输线，其特征阻抗与外部负载相匹配。TWPD 的带宽取决于载流子渡越时间、微波损耗和速度失配。速度失配来源于光信号和电信号在沿器件传播时的速度差异。事实上，特征阻抗与电信号的速度都依赖于光电探测器的电容，这使得速度匹配很困难。因此，在实际的器件中，速度不匹配是不可避免的，这导致长器件的带宽下降。TWPD 首先在短波长的 GaAs 基 PIN-PD 上被研制出来[48]。在文献[49]中，一个 $7\mu m$ 长的 WGPD 的带宽达到 172GHz，带宽-效率积高达 76GHz。最近，行波的原理也被应用到倏逝波耦合 InGaAs/InGaAsP/InP 部分耗尽吸收层 PD 中[50]。报道的带宽达到 110GHz，在 110GHz 处的输出功率为 4.5dBm。由于采用了双阶模场转换器，响应度达到 0.45A/W。

TWPD 的另一种类型是周期性 TWPD，在这种行波结构中，分立的光电探测器位于光波导的顶部，如图 2.18(e) 所示。光电探测器间距离的可调性为器件的设计提供了一个额外的自由度，因此阻抗与速度的匹配能够同时达到。假设电信号的波长为器件长度的量级，周期性 TWPD 可以看作一个带有容性负载的合成传输线[51]。这种处理在布拉格频率之下都是有效的[52]。为消除反向传输电信号的反射,周期性 TWPD 在传输线输入端集成终端电阻。Hirota 等[51]报道的周期性 TWPD 使用了 3 个 2μm×5μm InAlGaAs/InGaAs UTC-PD 和集成的终端电阻,带宽为 115GHz,响应度为 0.15A/W。

一种达到均匀电流分布,从而达到高饱和光电流的有效方法是将光信号通过功率分配器分给几个由输出传输线连接的分立光电探测器。Beling 等[53]报道了并行馈光的高速 TWPD,其由模场转换器、1×4 MMI(多模干涉)功率分配器和 4 个倏逝波耦合的 4μm×7μm PIN-PD 组成。为消除在传输线输入端电信号的反射,集成了一个 50Ω 的匹配电阻(图 2.21(a))。阻抗及速度匹配被实验证实达到 80% 以上。测量到芯片和完全封装的 TWPD 的带宽分别为 80GHz 和 40GHz[54]。图 2.21(b)所示为 TWPD 芯片的在不同频率处的电输出功率与 DC 光电流间的关系[54]。由图可知,TWPD 在 150GHz 处的最大电输出功率为 -2.5dBm,与在同一晶圆上的单个 PIN-PD 相比(有源区面积为 4μm×7μm),电输出功率增加了 7dB;TWPD 及单个 PIN-PD 的 1dB 压缩点饱和电流分别为 22mA 和 6mA;在 200GHz 处,TWPD 的有效功率高达 -9dBm,即使在 400GHz,探测器的功率也有 -32dBm。

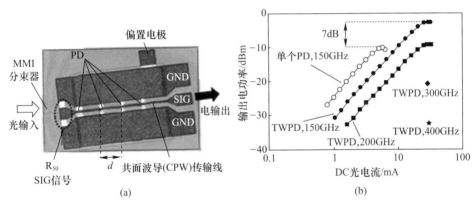

图 2.21 并行馈光 TWPD 芯片照片[39](a)和电输出功率与
DC 光电流间关系曲线(b)

2.3.4 平衡光电探测器

平衡探测器由两个对称偏置二极管组成,由于它们在抑制 RIN 和掺铒光纤放大器放大的自发辐射噪声(ASE)方面的能力,被广泛应用在相干接收机中,显著提高了链路增益、无杂散动态范围和噪声系数。为了实现这些优点,具有高饱和光电流的平衡光电探测器是很重要的。当接收机的两个通道在电和光完全匹配时可实现最佳的性能,因此,将接收机的组件单片集成是有利的,特别是两个光电探测器。

Islam 等[55-56]制作的平衡接收机使用速度匹配的分布式光电探测器,这种类型的平衡接收机的共模抑制比为43dB,每个通道在8GHz处的电流达到31mA。Li 等[57]报道的平衡接收机,采用带有崖层的 UTC-PD(直径为34μm),获得的响应度为0.82A/W,带宽为11GHz,15GHz处的共模抑制比为35dB,每个二极管的饱和电流为136mA。一个单片集成电容和 UTC-PD 的平衡探测器,在2GHz处获得1W 的输出功率,共模抑制比大于40dBm,响应度为0.65A/W[58]。平衡探测器的输出功率比具有相同结面积的分立二极管高出6dB,单个二极管的 OIP3 为48dBm。Beling[59]报道的平衡探测器模块将倏逝波耦合式 WGPD 与模场转换器、偏置电路及匹配电路单片集成,该模块的带宽达到70GHz。如图 2.22 所示为单片集成平衡探测器的芯片电路图和单个光电探测器的频率响应[59]。

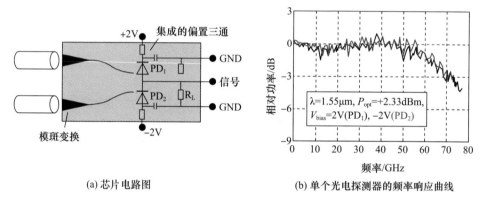

(a) 芯片电路图　　　　(b) 单个光电探测器的频率响应曲线

图 2.22　单片集成平衡探测器(见彩图)

2.4　微波光子器件的集成

分立的光到电(O/E)、电到光(E/O)等元器件构成的微波光子系统不仅系统体积大、成本高昂而且功耗也高。而在很多小型化应用场合,要求系统和器件的尺寸更小、功耗更低、抗干扰能力更强。因此,将集成技术和微波光子方法相结合实现微波光子器件集成化,以此达到降低系统成本、缩小尺寸、降低功耗的作用,成为微波光子信号处理技术发展的必然趋势。

微波光子器件的集成技术就是运用一定的工艺(芯片级集成工艺或混合集成工艺)将各种不同类型的微波光子器件单元(芯片或元件形态)集成在一个腔体或模块之内,实现小型化、阵列化与轻量化,大幅降低模块组件乃至装备系统的体积、重量和功耗。

可集成的微波光子器件单元包括微波光发射器件(直调与外调)、微波光接收器件、光分波合波器件、光环形器、微波光信号处理器件、光滤波器件、微波放大芯片、微波开关芯片以及光器件的控制电路芯片等,包含了微波、光电、微电子3种器件类型。

例如:为了大幅降低基于外调制技术的微波光发射组件体积与重量,可以运用混合集成工艺将大功率DFB激光器芯片、M-Z电光调制器芯片、前置微波低噪放芯片以及激光器与调制的控制电路板集成在一个独立封装的器件之内,如图2.23(a)所示;为了大幅降低基于直接调制技术的微波光发射组件体积与重量,可以运用混合集成工艺将探测器芯片、后级微波放大芯片集成在一个器件之内,同时还可以做成多通道集成的器件,如图2.23(b)所示;此外,为了实现集成化微波光子雷达前端,还可以将激光器芯片、M-Z电光调制器阵列芯片、光波束形成网络芯片集成在一个器件之内,实现光控的微波波束切换与扫描,如图2.23(c)所示。

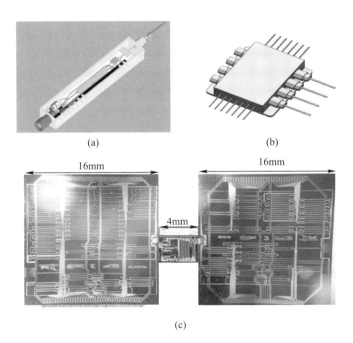

图 2.23 不同类型的集成微波光子器件

2.4.1 光电子集成工艺

目前,不同类型的光电子芯片研制涉及不同材料体系,不同的材料体系对应的工艺也会有一定差别。例如:有源类光收发芯片包括激光器、光电探测器等目前主要为 InP 基或 GaAs 基的化合材料;高速电光调制器芯片采用铌酸锂材料或硅基 SOI 材料;光分路器、光开关阵列、波分复用器等光无源芯片一般采用 SiO_2 材料,也有一部分芯片采用硅基 SOI 材料或 SiN 材料。

2.4.1.1　InP 基光有源芯片工艺介绍

以最常见的 DFB 激光器芯片为例(图 2.24),其制作主要包括 InP 衬底 N 型掺杂(离子注入)、InGaAsP - InGaAs 多量子阱有源层材料的生长、掩埋层生长、布拉格光栅刻蚀(电子束、反应离子刻蚀(RIE)刻蚀工艺)、InP 掩埋层生长、InP 掩埋层 P 型掺杂、脊波导刻蚀、金属薄膜电极制作(溅射工艺)等工艺流程。厚度为 5μm。

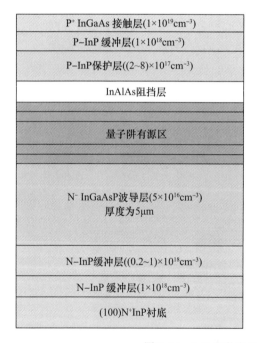
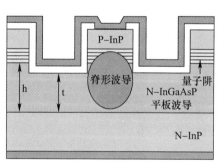

图 2.24　InP 基激光器芯片材料与结构

2.4.1.2　SiO_2 基光无源芯片工艺介绍

SiO_2 基集成光波导芯片(图 2.25)具有光传输损耗低(小于 0.1dB/cm)、与光纤折射率匹配、耦合损耗小等优势,是目前应用最广泛的光无源芯片。

SiO_2 基集成光无源芯片的工艺相对较简单,主要是平面光波导图形的制作,具体包括:在玻璃衬底上生长波导芯层、退火、波导型器件图形刻蚀(光刻、电感耦合等离子体(ICP)刻蚀)、埋层 SiO_2 生长、划片、端面磨抛等工艺环节。

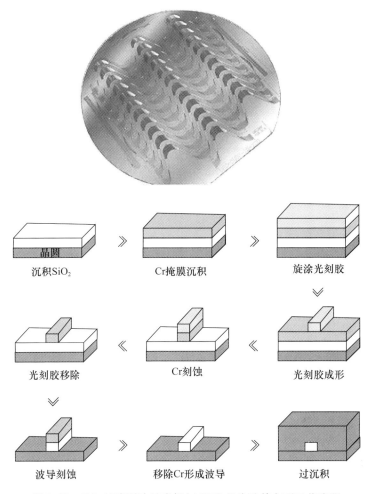

图 2.25　SiO_2 基阵列波导光栅(AWG)芯片及其主要工艺流程

2.4.1.3　硅基 SOI 光集成芯片工艺介绍

硅基 SOI 光集成芯片工艺与微电子互补金属氧化物半导体(CMOS)工艺流程比较类似,对于无源波导器件来说,主要工艺包括 SiO_2 掩膜层生长、光刻、掩膜层刻蚀、硅刻蚀、去胶清洗等工艺。对于有源器件来说,除了前面工艺环节,还包括离子注入掺杂(P 区和 N 区)、氧化层淀积、金属薄膜蒸镀、多次刻蚀等工艺。

图 2.26 示出硅基 SOI 有源器件芯片的典型工艺流程。

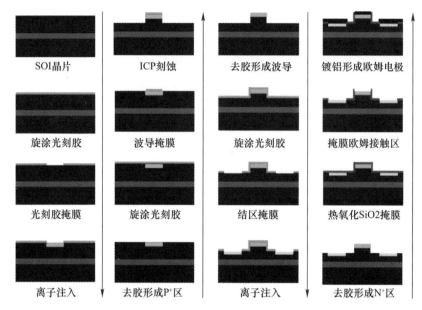

图 2.26 硅基 SOI 有源器件芯片的典型工艺流程(见彩图)

2.4.2 耦合组装工艺

集成光芯片在完成工艺流片工艺和划片抛光后,需要通过耦合组装工艺将芯片与光纤、光学元件或其他芯片集成于一个器件之内,实现各单元之间的光路耦合互连以及光信号的光纤输出,才能成为一个实用化器件。

平面波导型芯片的耦合组装工艺如下:

平面波导型芯片的耦合组装需要采用光纤阵列,这里以 8 通道可调光衰减器(VOA)阵列芯片的耦合组装为例来说明。8 通道光纤阵列的结构如图 2.27 所示,图 2.28 是光纤阵列与 8 通道 VOA 阵列芯片耦合结构与实验装置图。

8 通道光纤阵列与 VOA 阵列芯片耦合工艺中,首先光纤阵列制作的加工精度要求比较高,各纤芯之间的水平位置和间距与 VOA 芯片各通道波导的间距要严格一致;其次在耦合过程中,需要同时对 8 通道的光功率进行监测,以保证不同通道的耦合效率和插损的一致性,8 通道 VOA 器件的耦合工序和前面的单通道 VOA 器件类似,同样包括了芯片端面研磨抛光、光纤阵列制作与抛光、光学耦合对准、紫外胶固定等步骤。

有源光芯片的耦合组装工艺如下:

有源光芯片与光纤耦合组装工艺与平面波导型芯片有较大区别,例如在阵列

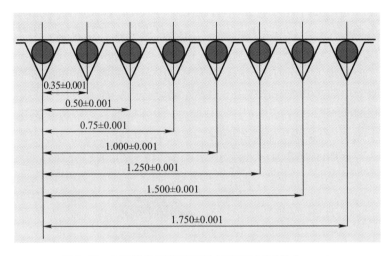

图 2.27　8 通道光纤阵列实物与截面结构（单位:mm）

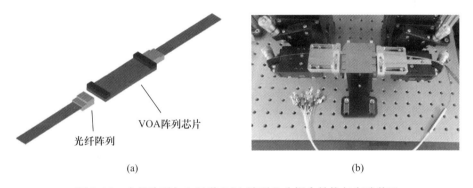

图 2.28　光纤阵列与 8 通道 VOA 阵列芯片耦合结构与实验装置

化集成光发射模块中,需要完成垂直腔面发射激光器阵列芯片(图 2.29)与多路光纤的耦合组装。

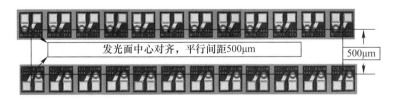

图 2.29　垂直腔面发射激光器阵列芯片

垂直腔面发射激光器阵列芯片与多路光纤的耦合结构如图 2.30 所示,由于垂直腔面发射激光器发光面朝上,需要采用 45°斜角磨抛的光纤阵列与垂直腔面发射激光器阵列与光纤进行耦合，垂直腔面发射激光器发出的光从侧面进入光纤，经光纤斜角端面反射后发生 90°折射，然后耦合进光纤进行传输。工艺上首先完成 45°斜角磨抛的光纤阵列的研制，然后将垂直腔面发射激光器阵列芯片通过焊料烧结在一个基座上，再通过金丝压焊工艺将固定在基座上的垂直腔面发射激光器阵列与驱动电路芯片实现电气互连，在光耦合台上完成垂直腔面发射激光器阵列与光纤阵列的光路互连以及光纤阵列固定，接着给垂直腔面发射激光器阵列芯片加电产生光输出，并调节光纤阵列的位置及角度指导各路光纤输出的光功率及其一致性达到预期的要求为止，最后用紫外光（UV）固化胶将光纤阵列固定。

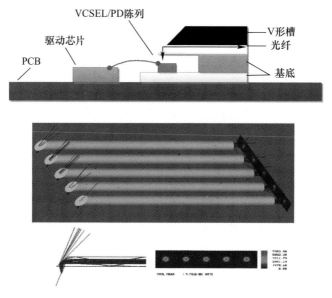

VCSEL—垂直腔面发射激光器；PCB—印制电路板。

图 2.30　阵列化集成光发射模块的耦合组装结构

在集成化外调光发射机中需要将 LD 芯片、微透镜、自由空间隔离器（FSI）、M－Z 外调制器芯片集成在一个器件之内，并实现光路的耦合互连，如图 2.31 所示，这里用到的工艺就是典型的混合集成工艺。首先运用 AuSn 高温焊料将 LD 芯片、InP 外调制器芯片烧结在各自的热沉及半导体制冷器上，再用低温焊料将两个半导体制冷器烧结在管壳底面上，烧结时需要保证 LD 芯片的波导与 InP 外调制器芯片的波导大致对准（显微镜下观察），然后在耦合台上对 LD 芯片加电使其产生光输出，运用夹具同时调节透镜与隔离器的位置并监控调制器芯片的输出光功率，当输出光功率最大时对透镜与隔离器进行 UV 点胶和固定，最后运用类似的工艺完成尾纤的耦合与固定，并采用平行封焊工艺完成盖板焊接和气密性封装。

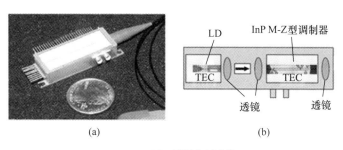

TEC—半导体制冷器。

图 2.31　集成化外调光发射机(a)及其内部结构(b)

光电振荡器(OEO)是一种能够产生高质量微波信号的器件,在微波系统中有重要应用,为了保证 OEO 的抗震动冲击特性,需要研制集成化 OEO 才能满足实际应用要求。集成化 OEO 的内部结构如图 2.32 所示,需要将激光器芯片、光调制器芯片、微盘谐振器、探测器芯片、微波放大芯片、微波滤波器芯片、微波耦合器、相移器芯片等多个功能单元集成在一个器件之内[60]。其中,除了实现光路的耦合互连外,还要将所有光器件与微波器件连成一个闭合的环路,涉及的工艺也是典型的混合集成和光电微组装工艺。

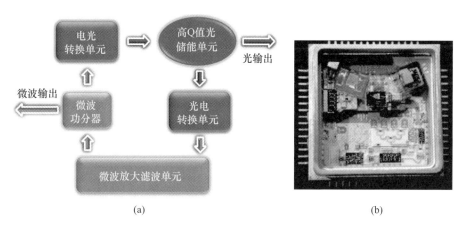

图 2.32　集成化 OEO 原理(a)及内部结构(b)

集成化 OEO 中,微波电路部分主要是低温共烧陶瓷(LTCC)工艺,需要将微波放大芯片、微波滤波器芯片、微波耦合器、相移器芯片烧结在陶瓷基板上,通过微带线实现高频互连。光路部分主要是空间光耦合与微组装工艺,与集成化外调光发射机的耦合组装工艺类似,首先将激光器芯片、光调制器芯片、探测器芯片烧结在基座上相应的位置,然后在光耦合台上运用光学微透镜并通过多步耦合,实现激光器芯片、光调制器芯片、微盘谐振器、探测器芯片的光路互连,最后采用UV固化胶固定透镜和微盘谐振器等光学元件。

前面介绍的集成化外调光发射机和集成化OEO中均涉及多个光芯片/元件的同时耦合组装,工艺过程相对复杂且对工艺要求较高,需要使用具有阵列化、多芯片光学耦合组装功能的设备,同时对设备的位移和角度调节精度和重复性的要求较高(定位精度小于200nm),而且要求设备具有光功率监测和自动位移调节的功能,同时具备光电芯片在线加电功能。当调节到最佳耦合状态后,根据实际要求采用点胶固化或激光焊接等操作,完成组装工艺。

2.5 本章小结

本章介绍了激光器、电光调制器、光电探测器等构成微波光子系统的基础器件,讨论了其物理原理、详细分类、不同的实现技术以及技术特点,基于上述器件,进一步探讨了光电混合集成及微组装工艺,用以实现不同的微波光子功能单元。通过分析微波光子信号处理中的基础器件在不同实现方式下的典型性能指标,为后续章节中不同功能的微波光子链路及微波光子系统的性能优化提供支撑。

参考文献

[1] Betts G E, Johnson L M, Cox C H, et al. High – performance optical analog link using external modulator[J]. IEEE Photon Technol. Lett, 1989, 11(1): 404 – 406.

[2] 江剑平. 半导体激光器[M]. 北京: 电子工业出版社, 2000.

[3] Cox C H. Analog optical links theory and practice[M]. Cambridge: Cambridge University Press, 2004.

[4] 金丽丽, 陈福深, 陈吉欣. 微波光子链路的噪声系数分析[J]. 激光与光电子学进展, 2009, 11: 92 – 96.

[5] Liu Y, Man J W, Han W, et al. High – speed analog DFB laser module operated in direct modulation for Ku – band[J]. SPIE Semiconductor Lasers and Applications Ⅳ, 2010, 7844: 78440P – 78440P – 9.

[6] Souli N, Devaux F, Ramdane A, et al. 20 Gbit/s high – performance integrated MQW tandem modulators and amplifier for soliton generation and coding[J]. IEEE Photon Technol. Lett., 1995, 7(6): 629 – 631.

[7] Tadokoro T, Kobayashi W, Fujisawa T, et al. 43 Gb/s 1.3μm DFB laser for 40km transmission [J]. Journal of Lightwave Technology, 2012, 30(15): 2520 – 2524.

[8] Nakahara K, Wakayama Y, Kitatani T, et al. 56 – Gb/s Direct modulation in InGaAlAs BH – DFB lasers at 55°C[C]//Optical Fiber Communications Conference & Exhibition. IEEE, 2014.

[9] Menna R, Komissarov A, Maiorov M, et al. High power 1550nm distributed feedback lasers with 440mW CW output power for telecommunication applications[C]//Conference on Lasers & Electro-optics. IEEE, 2001.

[10] Garbuzov D Z, Maiorov M A, Menna R J, et al. High-power 1300-nm Fabry-Perot and DFB ridge-waveguide lasers[J]. Proceedings of SPIE-The International Society for Optical Engineering, 2002, 4651: 92-100.

[11] Jin X, Chuang S L. Relative intensity noise characteristics of injection-locked semiconductor lasers[J]. Applied Physics Letters, 2000, 77(9): 1250-1252.

[12] Yabre, G, Waardt H, Boom H P A, et al. Noise characteristics of single-mode semiconductor lasers under external light injection[J]. Quantum Electronics, IEEE Journal of quantum electronics, 2000, 36(3): 385-393.

[13] Loh, W, Donnell F J O, Plant J J, et al. Packaged, high-power, narrow-linewidth slab-coupled optical waveguide external cavity laser (SCOWECL)[J]. Photonics Technology Letters, IEEE, 2011, 23(14): 974-976.

[14] Yamaguchi M, Kitamura M, Mito I, et al. Highly efficient single-longitudinal-mode operation of antireflection-coated 1.3μm DFB-DC-PBH LD[J]. Electronics Letters, 1984, 20(6): 233-235.

[15] Noguchi Y, Suzuki Y, Matsuoka Y, et al. InP/InGaAsP p-type substrate and mass transported doubly buried heterostructure laser[J]. Electronics Letters, 1984, 20(19): 769-771.

[16] Suzuki Y, Nagai H, Noguchi Y, et al. High-power SLM operation of 1.3μm InP/InGaAsP DFB LD with doubly buried heterostructure on p-type InP substrate[J]. Electronics Letters, 1984, 20(21): 881-882.

[17] Zilko J L, Ketelsen L J P, Twu Y, et al. Growth and characterization of high yield, reliable, high-power, high-speed, InP/InGaAsP capped mesa buried heterostructure distributed feedback (CM-BH-DFB) lasers[J]. Quantum Electronics, IEEE Journal of Quantum Electronics, 1989, 25(10): 2091-2095.

[18] Krakowski M, Rondi D, Talneau A, et al. Ultra-low-threshold, high-bandwidth, very-low noise operation of 1.52μm GaInAsP/InP DFB buried ridge structure laser diodes entirely grown by MOCVD[J]. IEEE Journal of Quantum Electronics, 1989, 25(6): 1346-1352.

[19] Burie J R, Belyanin A A, Smowton P M, et al. Ultra high power, ultra low RIN up to 20GHz 1.55μm DFB AlGaInAsP laser for analog applications[J]. Proceedings of SPIE-The International Society for Optical Engineering, 2010, 7616: 76160Y-76160Y-10.

[20] Huang J S, Su H, He X, et al. Ultra-high power, low RIN and narrow linewidth lasers for C-band DWDM+100km fiber optic link[C]//IEEE Photonics Society 24th Annual meeting, 2011.

[21] Faugeron M, et al. High-Power, Low RIN 1.55-Directly modulated DFB lasers for analog signal transmission[J]. Photonics Technology Letters, 2012, 24(2): 116-118.

[22] Zhao Y G, Nikolov A, Dutt R. 1550nm DFB semiconductor lasers with high power and low noise

[J]. Proceedings of SPIE – The International Society for Optical Engineering,2011,7933(5):838－9.

[23] High power CW source laser datesheet[EB/OL]. (2021－02－21)[2021－02－21]. http://emcore. com/wp－content/uploads/2016/03/1782. pdf.

[24] 潘时龙,张亚梅. 偏振调制微波光子信号处理[J]. 数据采集与处理,2014,29(6):874－884.

[25] 王姣姣,赵泽平,刘建国. 光平衡探测器研究进展和发展趋势分析[J]. 激光与光电子学进展,2018,55(10):7－16.

[26] Williams K J,Esman R D. Design considerations for high current photodetectors[J]. J. Lightwave Technol. ,1999,17:1443－1454.

[27] Pan H,Li Z,Beling A,et al. Characterization of high－linearity modified uni－traveling carrier photodiodes using three－tone and bias modulation techniques[J]. J. Lightwave Technol. ,2010,28(9):1316－1322.

[28] Islam M S,Wu M C. Recent advances and future prospects in high－speed and high－saturation－current photodetectors[J]. Proc SPIE,2003,5246(1):448－457.

[29] Hastings A S,Tulchinsky D A,Williams K J,et al. Minimizing photodiode nonlinearities by compensating voltage－dependent responsivity effects[J]. J. Lightwave Technol. ,2010,28(22):3329－3333.

[30] Kato K. Ultrawide－band/high－frequency photodetectors[J]. IEEE Trans. Microw. Theory Tech. ,1999,47(7):1265－1281.

[31] Wey Y G,Giboney K,Bowers J,et al. 110－GHz GaInAs/InP double heterostructure P－I－N photodetectors[J]. J. Lightw. Technol. ,1995,13(7):1490－1499.

[32] Ito H,Kodama S,Muramoto Y,et al. High－speed and high－output InP－InGaAs unitraveling－carrier photodiodes[J]. IEEE Journal of Selected Topics in Quantum Electronics,2004,10(4):709－727.

[33] Furuta T,Ito H,Ishibashi T. Photocurrent dynamics of uni－traveling－carrier and conventional pin photodiodes[J]. Proc. Inst. Phys. Conf. Ser. ,2000:166,419－422.

[34] Li N,Li X,Demiguel S,et al. High－saturation－current charge－compensated InGaAs/InP uni－traveling－carrier photodiode[J]. Photon Tech Lett,2004,16(3):864－866.

[35] Chtioui M,Carpentier D,Bernard S,et al. Thick absorption layer uni－traveling－carrier photodiodes with high responsivity, high speed and high saturation power[J]. IEEE Photon Technol Lett. ,2009,21(7):429－431.

[36] Williams K J,Tulchinsky D A,Boos J B,et al. High－power photodiodes[C]//2006 Digest of the LEOS Summer Topical Meetings,IEEE,2006,06TH8863C:50－51.

[37] Shi J W,Wu Y S,Wu C Y,et al. High－speed,high－responsivity,and high－power performance of near－ballistic uni－traveling－carrier photodiode at 1. 55－μm wavelength[J]. IEEE Photon Technol Lett. ,2005,17(9):1929－1931.

[38] Shi J W, Kuo F M, Wu C J, et al. Extremely high saturation current – bandwidth product performance of a near – ballistic uni – traveling – carrier photodiode with a flip – chip bonding structure [J]. IEEE J Quant Electron. ,2010,40(1):80 – 86.

[39] Shi J W, Kuo F M, Bowers J C. Design and analysis of ultra – high – speed near – ballistic uni – traveling – carrier photodiodes under 50 – Ω load for high – power performance[J]. IEEE Photon Technol Lett. ,2012,24(7):533 – 535.

[40] Kato K, Kozen A, Muramoto Y, et al. 110 – GHz,50% – efficiency mushroom – mesa waveguide p – i – n photodiode for a 1.55 – μm wavelength [J]. IEEE Photon Technol Lett. , 1994, 6: 719 – 721.

[41] Unterbörsch G, Trommer D, Umbach A, et al. High – power performance of a high – speed photodetector[C]//Proc. 24th Europ. Conf. Opt. Commun. (ECOC – 98),1998:67 – 68.

[42] Umbach A, Trommer D, Steingrüber R, et al. Ultrafast, high – power 1.55 μm side – illuminated photodetector with integrated spot size converter[C]//Tech. Dig. Opt. Fiber Commun. Conf. (OFC – 00),Baltimore,MD,2000:117 – 119.

[43] Bach H G, Beling A, Mekonnen G G, et al. InP – based waveguide – integrated photodetector with 100 – GHz bandwidth[J]. IEEE J Sel Top Quant Electron,2004,10:668 – 672.

[44] Achouche M, Magnin V, Harari J, et al. Design and fabrication of a P – I – N photodiode with high responsivity and large alignment tolerances for 40 Gb/s applications[J]. IEEE Photon Technol Lett. ,2006,18:556 – 558.

[45] Demiguel S, Li N, Li X, et al. Very high – responsivity evanescently coupled photodiodes integrating a short planar multimode waveguide for high – speed applications[J]. IEEE Photon Technol Lett. ,2003,15:1761 – 1763.

[46] Achouche M, Cuisin C, Derouin E, et al. 43Gb/s balanced photoreceiver using monolithic integrated lensed facet waveguide dual – UTC photodiodes[C]//OECC/ACOFT,2008.

[47] Glastre G, Carpentier D, Lelarge F, et al. High – linearity and high responsivity UTC photodiodes for multi – level formats applications[C]//35th ECOC,2009:20 – 24.

[48] Hietala V M, Vawter A, Brennan T M, et al. Traveling – wave photodetectors for high – power, large – bandwidth applications [J]. IEEE Trans Microwave Theory Tech. , 1995, 43: 2291 – 2298.

[49] Giboney K S, Nagarajan R L, Reynolds T E, et al. Travelling – wave photodetectors with 172 – GHz bandwidth and 76 – GHz bandwidth – efficiency product[J]. IEEE Photon Technol Lett. , 1995,7:412 – 414.

[50] Stöhr A, Babiel S, Cannard P J, et al. Millimeter – wave photonic components for broadband wireless systems[J]. IEEE Trans Microwave Theory Tech. ,2010,58(11):3071 – 3082.

[51] Hirota Y, Ishibashi T, Ito H. 1.55μm wavelength periodic traveling – wave photodetector fabricated using unitraveling – carrier photodiode structures[J]. J Lightwave Technol. 2001,19:1751 – 1758.

[52] Rodwell M J W, Allen S T, Yu R Y, et al. Active and nonlinear wave propagation devices in ultra-

fast electronics and optoelectronics[J]. Proc IEEE,1994,82:1037 – 1059.

[53] Beling A,Bach H G,Mekonnen G G,et al. High – speed miniaturized photodiode and parallel – fed traveling – wave photodetectors based on InP[J]. IEEE J. Sel. Top. Quant Electron. ,2007,13:15 – 21.

[54] Beling A,Campbell J C,Bach H G,et al. Parallel – fed traveling wave photodetector for >100 – GHz applications[J]. J. Lightwave Technol. ,2008,26:16 – 20.

[55] Lin L Y,Wu M C,Itoh T,et al. High – power high – speed photodetectors – design,analysis,and experimental demonstration[J]. IEEE Trans Microwave Theory Tech. ,1997,45:1320 – 1331.

[56] Islam M S,Wu M C. Recent advances and future prospects in high – speed and high – saturation – current photodetectors[J]. Proc SPIE. ,2003,5246(1):448 – 457.

[57] Li Z,Chen H,Pan H,et al. High – power integrated balanced photodetector[J]. IEEE Photon Technol Lett. ,2009,24(21):1858 – 1860.

[58] Houtsma V,Hu T,Weimann N G,et al. High – power linear balanced InP photodetectors for coherent analog optical links[C]//2011 IEEE Avionics,Fiber – Optics and Photonics Technology Conference,2011:95 – 96.

[59] Beling A. PIN photodiode modules for 80Gbit/s and beyond[C]//Tech. Dig. Optical Fiber Commun. (OFC 2006),Anaheim,CA,Mar. 05 – 10,2006.

[60] Maleki L. The optoelectronic oscillator[J]. Nature Photon,2011,5:728 – 730.

第 3 章

微波与光波的信息映射

微波到光波的信息映射是微波光子信号处理的基础。微波与光波的信息映射主要通过调制、解调的过程实现。本书中的调制就是用微波信号去控制光波的一个或几个参量,将信息加载其上形成载波光信号,而解调是调制的反过程,通过特定的方法从载波光信号的一个或几个参量中恢复微波信号。根据被调制参量和解调方法的不同,微波与光波的信息映射主要包括微波到光波的强度调制与解调,微波到光波的相位调制与解调,微波到光波的偏振调制与解调。

最后,将光波链路中各典型器件的参数与微波链路的核心指标建立关联,并通过微波系统级联理论,建立由前置微波通道、光链路和后置微波放大构成的微波光子混合链路的综合性能模型,用于指导混合链路的整体设计与优化。

3.1 微波与光波信息映射的关键特性

通常可将微波光子链路看作一个具有射频输入与射频输出的二端口网络,并利用衡量射频放大器等微波器件的指标,例如增益、噪声系数、无杂散动态范围等,来衡量微波光子链路的技术指标。

3.1.1 链路增益

增益是微波光子链路最基本的特性参数之一,其重要性不仅在于增益本身是整个系统参数设计中的主要参数,而且它会直接影响微波光子链路的其他几个特征参数,例如噪声系数、无杂散动态范围等。

直调微波光子链路的增益主要受发射机的转换效率 s_d(单位:W/A)、光探测器的响应度 r_d(单位:A/W)的影响。可以表示为

$$G = s_d^2 r_d^2 \tag{3.1}$$

考虑到现阶段使用外调制技术实现宽带电光转换具有更优良的性能(主

要是噪声系数和链路增益随频率增加的恶化要明显小于直接调制方式),因此下面主要分析基于马赫－曾德尔强度调制器(MZM)实现的电光转换,并使用光电探测器(PD)的平方律检波特性,将输入的光载微波信号转换为微波信号输出。

双臂驱动式 MZM 含有两根平行的光波导,在每根波导中都通过电光调制效应引起光相位的变化,再通过光合路进行相干叠加,得到强度调制的效果。假设输入的直流激光电场表达式为

$$E(t) = E_0 \cos(\omega_0 t) \tag{3.2}$$

式中:E_0 为输入直流激光电场的振幅;ω_0 为激光角频率,假设初始相位为 0。

经过 MZM 调制之后,对于 $V_i(t) = V_0 \cos(\omega t)$ 射频信号,输出光电场变为

$$E_{MOD}(t) = \frac{E_0 \sqrt{L_{M-lin}}}{2} \{\cos[\omega_0 t + \eta\cos(\omega t) + \phi_B] + \cos[\omega_0 t + \eta\cos(\omega t + \theta)]\} \tag{3.3}$$

式中:$\eta = \pi V_0/V_\pi$ 为由输入微波信号的电压和调制器的半波电压共同决定的调制系数;$\phi_B = \pi V_{DC}/V_\pi$ 为由施加的直流偏置电压和调制器的半波电压共同决定的直流工作点;θ 为 MZM 内部加载到两个平行光波导之间的微波信号相位差;L_{M-lin} 为由对数形式插损 L_M 转换得到的线性值。

对式(3.3)做贝塞尔函数展开,并且只考虑残余的直流载波和 ±1 阶调制边带,以及在通常情况下 MZM 两臂驱动信号之间的相位差 $\theta = \pi$,于是可以得到经过 MZM 调制之后输出的光信号的功率分量为

$$P_{DC} = 4L_{M-lin}P_{opt}J_0^2(\eta)\cos^2(\phi_B/2) \tag{3.4}$$

$$P_1 = 8L_{M-lin}P_{opt}J_1^2(\eta)\sin^2(\phi_B/2) \tag{3.5}$$

经推导和化简,并结合贝塞尔函数展开,可以得到纯光链路的增益为

$$G = \frac{64\pi^2 r_d^2 P_{opt}^2 L_{M-lin}^2 \cos^2\left(\frac{\phi_B}{2}\right)\sin^2\left(\frac{\phi_B}{2}\right)R_s R_{LOAD}}{V_\pi^2}\left(1 - \frac{\eta^2}{4}\right)^2 \tag{3.6}$$

以下述典型参数的微波光子器件为例进行仿真分析,当 $L_M = -6\text{dBm}$、$r_d = 0.7$、调制器和负载阻抗均为 50Ω、光波输入功率 $P_{opt} = -10 \sim 30\text{dBm}$、微波输入功率 $P_{rf-in} = -60 \sim 10\text{dBm}$、直流偏置角 $\phi_B = 0° \sim 360°$、半波电压 $V_\pi = 4 \sim 7\text{V}$ 时,典型的纯光链路增益变化特性如图 3.1 所示。

从图 3.1 的仿真结果可以看出:相同条件下,MZM 的微波半波电压越小,链路

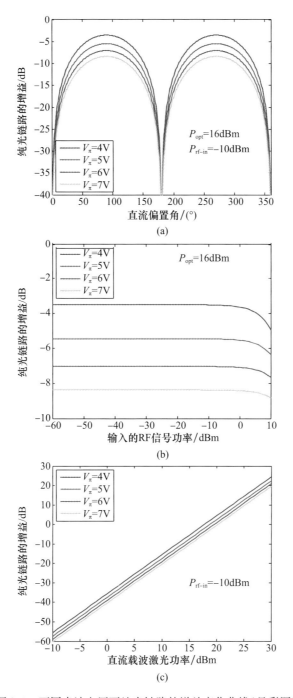

图 3.1 不同半波电压下纯光链路的增益变化曲线(见彩图)

增益越大;当 MZM 的直流偏置点处于线性点 $\phi_B = 90°$ 或 $\phi_B = 270°$ 时,链路具有最大增益(图 3.1(a));图 3.1(b)和(c)为 $\phi_B = 90°$ 时的仿真结果。增益在小信号下为恒定值,随着输入的微波信号功率增加逐渐呈现衰减,且输入 1dB 压缩点的值随着调制器半波电压的增大而增大(图 3.1(b));在不考虑光电探测器饱和效应的前提下,链路增益随直流载波激光的功率呈线性变化关系(图 3.1(c))。

3.1.2 噪声及噪声系数

微波光子链路噪声的主要来源包括各器件的电阻性元件的热噪声、激光器的相对强度噪声(RIN)、探测器中的散粒噪声及光放大器的自发辐射噪声等。

(1) 热噪声:任何调制器或半导体激光器内部都存在电阻性元件,热噪声主要来自于各种电阻性元件内部自由电子的连续、随机热运动,其运动量正比于导体高于绝对零度的温度。热噪声电压的瞬时值是一个随机量,均值为零,其概率密度函数呈高斯分布。热噪声的功率谱密度与探测光电流无关,其数学表达式为

$$P_{\text{thermal}} = k_B T_0 B \tag{3.7}$$

式中:k_B 为玻耳兹曼常数,其值为 1.38×10^{-23} J/K;T_0 为热力学温度;B 为噪声带宽。

(2) 相对强度噪声:对于大多数微波光子链路(如直接调制链路),激光器的 RIN 在总输出噪声中占据主导地位。RIN 由光子的自发辐射引起,对外表现出激光器输出功率的随机抖动,是与频率相关的函数。噪声功率谱密度与探测光电流的二次方成正比,可表示为[1]

$$P_{\text{RIN}} = \frac{\langle I_{\text{DC}} \rangle^2}{2} 10^{\frac{\text{RIN}}{10}} R_{\text{LOAD}} B \tag{3.8}$$

式中:$\langle I_{\text{DC}} \rangle$ 为平均探测光电流;R_{LOAD} 为负载阻抗;RIN 为激光器相对强度噪声。

(3) 散粒噪声:散粒噪声存在于大多数半导体器件中,由形成电流的载流子的分散性造成,是微波光子链路的重要噪声来源。散粒噪声电流是满足泊松分布的随机过程,可表示为

$$P_{\text{shot}} = 2q \langle I_{\text{DC}} \rangle R_{\text{LOAD}} B \tag{3.9}$$

式中:q 为电荷常量,其值为 1.602×10^{-19} C。

(4) 光放大器的自发辐射噪声:利用光放大器实现光信号放大的同时,也会引入额外的放大自发辐射噪声,包括自发辐射内部的差拍噪声 $P_{\text{sp-sp}}$ 和信号与自发辐射的差拍噪声 $P_{\text{sig-sp}}$ 两部分[2],可分别表示为

$$P_{sp-sp} = 4r_d^2 n_{sp}^2 (h\upsilon)^2 (G_o - 1)^2 R_{LOAD} B_o \left(1 - \frac{f}{B_o}\right) \quad (3.10)$$

$$P_{sig-sp} = 4r_d^2 P_{opt} n_{sp} h\upsilon (G_o - 1) R_{LOAD} \quad (3.11)$$

式中：r_d 为探测器响应度；h 为普朗克常量；n_{sp} 为自发辐射因子；P_{opt} 为接收光功率；G_o 为放大器增益；f 为噪声频率；B_o 为光带宽。

图 3.2 示出输出噪声功率谱密度随接收光功率的变化。

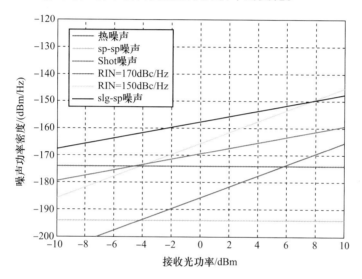

图 3.2　输出噪声功率谱密度随接收光功率的变化关系[3]（见彩图）

本书中采用了一种工程上常用的噪声系数（NF）定义方式：若线性两端口网络具有确定的输入端和输出端，且输入端源阻抗处于常温（290K）时，网络输入端信号噪声功率比与网络输出端信号噪声功率比的比值即为该网络的 NF，本书后续部分出现的 NF 均以该定义为准[4]。

设输入的信号功率为 S_i，由信号源阻抗产生的噪声功率为 N_i，网络输出信号功率及负载阻抗产生的噪声分别为 S_o 和 N_o，G 为链路增益。根据定义，NF 可以表示为

$$\text{NF} = 10\lg\left(\frac{S_i/N_i}{S_o/N_o}\right) = 10\lg\left(\frac{N_o}{GN_i}\right) \quad (3.12)$$

需要注意的是，NF 是用来衡量器件或网络本身噪声特性的参数，与该网络或器件输入的信号质量是无关的。由式（3.12）可知：微波光子链路内部产生的噪声越大，则 NF 恶化的越严重；微波光子链路的增益越高，则 NF 越小。可通过提升链路增益达到改善系统 NF 的目的。如果链路增益足够大，则放大的输入热噪声在输出总噪声中占主导地位，这样由链路输入端到输出端的信噪比没有明显的恶化，

此时 NF 接近 0dB,为 NF 的绝对下限。然而由于任何调制器和半导体激光器中都存在电阻性的元件,产生的热噪声会与输入热噪声共同调制光信号。因此,在工程应用中 NF 无法达到 0dB 极限值[5]。

尽管散粒噪声、RIN 等的噪声功率与链路增益无直接关系,但却与链路增益同时作用,共同影响系统的 NF。综合考虑各类噪声对系统 NF 的影响,NF 可进一步表示为

$$\mathrm{NF} = 10\lg\left[1 + \frac{1}{G} + \frac{10^{\frac{\mathrm{RIN}}{10}}\langle I_{\mathrm{DC}}\rangle^2 R_{\mathrm{LOAD}}}{2k_\mathrm{B}T_0 G} + \frac{2q\langle I_{\mathrm{DC}}\rangle R_{\mathrm{LOAD}}}{k_\mathrm{B}T_0 G}\right] \quad (3.13)$$

将式(3.6)代入式(3.13),采用与图3.1相同的器件参数下,得到纯光链路的 NF 的仿真分析结果,如图3.3所示。

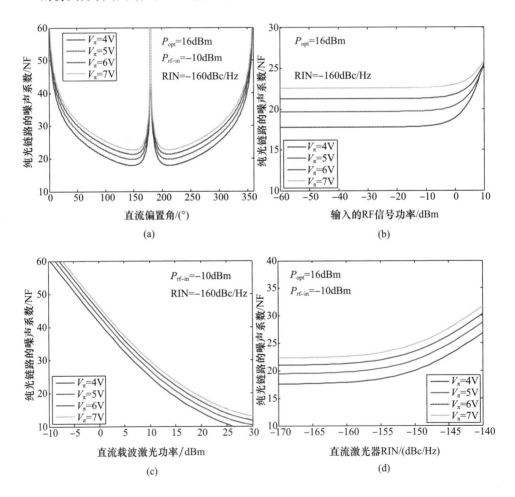

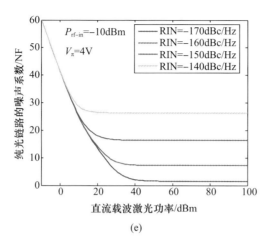

(e)

图 3.3　不同条件下光链路 NF 的变化曲线(见彩图)

从图 3.3 的结果可以看出：在其他参数固定的条件下，使得 NF 最小的直流偏置角约为 147°和 213°，不再等于使增益保持最高的线性偏置点(图 3.3(a))；当输入的微波信号功率较低(小于 -10dBm 时)，纯光链路的 NF 基本恒定，但是当微波RF 信号功率大于 0dBm 时，会导致 NF 迅速增大(图 3.3(b))；直流载波激光功率的增加有利于减小 NF，但是效果逐渐趋于饱和(图 3.3(c))；激光器 RIN 越小，链路的 NF 越小，但是只有在直流载波激光功率继续增大的情况下，降低 RIN 才有意义(图 3.3(d)(e))。

3.1.3　非线性失真

无论系统有无信号输入，噪声都是始终存在的。与噪声不同，只有当系统中至少存在一个信号输入时，才有可能产生非线性失真。由于器件或系统自身的非线性特性，输出的信号不再与输入信号保持线性关系，会有新的频率分量产生，并且非线性失真的强度依赖输入信号功率的大小。微波光子链路中的非线性失真包括关键器件如调制器及探测器的非线性失真，以及光纤链路的非线性失真。当输入光纤光功率值未达到非线性阈值时，光纤中的非线性可忽略不计，本书中不将光纤非线性失真作为讨论的重点。

在通常情况下，泰勒级数展开是分析器件或系统非线性传递函数最常用的方法，传递函数 $h(x)$ 为在特定点 x_0 处，h 关于 x 的求导数后，无限多项求和，数学表达式为

$$h(x) = \sum_{k=0}^{\infty} \frac{(x-x_0)^k}{k!} \left(\frac{\mathrm{d}^k h}{\mathrm{d}x^k}\right)_{x=a} = 1 + \sum_{k=1}^{\infty} (x-x_0)^k a_k \quad (3.14)$$

式中:$a_k = \frac{1}{k!}\left(\frac{d^k h}{dx^k}\right)_{x=a}$;$x$ 为输入的时变电压(或电流)信号,典型的应用包括调制器及探测器的非线性失真分析。

泰勒级数展开为我们提供了一种鉴别线性系统与非线性系统的方法。当除了 a_1 外,$a_k(1<k)$ 均为零时,则系统为线性系统;否则为非线性系统。

3.1.3.1 单音检测和谐波失真

假设输入射频信号为 $V_i(t) = V_0\sin(\omega t)$,将其代入式(3.14)中,则可进一步表示为[1]

$$h(V_i) = 1 + a_1 V_0 \sin(\omega t) + a_2(V_0\sin(\omega t))^2 + \cdots + a_n(V_0\sin(\omega t))^n + \cdots$$

$$= \left(1 + \frac{a_2 V_0^2}{2}\right) + \left(a_1 V_0 + \frac{3a_3 V_0^3}{4}\right)\sin(\omega t) - \frac{a_2 V_0^2}{2}\cos(2\omega t) - \frac{a_3 V_0^3}{4}\sin(3\omega t) + \cdots$$

(3.15)

由式(3.15)可知,当 a_2、a_3 不为零时,除了频率为 ω 的基频信号外,输出信号中还包含 2ω、3ω 等谐波失真成分,导致基频信号能量转换到其他频率成分的信号上,造成增益压缩。不同级次谐波失真系数如表3.1所列。

表 3.1 输出谐波失真

组成成分	频率	幅度
直流	0	$1 + \frac{a_2 V_0^2}{2}$
基波	ω	$a_1 V_0 + \frac{3a_3 V_0^3}{4}$
二次谐波	2ω	$-\frac{a_2 V_0^2}{2}$
三次谐波	3ω	$-\frac{a_3 V_0^3}{4}$

3.1.3.2 双音检测和交调失真

当系统输入为单频信号时,利用传递函数的泰勒级数展开能够很好地分析系统的谐波失真特性。双音信号检测法是一种更常用的非线性分析方法,即采用两个频率较为接近且幅度相等的正弦信号 $V_i(t) = V_0(\sin(\omega_1 t) + \sin(\omega_2 t))$ 作为系统输入,则式(3.15)可进一步表示为

$$h(V_i) = 1 + a_2 V_0^2 + \left(a_1 V_0 + \frac{9}{4}a_3 V_0^3\right)[\sin(\omega_1 t) + \sin(\omega_2 t)] -$$

$$\frac{1}{2}a_2 V_0^2[\cos(2\omega_1 t) + \cos(2\omega_2 t)] -$$

$$\frac{1}{4}a_3V_0^3(\sin(3\omega_1 t)+\sin(3\omega_2 t))+$$

$$a_2V_0^2[\cos(\omega_2-\omega_1)t-\cos(\omega_2+\omega_1)t]-$$

$$\frac{3}{4}a_3V_0^3[\sin(2\omega_2+\omega_1)t+\sin(2\omega_1+\omega_2)t-\sin(2\omega_2-\omega_1)t-(2\omega_1-\omega_2)t]$$

(3.16)

由式(3.16)可知,当输入信号为双音信号时,输出信号中不但包含谐波失真,还存在交调失真产物。其中角频率为 $\omega_2-\omega_1$ 及 $\omega_2+\omega_1$ 的为二阶交调失真,角频率为 $2\omega_2-\omega_1$、$2\omega_1-\omega_2$、$2\omega_2+\omega_1$、$2\omega_1+\omega_2$ 的为三阶交调失真产物。信号的谐波失真及交调失真成分系数如表3.2所列。

表3.2 双音信号检测的失真产物

组成成分	频率	幅度
直流	0	$1+a_2V_0^2$
基波	ω_1,ω_2	$a_1V_0+\dfrac{9a_3V_0^3}{4}$
二次谐波	$2\omega_1,2\omega_2$	$-\dfrac{a_2V_0^2}{2}$
三次谐波	$3\omega_1,3\omega_2$	$-\dfrac{a_3V_0^3}{4}$
二阶交调	$\omega_2-\omega_1,\omega_2+\omega_1$	$a_2V_0^2$
三阶交调	$2\omega_2-\omega_1,2\omega_2+\omega_1$ $2\omega_1-\omega_2,2\omega_1+\omega_2$	$\pm\dfrac{3a_3V_0^3}{4}$

由表3.2可以看出,当微波光子混合链路中输入多信号时,会因为非线性效应产生交调信号,其中,三阶交调信号的强弱是衡量链路性能的重要参数,通常表征为三阶截交点 IP3。当链路中同时输入两个相同幅度、频率相近的信号时,式(3.3)变为

$$E_{\text{MOD}}(t)=\sqrt{\frac{L_{\text{M-lin}}}{2}}E_0\{\cos[\omega_0 t+\eta\cos(\omega_1 t)+\eta\cos(\omega_2 t)+\phi_B]+$$

$$\cos[\omega_0 t+\eta\cos(\omega_1 t+\theta)+\eta\cos(\omega_2 t+\theta)]\}$$

(3.17)

式中:ω_1 和 ω_2 是两个微波信号的角频率,因为它们的幅度相同,因此有调制系数 $\eta_1=\eta_2=\eta$。

将式(3.17)化简并提取出基频分量与三阶交调分量,得到

基频分量光功率:

$$P_{\text{fund}} = 16L_{\text{M-lin}}P_{\text{opt}}J_0^2(\eta)J_1^2(\eta)\sin^2\left(\frac{\phi_B}{2}\right) \quad (3.18)$$

三阶交调光功率：

$$P_{3\text{-int}} = 16L_{\text{M-lin}}P_{\text{opt}}J_0^2(\eta)J_2^2(\eta)\sin^2\left(\frac{\phi_B}{2}\right) \quad (3.19)$$

根据三阶截交点的定义，当三阶交调的强度与基频分量强度相等时，输入输出信号功率分别为输入 IP3 和输出 IP3。因此，设三阶截交点时的调制系数为 η_{IP3}，根据式(3.18)和式(3.19)，得到如下关系：

$$J_1(\eta_{\text{IP3}}) = J_2(\eta_{\text{IP3}}) \quad (3.20)$$

根据第一类贝塞尔函数的展开式，并对高阶项做一定的忽略，可以得到

$$P_{\text{in-IP3}} = \frac{4V_\pi^2}{3\pi^2 R_{\text{MZM}}} \quad (3.21)$$

从式(3.21)的结果可以看出，光链路的输入 IP3 只与调制器本身的特性相关。对于输出 IP3，由于实际中的增益饱和效应，输出 IP3 是无法直接测量得到的。然而，从式(3.6)给出的纯光链路增益表达式来看，如果使其始终为恒定的小信号增益值，则可以很方便地得到输出 IP3 的理论结果为

$$P_{\text{out-IP3}} = P_{\text{in-IP3}} \cdot G_{\text{opt}} = \frac{64L_{\text{M-lin}}^2 r_d^2 P_{\text{opt}}^2 \cos^2\left(\frac{\phi_B}{2}\right)\sin^2\left(\frac{\phi_B}{2}\right)R_{\text{LOAD}}}{3} \quad (3.22)$$

可以看出，光链路输出 IP3 的大小反而与调制器的动态半波电压和阻抗没有关系，只与静态工作点有关。基于上述数学模型，根据上面给出的典型器件参数得到纯光链路的输出 IP3 曲线，如图 3.4 所示。

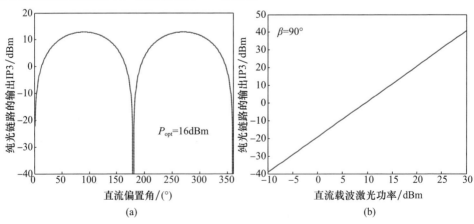

图 3.4 纯光链路的输出 IP3 曲线

从图 3.4 的结果可以看出,纯光链路的输出 IP3 主要受链路中 MZM 的直流偏置角和直流载波激光功率的影响:与增益 G 的规律类似,在 $\phi_B = 90°$ 或 $\phi_B = 270°$ 时,纯光链路具有最高的输出 IP3(图 3.4(a));在不考虑光电探测器饱和的条件下,输出 IP3 随链路中直流载波激光的功率增长呈线性增长趋势(图 3.4(b))。

3.1.4 无杂散动态范围

微波光子链路的无杂散动态范围(SFDR)是与噪声及非线性特性密切相关的特性参数,是衡量微波光子链路性能的重要指标。SFDRn 是指当基频信号输出功率大于噪声输出功率谱密度、n 阶交调失真信号的输出功率小于噪声输出功率谱密度的输入功率范围,以及相应的输出功率范围,如图 3.5 所示。

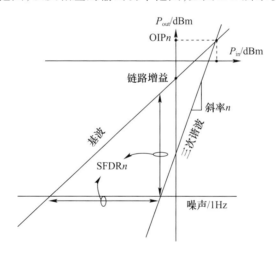

图 3.5 无杂散动态范围

由无杂散动态范围的定义可知,噪声基底越小、交调失真功率越小,则无杂散动态范围值越大。根据前面小节所讨论的 NF 及截断点,同时结合 SFDRn 的定义,SFDRn 可表示为

$$\text{SFDR}n = \frac{n-1}{n}(\text{OIP}n - \text{NF} - G + 174) \tag{3.23}$$

式中:OIPn 为 n 阶输出截交点,由于无杂散动态范围与截交点、NF 及增益等密切相关,因此所有影响截交点、NF 及增益的因素均会对 SFDRn 造成影响。探测器响应度、探测光功率、调制器的偏置点、输出噪声功率等因素共同作用,限制模拟光链路的 SFDRn。在散粒噪声受限下,可通过改善探测器响应度及增加注入光功率的

方式提高 SFDRn。另外,SFDRn 是受噪声带宽影响的参数,当噪声带宽提高时,SFDRn 也会随之降低。当等效噪声带宽分别为 BHz 和 1Hz 时,SFDRn 之间的转化关系为

$$\mathrm{SFDR}(B\mathrm{Hz}) = \mathrm{SFDR}(1\mathrm{Hz}) - \frac{n-1}{n}10\lg(B) \tag{3.24}$$

通常在单倍频程模拟光链路中,三阶交调失真(IMD3)是主要的非线性失真受限因素,因此一般所指的无杂散动态范围就是 SFDR$_3$。但在宽带多倍频程模拟光链路中,非线性特性更为复杂,需关注其他量级的无杂散动态范围,如二阶无杂散动态范围等。

微波光子链路的信号调制类型包括直接调制和外部调制。信号调制方式分为强度调制、相位调制、偏振调制等多种,调制方式的不同会直接影响信号在光纤链路中传输特性、探测方法的选择以及恢复信号的性能。下面针对不同信号调制类型的微波光子链路分别展开讨论。

3.2 微波到光波的强度调制与解调

强度调制可以分为直接调制和外部调制两种类型。其中,直接调制模拟光链路是将射频信号作为调制电流直接注入激光器中,使激光器的输出功率产生相应波动;而外部调制技术采用独立的电光强度调制器实现电光转换。与直接调制微波光子链路比较,外部调制的微波光子链路成本相对较高,但能够适用于对性能要求较高的系统中。

3.2.1 直接(强度)调制技术

直接调制微波光子链路具有结构简单、成本较低、容易实现等优点,因此在光纤通信中比较常用。近年来,直调微波光子链路的带宽得以拓展并已产品化。但是由于激光器调制带宽相对受限,因此直接调制的微波光子链路不适合高频载波的传输。

直接调制是通过直调激光器直接将射频信号调制到光载波上,属于最简单的调制方式。对光源直接调制通常是通过改变激光器的驱动电流,以驱动电流的变化来改变输出光波的强度,实现光强度调制,从而将射频信息直接加载到光波上。在接收端,利用平方律探测实现信号的解调。直接调制是通过改变激光器注入电流的大小来调制光强的一种强度调制方式,此过程又称为内调制[6],通信领域中常用的激光器为垂直腔面发射激光器、法布里 – 珀罗(Fabry – Perot,FP)激光器、

分布反馈激光器和分布布拉格反射激光器,常用的波长范围是850nm、1310nm 和 1550nm 波段。

3.2.1.1 直接调制技术的基本原理

直调微波光子链路基本结构及激光器直接调制原理如图 3.6 所示。

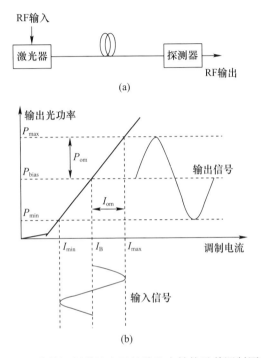

图 3.6 直接调制微波光子链路基本结构及其调制原理

在图 3.6(a)中,射频信号作为驱动电流的一部分直接注入激光器以改变输出光功率,经光纤传输后再由光电探测器恢复为射频信号输出。注入激光器的电流包括直流偏置电流和射频信号电流两种,从图 3.6(b)知,在激光器的线性区,调制电流与输出光功率成正比。因此,如果将直流偏置点设定在线性工作区中部,直调微波光子链路就能够将适当幅度的正弦信号无失真地调制到光上。

直接调制光子链路的性能与激光器转换效率、光纤损耗、探测器转换效率、激光器和探测器阻抗,以及链路负载相关[7-8]。直接调制微波光子链路的小信号模型如图 3.7 所示。

1) 链路增益

设输入到阻抗匹配网络的射频功率为 P_{rf-in},则耦合到半导体激光器的射频功率为

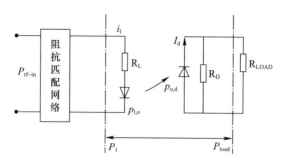

图 3.7　直接调制微波光子链路的小信号模型

$$P_1 = \left(1 - \left(\frac{R_0 - R_L}{R_0 + R_L}\right)^2\right) P_{\text{rf-in}} = \frac{4R_0 R_L}{(R_0 + R_L)^2} P_{\text{rf-in}} \quad (3.25)$$

式中：R_0 为匹配网络的本征阻抗；R_L 为半导体激光器的阻抗。

通过半导体激光器的电流为 i_1，则 $i_1 = \sqrt{P_1/R_L}$，所以激光器的发光功率为

$$p_{l,o} = s_d i_1 = s_d \sqrt{\frac{4R_0}{(R_0 + R_L)^2} P_{\text{rf-in}}} \quad (3.26)$$

激光器发射的光信号耦合到光纤中，通过光纤传输到光电探测器上后，转换为光电流。若定义光信号通过光纤传输后，剩余的光功率与传输前光功率的比值为光纤的透过率 α_o，那么，光电探测器输出的光电流为

$$I_d = r_d \alpha_o p_{l,o} \quad (3.27)$$

光电流经过光电探测器的电阻 R_D 和负载电阻 R_{LOAD} 后，得到输出的射频信号功率为

$$P_{\text{load}} = \left(I_d \frac{R_D R_{\text{LOAD}}}{R_D + R_{\text{LOAD}}}\right)^2 / R_{\text{LOAD}} = \frac{I_d^2 R_D^2 R_{\text{LOAD}}}{(R_D + R_{\text{LOAD}})^2} \quad (3.28)$$

根据链路增益，可以得到直接调制微波光子链路的固有增益表达式为

$$G = \alpha_o^2 s_d^2 r_d^2 \frac{4R_0}{(R_0 + R_L)^2} \frac{R_D^2 R_L}{(R_D + R_L)^2} \quad (3.29)$$

式中：s_d 为激光器的转换效率；r_d 为探测器响应度，单位为 A/W。

2) 噪声系数

根据式(3.13)给出的噪声系数公式，当本征阻抗 $R_0 = 50\Omega$，激光二极管的阻抗为 $R_L = 5\Omega$，光电探测器的电阻 $R_D = 1000\Omega$，负载阻抗 $R_{\text{LOAD}} = 50\Omega$，探测器的效率 $r_d = 0.8$ A/W，光纤的损耗 $\alpha_o = 1$，负载阻抗 $R_{\text{LOAD}} = 50\Omega$ 时，若激光器的转换效率 $s_d = 0.2$ W/A，则在光电流不同的情况下，噪声系数与相对强度噪声的关系如图 3.8 所示。由图可见，随着相对强度噪声的增加，链路的噪声系数增大，并且随着光电流的增大，链路的噪声系数明显升高，这是因为光电流的增加，提高了链路的相对

强度噪声和散粒噪声。

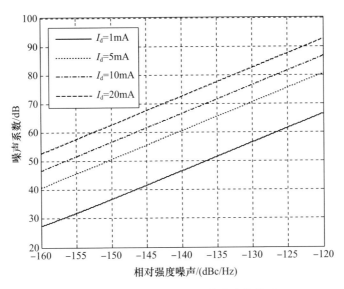

图 3.8　噪声系数与相对强度噪声的关系

若光电流 $I_d = 2\text{mA}$，则在相对强度噪声不同的情况下，噪声系数与激光器转换效率的关系如图 3.9 所示，可见随着激光器转换效率的提高，链路的噪声系数降低。以 RIN = −150dBc/Hz 为例，当激光器的转换效率 $s_d = 0.2\text{W/A}$ 时，链路的噪

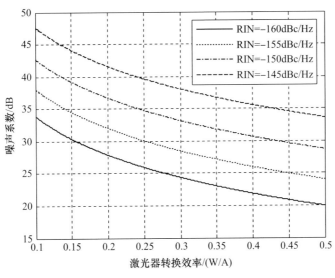

图 3.9　噪声系数与激光器转换效率的关系

声系数为36dB,当 $s_d = 0.4\text{W/A}$ 时,链路的噪声系数降为30dB。这意味着激光器的转换效率提高3dB时,链路的噪声系数将下降6dB。

当激光器的转换效率为 $s_d = 0.2\text{W/A}$, $\text{RIN} = -150\text{dBc/Hz}$ 时,在不同光电流下,链路的噪声系数与光纤损耗的关系如图3.10所示。由前面对光纤透过率 α_o 的定义可知, α_o 越小,光纤的损耗越大。可见随着光纤损耗的增加,噪声系数增大。

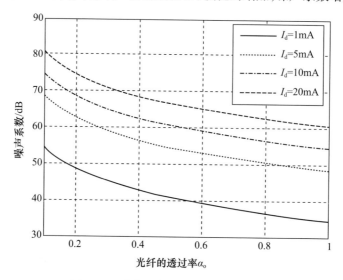

图3.10 噪声系数与光纤透过率的关系

3）调制带宽

由于器件弛豫振荡和电学寄生参数的影响,直调激光器的调制带宽会受到制约。另外,激光器在受到直接强度调制时,在每一个调制周期中,激光器的模式频率都会产生周期性移动,通常把这种频移现象称为频率啁啾[9]。典型直调激光器的频率响应曲线与图2.4类似,其低频处的响应比较平坦,但在对应的弛豫振荡频率处表现为峰值。当调制频率大于峰值功率所对应的频率后,响应曲线会骤然下降,无法正常工作。可以通过增加峰值功率所对应的频率来拓展调制带宽,具体技术包括通过激光器低温工作、量子阱结构等方式来增加光增益系数,或通过缩短光子寿命等方式来实现频率拓展。

3.2.1.2 直调链路的非线性抑制方法

前面分析直调链路的过程中均假设了激光器和探测器均为线性器件。实际上激光器在光纤耦合反射、载流子与光子转换等过程中均存在非线性因素,光电探测器受材料和结构特性的限制,随输入光功率增大也会有非线性效应。这些非线性因素会造成系统谐波失真,影响系统在宽带下的正常工作,因此有必要讨论直调链路的非线性抑制方法。

1) 基于前馈的直调微波光子链路

基于前馈的预失真补偿技术原理如图 3.11 所示[10-11]。系统由信号消除环路(误差产生环路)与误差消除环路两个环路构成。首先,LD1 输出光波被射频信号所调制,并分为两部分。其中一部分调制信号经过 PD 解调并与原电信号进行相减,误差产生环路输出相应的误差分量。误差信号经衰减与延时后,LD2 输出激光波长。另外,由于误差消除环路中的 LD2 是被较低功率的失真信号直接调制的,可近似为线性无失真调制。最终两路相位相反的信号经光耦合器耦合至接收端,实现了非线性失真分量的相互抵消。通过前馈的技术途径实现了非线性失真的预补偿。采用该方法在 5.2GHz 工作频率处能够实现 26dB 的交调失真抑制,无杂散动态范围能够达到 107dB(1Hz)[11]。

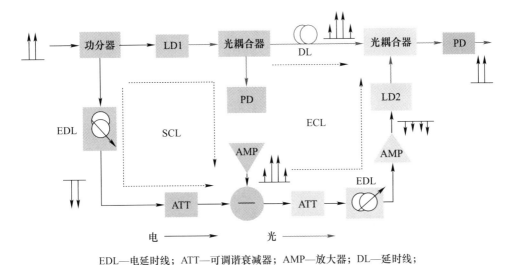

EDL—电延时线；ATT—可调谐衰减器；AMP—放大器；DL—延时线；
SCL—信号消除环路；ECL—误差消除环路。

图 3.11 基于前馈的预失真补偿技术原理框图

前馈补偿方法的主要优点是对链路不会产生显著的衰减效应,而且失真信号产生电路稳定可靠。其缺点是需要对放大器、延时器等进行严格控制,确保得到的失真信号能够完全抵消链路的非线性失真。

2) 基于失真抵消的直调微波光子链路

对宽带直接调制链路,动态范围往往受限于二阶交调项,通过一种推挽式光纤链路可以提高系统的线性化程度。图 3.12 所示为基于失真抵消的大动态直调微波光子链路结构示意图[12],该方法的基本原理为通过适当控制使上下两路调制光信号中的谐波失真成分相互抵消,从而达到谐波失真抑制,进而实现宽带多倍频程范围内的动态范围扩展。其中 180°耦合器为两直调激光器 LD1 和 LD2 提供相差

180°的射频信号,因此两激光器以推挽形式工作。

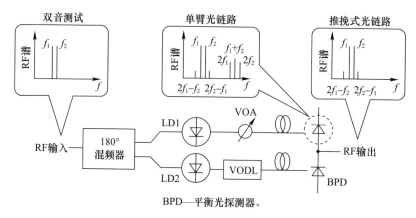

图 3.12　基于失真抵消的高动态直调微波光子链路结构示意图

通过调谐可调光衰减器(VOA)和可调光延迟线(VODL),能够保证两路解调信号中二次谐波及二次交调信号幅度及相位相等,最终经过平衡检测能够实现二次失真成分的相互抵消与宽带多倍频程范围内的动态范围扩展。使用该技术可以将二阶交调的动态范围提高 10dB 以上,不过对上下两路调制光信号的幅度和相位的调控精细度要求较高。

3.2.2　外部(强度)调制技术

与直接调制微波光子链路相比,基于外部调制的微波光子链路能够提高获得更高的工作带宽以及更优的链路性能,因此适用于对性能要求较高的系统中。近年来,这种微波光子链路的应用范围日益广泛,产品日趋成熟,其典型的基本结构如图 3.13 所示。激光器输出的光波在外部强度调制器中被注入的射频信号调制,调制光信号经光纤链路传输后到达光探测器,完成信号的平方律解调。

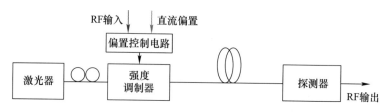

图 3.13　强度调制微波光子链路的基本结构

3.2.2.1　外调制技术的基本原理

本小节以基于 MZM 强度调制及直接检测的微波光子链路为例对链路特性参

数进行分析。当输入幅度及角频率分别为 V_0 和 ω，射频信号为 $V_i(t) = V_0\cos(\omega t)$ 时，链路的传递函数可以表示为

$$I(t) = \frac{r_d P_{opt} \alpha_{MZM}}{2}\left[1 + \cos\left(\varphi + \frac{\pi V_i(t)}{V_\pi}\right)\right] \tag{3.30}$$

式中：P_{opt} 为光载波的光功率；α_{MZM} 为调制器的损耗。

1）增益

根据链路增益的定义，且假设输入输出阻抗均等于 R_{LOAD}，可以得到增益的表达式为

$$G = \left(\frac{r_d P_{opt} \alpha_{MZM} \sin\varphi}{2V_\pi}\right)^2 R_{LOAD}^2 \tag{3.31}$$

由式(3.31)可见，链路的增益是光功率 P_{opt}、探测器响应度、调制器半波电压、调制器偏置点的函数。链路增益随输入光功率变化的关系如图3.14所示，可见在不考虑链路功率饱和的情况下，理论上可通过不断提升注入光功率来改善链路增益。但在实际的链路设计中，由于非线性失真的存在，当注入光功率达到一定程度后，不能继续通过提升注入光功率来改善增益，另外还需考虑各个器件的耐受光功率的限制。

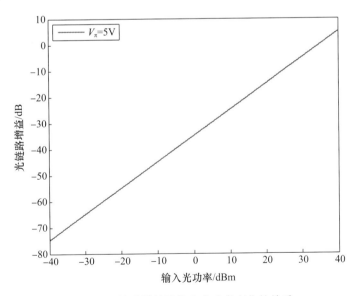

图 3.14 链路增益随输入光功率变化的关系

微波光子链路增益随偏置角度的变化关系如图3.15所示，由图可见，在正交

偏置点(90°或270°)处链路的增益达到最大,当偏置点偏离正交偏置点时,链路增益逐渐降低。因此,通常情况下将链路的偏置点设在正交偏置点处。

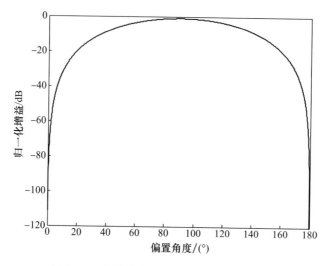

图 3.15 光链路增益随偏置角度的变化关系

2）噪声系数

将式(3.31)中强度调制链路的增益代入噪声系数基本公式中,可将噪声系数进一步表示为

$$\mathrm{NF} = 10\log\left[1 + \frac{k_B T_0 B + \mathrm{RIN}\langle I_{DC}\rangle^2 R_{LOAD} + 2q\langle I_{DC}\rangle R_{LOAD}}{k_B T_0 B \left(\dfrac{r_d P_{opt} \alpha_{MZM} \sin\varphi}{2V_\pi}\right)^2 R_{LOAD}^2}\right] \tag{3.32}$$

由式(3.32)可见,强度调制模拟光链路的噪声系数是注入光功率(与式(3.32)中探测电流 I_{DC} 呈正比关系)、调制器半波电压、调制器偏置点、探测器响应度等的函数。图 3.16 和图 3.17 所示为强度调制模拟光链路噪声系数随输入光功率及调制器半波电压的变化曲线。由图可见,可通过采用低半波电压的调制器或在保证输入探测器的光功率可容忍的前提下适当增加光功率的方式在一定程度上改善 NF。

3）无杂散动态范围

根据无杂散动态范围的定义可知,强度调制微波光子链路的无杂散动态范围为

$$\mathrm{SFDR3} = \frac{2}{3}(\mathrm{OIP3} - \mathrm{NF} - G + 174) \tag{3.33}$$

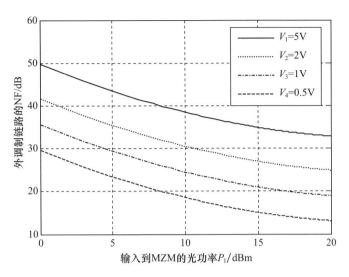

图 3.16　NF 随输入光功率的变化曲线

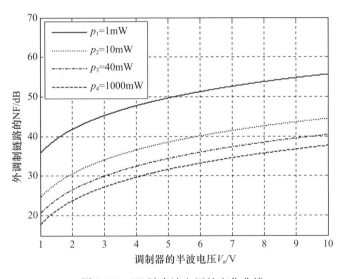

图 3.17　NF 随半波电压的变化曲线

由式(3.33)可知,强度调制微波光子链路的无杂散动态范围是 NF 的函数,因此任何影响 NF 的参量,如注入光功率、噪声功率、偏置点等均会对无杂散动态范围造成影响。图 3.18 所示为不同 RIN 情况下,链路无杂散动态范围随偏置角度的变化关系。可以看出,当工作点为正交偏置点时,SFDR3 达到最理想状态。另外,对 RIN 的抑制可在一定程度上改善 SFDR 特性。

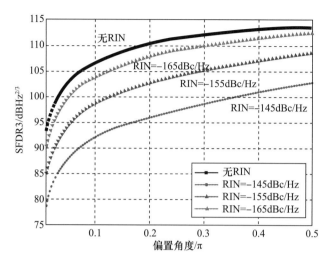

图 3.18　无杂散动态范围随偏置角度的变化关系(见彩图)

3.2.2.2　外调制链路的非线性抑制方法

近年来,强度调制微波光子链路的应用场景越来越多,因此对其动态性能的要求也日趋苛刻。针对强度调制微波光子链路性能提升的主要技术手段包括低偏置、复杂调制器结构、前向反馈、预失真电路、后向数字信号处理等。采用不同的技术手段在获得链路性能提升的同时,也存在不同的链路代价,具体的实现方法及其优缺点比较如下。

1) 基于低偏置的大动态微波光子链路

图 3.19 所示为低偏置技术的原理框图,其核心是对调制器偏置电压的控制。

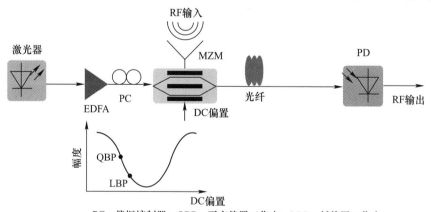

PC—偏振控制器;QBP—正交偏置工作点;LBP—低偏置工作点。

图 3.19　基于低偏置动态范围提升技术的原理框图

通过数值模型构建分析可获知系统 NF 与偏置点之间的数值关系如图 3.20 所示。当偏置角位于 90°～180°的最初阶段,噪声比增益下降得更快,因此随着偏置点的降低,NF 得到改善。但是,当偏置点位于 180°附近的区域时,随着偏置角度的增加,增益比噪声下降的速度快,相应的 NF 恶化。因此,存在某一个最佳偏置角度,使链路中的 NF 最低。通过提升注入光功率,可使低偏置造成的增益损失得到补偿。因此,在保证到达探测器的光功率相等的前提下,与工作在正交偏置点的系统相比,采用低偏置的工作点可降低系统的输出噪声功率,改善系统的 NF。

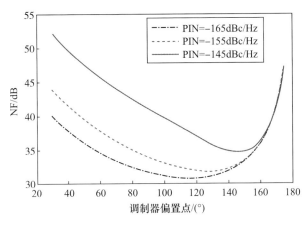

图 3.20　调制器偏置点对 NF 的影响

对于典型的 MZM,三阶交调点是调制器半波电压的函数,而直流偏置点的移动对基波和奇次谐波项的影响是一样的,因此三阶交调项与调制器的偏置角度无关。根据以上分析,SFDR 随着 NF 的降低而改善,因此采用低偏置技术可提升模拟光链路系统的 SFDR。低偏置技术的优势在于物理上无须引入额外的器件,结构简单。但低偏置点的选择会加剧二阶谐波失真,从而使该方法不适用于宽带信号的大动态接收。

2) 基于双并行强度调制器的大动态微波光子链路

在基于双并行强度调制器微波光子链路中,交调失真的抑制是通过构造等量的失真分量并使其相互抵消而实现的[13],原理框图如图 3.21 所示。通过调节上下两路的光功率分配比以及加载的射频信号的功率分配比,使得上下两臂的三阶失真分量幅值相等,同时保证基频信号分量的幅值相差较大。调节上下两调制器的偏置点并适当控制微波移相器,保证两路信号之间的相位关系。在接收部分采用平衡探测器实现差分检测,理论上可完全抑制调制输出的三阶交调失真。此外,该方案亦可引入低偏置的技术优势,进一步抑制 NF。该方案的优点在于既可抑制系统中的三阶交调失真分量,又可利用低偏置法降低输出噪声功率,从而最大限度地提高模拟光链路的动态范围。这种方法的限制在于两路光纤链路的相位差受外界环境的影响比较严重,且上下两路的光功率比和射频信号功率比均需要严格控制。

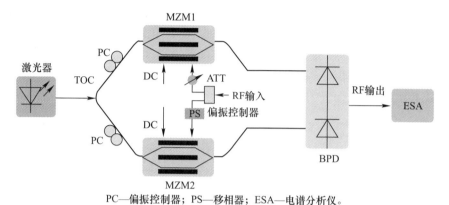

PC—偏振控制器；PS—移相器；ESA—电谱分析仪。

图 3.21　基于并行 MZM 的失真抑制技术

3）基于预失真补偿的强度调制微波光子链路

通过数学模型的建立可准确地获知模拟光链路的非线性传递函数模型。预失真补偿技术是在已知系统的非线性传递函数模型基础上,通过预失真电路设计构造出与原非线性传递曲线呈反函数关系的传递函数。将失真产生电路放置在非线性调制模块之前,形成级联的调制模型,则级联的系统具有近似线性的传递曲线。采用预失真非线性补偿技术的模拟光链路结构框图如图 3.22 所示。利用预失真电路为输入电信号引入额外的失真分量,此失真分量可与调制器固有非线性所引入的失真分量相互抵消,最终系统输出近似无失真。预失真技术已在多种调制模型的模拟光链路中实现了应用,包括直调[14]、MZM[15]以及电吸收调制[16-17]等。

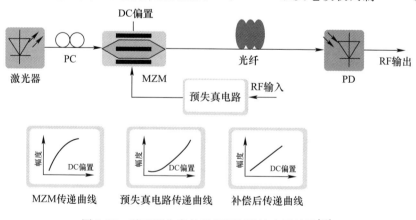

图 3.22　基于预失真的强度调制微波光子链路[18]

采用预失真技术改善了模拟光链路的线性特性,实现了信号的近似无失真调制与探测,并且技术无须特殊的结构设计,结构简单。只是预失真技术通常利用串联反接二极管对产生特定曲线,与调制器特性曲线达到互补的效果。受电学器件的限制,该方法工作带宽较窄,而且对失真的抑制还依赖调制器的工作点选择,必须保证对工作点的稳定控制。

3.3 微波到光波的相位调制与解调

基于相位调制的微波光子链路是近年来的研究热点,由于不需直流偏置来控制调制器的传递函数,因此避免了外围偏压控制电路的使用,从而带来系统结构的简化,而且也避免了偏置点漂移所带来的弊端。理论上,采用相位调制器能够实现线性的信号调制,信号调制深度不受限制,但信号的接收通常采用零差或外差相干信号解调方法,与直接信号检测相比,接收复杂度提高[19]。典型的相位调制微波光子链路如图 3.23 所示。

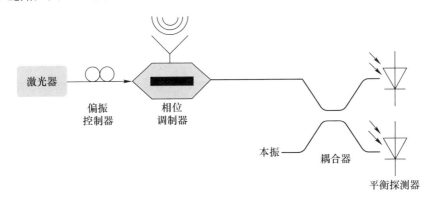

图 3.23 相位调制微波光子链路基本结构示意图

3.3.1 相位调制原理

电光相位调制器结构示意图如图 3.24 所示,信号的相位调制是基于铌酸锂等晶体材料的电光效应。铌酸锂晶体的有效折射率变化量 $\delta_n(E)$ 随电场 E 变化函数可以表示为

$$\delta_n(E) = -\frac{1}{2}\gamma n^3 E \tag{3.34}$$

式中:n 为介质的有效折射率;γ 为电光系数。

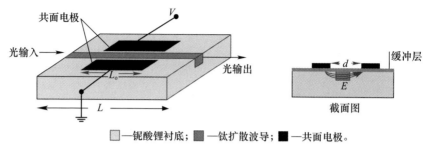

图 3.24 铌酸锂电光相位调制器结构示意图

输入信号通过电极加载到相位调制器,从而引起了铌酸锂晶体有效折射率随时间变化,当光波通过相位调制器的波导传输时,会引起光波的相位变化:

$$\Phi = \Phi_\mathrm{o} + \Phi_\mathrm{E} = \frac{2\pi n L}{\lambda_0} + \frac{2\pi \delta_n(E) L_\mathrm{o}}{\lambda_0} \tag{3.35}$$

式中:L 为电光相位调制器的长度;L_o 为电场 E 作用于铌酸锂晶体的长度;λ_0 为输入光波波长;Φ_o 为由相位调制器长度 L 引入的相移;Φ_E 为在电光作用下长度 L_o 内由于介质折射率变化而引入的额外相移量。

将式(3.34)代入式(3.35)中,则相位变化可以表示为

$$\Phi = \Phi_\mathrm{o} - \frac{\pi r n^3 E L_\mathrm{o}}{\lambda_0} \tag{3.36}$$

当输入幅度和角频率分别为 V_0 和 ω 的待调制信号 $V_\mathrm{i}(t) = V_0 \cos(\omega t)$ 时,式(3.36)可以表示为

$$\Phi = \Phi_\mathrm{o} + \frac{\pi V_\mathrm{i}(t)}{V_\pi} \tag{3.37}$$

式中:$V_\pi = \frac{d}{L_\mathrm{o}} \frac{\lambda_0}{r n^3}$ 为相位调制器的半波电压,即当 $V_\mathrm{i}(t) = V_\pi$ 时,介质折射率变化所引入的相移量为 π。

若输入场强和角频率分别为 E_0 和 ω_0 光信号:

$$E_\mathrm{in}(t) = E_0 \cos(\omega_0 t) \tag{3.38}$$

则该光信号经相位调制器进行信号调制后,输出的光信号的电场可以表示为

$$\begin{aligned} E_0(t) &= E_0 \cos\left(\omega_0 t + \frac{\pi V_0 \cos(\omega t)}{V_\pi}\right) \\ &= E_0 \sum_{m=-\infty}^{+\infty} \mathrm{J}_m(\eta) \cos\left[(\omega_0 + m\omega)t + \frac{\pi}{2}m\right] \end{aligned} \tag{3.39}$$

式中:$J_m(\cdot)$为 m 阶第一类贝塞尔函数;$\eta = \pi V_0/V_\pi$ 为调制系数。

式(3.39)即为典型的相位调制的表达式,由该式可见,输入射频信号通过改变波导折射率从而调制光波的相位,最终将电信息映射到光上,理论上有无穷多个边带组成,调制信号的光谱线结构如图 3.25 所示,分别代表边带的相位角。为了简化表达,式(3.39)中省略了相位调制器固有相移 Φ_0。

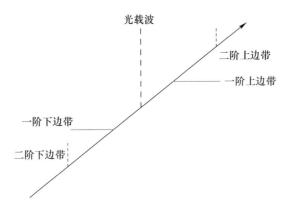

图 3.25 相位调制光谱线结构

理论上,信号调制深度不受相位调制器半波电压限制,因此与强度调制相比能够在一定程度上降低调制非线性失真。

3.3.2 相位调制信号解调

由图 3.25 所示的调制信号光谱可知,信号的一阶上边带和一阶下边带相位恰好相反,若在接收端采用直接探测的信号检测方法,则理论上基频信号信息完全丢失,因此无法通过直接探测进行信号的解调。相位调制信号的解调方法包括 3 类。①光谱滤波法:通过滤除上或下边带,可避免上下边带同时与光载波作用,然后可采用平方律探测完成信号的解调。②干涉仪信号检测法:通过采用马赫曾德尔干涉仪能够改变调制信号的光谱结构,通过平衡探测即可实现信号的解调。③相干接收法:针对微波光子链路中需要保留频率及相位信息的信号,可以采用相干解调的信号检测方式。与强度调制 - 直接探测(IMDD)链路相比,相位调制 - 相干接收链路能够提供更高的灵敏度。

3.3.2.1 基于光谱滤波的相位调制信号解调

光谱滤波法是在光域引入光纤布拉格光栅等光滤波器件,从而改变相位调制信号的光谱结构,实现某个边带(一阶上边带或一阶下边带)的抑制,如图 3.26 所示。

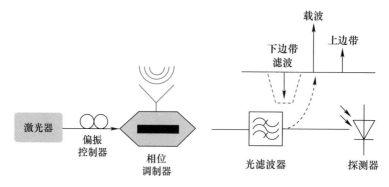

图 3.26　基于光谱滤波的相位调制信号解调

当只考虑光载波及其一阶上下边带时,相位调制信号的电场可以表示为

$$E_0(t) = E_0 J_0(\eta)\cos(\omega_0 t) - \\ E_0 J_1(\eta)\sin[(\omega_0+\omega)t] - E_0 J_1(\eta)\sin[(\omega_0-\omega)t] \quad (3.40)$$

滤波后调制信号的电场可以表示为

$$E_0(t) = E_0 J_0(\eta)\cos(\omega_0 t) - E_0 J_1(\eta)\sin[(\omega_0-\omega)t] \quad (3.41)$$

经滤波处理后的光信号注入探测器中,实现平方律信号探测,则最终探测获得的基频信号可以表示为

$$I_1(t) = E_0^2 J_0(\eta) J_1(\eta)\sin(\omega t) \quad (3.42)$$

3.3.2.2　基于马赫-曾德尔干涉仪(MZI)的信号解调

图 3.27 所示为基于 MZI 的相位解调结构示意图[20],相位调制信号 $E_0(t)$ 输入至 MZI 一个输入端,经过其中一臂延时为 τ 的 MZI 传输后,MZI 输出的光波电场可以表示为

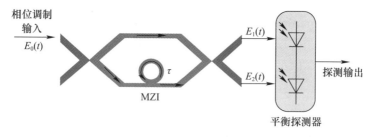

图 3.27　基于 MZI 的相位解调结构示意图

$$\begin{bmatrix} E_1(t) \\ E_2(t) \end{bmatrix} = \frac{\sqrt{\alpha_{\mathrm{PM}}}}{2} \begin{bmatrix} 1 & \mathrm{i} \\ \mathrm{i} & 1 \end{bmatrix} \cdot \begin{bmatrix} \ell(\tau) & 0 \\ 0 & 1 \end{bmatrix} \cdot \begin{bmatrix} 1 & \mathrm{i} \\ \mathrm{i} & 1 \end{bmatrix} \cdot \begin{bmatrix} E_0(t) \\ 0 \end{bmatrix} \qquad (3.43)$$

式中:α_{PM} 为相位调制器的插入损耗;$E_0(t) = E_0 \cos\left(\omega_0 t + \frac{\pi}{V_\pi} V_\mathrm{i}(t)\right)$,$V_\mathrm{i}(t)$ 为输入射频信号;$\ell(\tau)$ 为信号延迟量的函数。

将式(3.43)进行整理并对探测光电流 $I_{1,2}(t)$ 进行计算得到

$$I_{1,2}(t) = I_{\mathrm{DC}}[1 \mp \sin(\Delta\varphi)] \qquad (3.44)$$

式中:直流电流 $I_{\mathrm{DC}} = r_\mathrm{d} \alpha_{\mathrm{PM}} E_0^2 / 2$;$\Delta\varphi = \pi[V_\mathrm{i}(t-\tau) - V_\mathrm{i}(t)]/V_\pi$。

最终,差分检测输出的信号可以表示为

$$\begin{aligned} I_1(t) - I_2(t) &= 2I_{\mathrm{DC}} \sin(\Delta\varphi) \\ &= 2I_{\mathrm{DC}} \sin\{\pi[V_\mathrm{i}(t-\tau) - V_\mathrm{i}(t)]/V_\pi\} \end{aligned} \qquad (3.45)$$

由式(3.45)可知,当满足小信号近似条件时,等效为线性输出,由于探测输出的信号为正弦型的,通常情况下存在非线性失真。

尽管采用相位调制器能够实现线性化的信号宽带调制,但由于 MZI 具有与自身延时相关的周期滤波特性,因此会导致相位调制微波光子链路工作带宽受限。不同延时的 MZI 归一化频率响应如图 3.28 所示,由图可见,在工作频段内,由于 MZI 自身特性导致微波光子链路的频率响应随频率做周期性的起落,因此在链路设计过程中,应注意 MZI 延时对微波光子链路各类特性的影响。

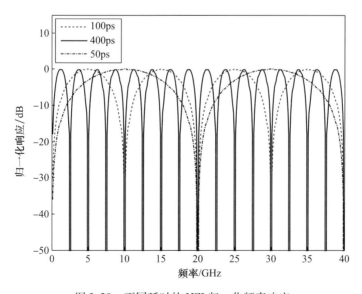

图 3.28 不同延时的 MZI 归一化频率响应

3.3.2.3　基于2×2 3dB耦合器的相干解调

与基于MZI的相位解调方法相比,基于光耦合器的相干相位解调区别在于需要为其提供额外的本振信号才能够完成信号的解调。由于光耦合器的传递函数不受射频信号频率的影响,因此系统的增益在宽带范围内保持平坦,避免了MZI两臂延迟差带来的系统梳状谱响应问题。

具体的实现过程图3.29所示。相位调制信号和本振信号分别注入2×2的3dB光耦合器的两输入端口,则经过耦合器传输后两输出端口获得的光信号场可由如下表达式表示:

$$\begin{bmatrix} E_1(t) \\ E_2(t) \end{bmatrix} = \frac{\sqrt{\alpha_{PM}}}{2} \cdot \begin{bmatrix} 1 & i \\ i & 1 \end{bmatrix} \cdot \begin{bmatrix} E_0(t) \\ E_{LO}(t) \end{bmatrix} \quad (3.46)$$

式中:$E_{LO}(t) = E_{LO}\cos(\omega_{LO}t)$为本振信号电场。

将式(3.46)进行整理并对探测光电流$I_{1,2}(t)$进行计算可得到

$$I_{1,2}(t) = I_{DC}\left[1 \pm \sin\left(\frac{\pi}{V_\pi}V_i(t)\right)\right] \quad (3.47)$$

其中,直流电流$I_{DC} = r_d\alpha_{PM}E_0^2/2$,最终经平衡探测后,解调出的信号可以表示为

$$I_o(t) = I_1(t) - I_2(t) = 2I_{DC}\sin\left(\frac{\pi}{V_\pi}V_i(t)\right) \quad (3.48)$$

由式(3.48)可知,解调出的信号为正弦形的,因此采用2×2的3dB耦合器进行相干相位解调,输出信号存在非线性失真。

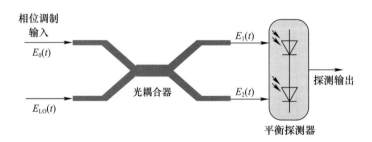

图3.29　基于光耦合器的相位解调方法

针对解调过程中光相位和光探测器输出电流之间的非线性关系,人们提出了通过光锁相环来跟踪接收端光相位的方法[21],其本质是利用大的环路增益以及负反馈实现非线性抵消。即使接收到的射频信号功率很高,光锁相环也可以将信号控制在正弦传递函数的线性区内,以实现射频信号的高线性解调。

如图 3.30 所示,激光器的功率一分为二,分别用于信号调制支路和本振支路。在本振支路上增加用于跟踪的相位调制器,假设信号光的相位增加,则相干接收机输出的光电流增加,导致作用于跟踪相位调制器的电压增加,这引起本振光相位增加,从而减小了光电流。通过增加负反馈电路,跟踪调制器的相位不断跟踪信号相位,如果两个相位调制器相似,则输出电压总是跟踪着信号电压,解调出的信号可以表示为[22]:

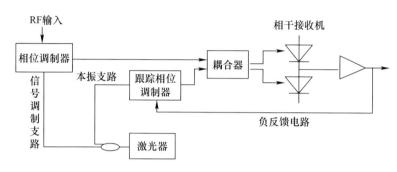

图 3.30　加入锁相环的相位解调方法

$$I_o(t) \propto \sin\left[\frac{\pi}{V_{\pi s}}V_i(t) - \frac{\pi}{V_{\pi f}}V_o(t-t_0)\right] \qquad (3.49)$$

式中: $V_{\pi s}$ 和 $V_{\pi f}$ 分别为信号支路和本振支路上相位调制器的半波电压; V_o 是输出电压; t_0 为反馈环路的总时延。可以看出,输出信号不再仅是输入信号的正弦值,而是输入信号和输出电压之差的正弦值,即便一个峰值电压大于 $V_{\pi s}$ 的大信号,只要输出电压密切跟踪输入电压,也能够产生很小的差值,使得正弦函数处于非线性区域。

3.3.3　相位调制链路的特性参数

3.3.3.1　增益

本小节以采用相干信号解调的调相微波光子链路为例对链路特性参数进行分析。当输入射频信号为 $V_i(t) = V_0\cos(\omega t)$ 时,利用公式可计算出解调输出信号的一阶近似为

$$P_{rf} \approx 32 I_{DC}^2 J_0^2(\eta) J_1^2(\eta) \cos^2\left(\frac{\omega\tau}{2}\right) R_{LOAD} \qquad (3.50)$$

式中: $\eta = \pi V_0/V_\pi$; R_{LOAD} 为输出负载阻抗。则相位调制微波光子链路的增益可以表示为

$$G_{\text{PM}} \approx 16 \left(\frac{I_{\text{DC}}}{V_\pi}\right)^2 \pi^2 \cos^2\left(\frac{\omega\tau}{2}\right) R_0 R_{\text{LOAD}} \tag{3.51}$$

由式(3.51)可知,调相微波光子链路增益为直流电流、相位调制器半波电压、MZI 延时、信号角频率的函数。图 3.31(a)所示为相位调制微波光子链路增益随直流电流 I_{DC} 变化曲线图,链路增益随直流电流 I_{DC} 的增加而改善;图 3.31(b)所示为链路增益随相位调制器半波电压变化曲线图,可通过采用低半波电压相位调制器来改善链路增益。

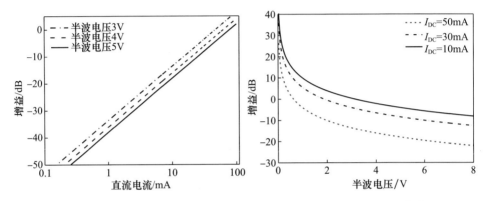

图 3.31 链路增益随直流电流变化曲线(a)和链路增益随半波电压变化曲线(b)
($\tau = 50\text{ps}, f_{\text{RF}} = 10\text{GHz}, R_0 = R_{\text{LOAD}} = 50\Omega$)

3.3.3.2 噪声系数

由噪声系数(NF)的定义和式(3.51)中链路增益的表达式,相位调制微波光子链路 NF 可以表示为

$$\text{NF}_{\text{PM}} = \frac{\text{RIN}_{\text{total}} V_\pi^2}{4\pi^2 k_B T R_0 \sin^2(\omega\tau/2)} \tag{3.52}$$

式中:k_B 为玻耳兹曼常数;T 为热力学温度;$\text{RIN}_{\text{total}} = \dfrac{N_{\text{total}}}{4 I_{\text{DC}}^2 R_{\text{LOAD}}}$,这里 N_{total} 为包括输入热噪声、输出热噪声、散粒噪声和相对强度噪声在内的总输出噪声功率。

可通过抑制各类噪声功率,来改善链路的噪声系数。由式(3.52)可见,相位调制微波光子链路的噪声系数也是 MZI 时延 τ 的函数。

3.3.3.3 无杂散动态范围

根据无杂散动态范围的定义,相位调制微波光子链路的无杂散动态范围可以表示为

$$\text{SFDR} = \left(\frac{\text{OIP3}}{N_{\text{total}}}\right)^{2/3} = \left(\frac{4}{\text{RIN}_{\text{total}}}\right)^{2/3} \tag{3.53}$$

式中:相位调制微波光子链路的输出截断点 $\text{OIP3} \approx 16 I_{\text{DC}}^2 R_{\text{LOAD}}$。在双音信号输入状态下,可通过公式计算得到。

3.3.4 相位调制链路的非线性抑制方法

如 3.3.3 节所述,相位调制微波光子链路在信号调制方面具有结构简单、无须额外偏压控制电路以及调制线性度好等优点。但是经过相位－强度转换以及检测后的整个链路同样会存在非线性。除了通过关键器件的关键参数改善来提升链路性能外,调相微波光子链路性能提升依赖链路结构的优化设计。

3.3.4.1 基于不同偏振模式的线性化相位调制微波光子链路

铌酸锂晶体在 x 轴和 z 轴上分别具有不同的电光系数,利用铌酸锂晶体的各向异性特性,在介质中两个正交的偏振方向上实现光载波不同程度的相位调制[23],如图 3.32 所示。

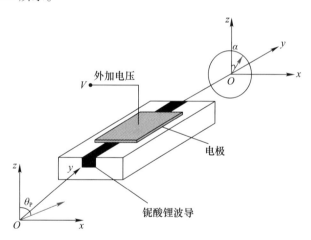

图 3.32 基于偏振模式的相位调制示意图

输入光信号的偏振方向与相位调制器的 z 轴呈 θ_P 角,则光信号 TE 和 TM 模式能够以不同的调制深度被相位调制,输入光信号的电场可以表示为

$$E_{\text{in}}(t) = E_0 [\hat{Z}\cos\theta_P + \hat{X}\sin\theta_P] \exp(j\omega_0 t) \tag{3.54}$$

式中:E_0 和 ω_0 分别为光信号的场强和角频率。

假设输入幅度和角频率分别为 V_0 和 ω 的射频信号,则

$$V_i(t) = V_0 \sin(\omega t) \tag{3.55}$$

由于 TE、TM 两偏振模式方向上电光效率不同,则光波在 x 和 z 轴分别进行不同程度的相位调制,调制光信号的电场可以表示为

$$E(t) = E_0 [\hat{Z}\cos\theta_P \exp(j\eta\sin(\omega t)) + \hat{X}\sin\theta_P \exp(j\gamma_{xz}\eta\sin(\omega t))]\exp(j\omega_0 t)$$
(3.56)

式中:γ_{xz} 为表示 x 轴和 z 轴方向上调制深度差异的无量纲系数。

上述调制信号被与 TE 模呈 ϕ 角的检偏器进行合成,输出电场可表示为

$$E_{\text{out}}(t) = E_0 \left[\cos\theta_P \cos\phi \left(\eta - \frac{1}{8}\eta^3\right) + \sin\theta_P \sin\phi \left(\gamma_{xz}\eta - \frac{1}{8}\gamma_{xz}^3\eta^3\right) + O(\eta^5)\right]\exp j(\omega_0 + \omega)t$$
(3.57)

由于 η^3 存在,信号中存在着失真,当满足

$$\cos\theta_P \cos\phi + \gamma_{xz}^3 \sin\theta_P \sin\phi = 0 \quad (3.58)$$

时,失真信号能够被抑制,可通过计算得出最优的 θ_P 和 ϕ:

$$\theta_P = -\phi = \pm \arctan(\gamma_{xz}^{-3/2}) \quad (3.59)$$

由式(3.59)可知,通过合理设置输入光信号与 z 轴的角度 θ_P、检偏器偏振方向与 TE 模角度 ϕ,可使系统中的失真信号得到完全抑制。

基于不同偏振模式的相位调制微波光子链路如图 3.33 所示,激光器输出的光波信号被光耦合器分为相干的两束:其中一路光波经相位调制器被电信号相位调制;另一个路光波经移频后作为系统的本振,与相位调制光信号一同注入探测器中,实现相位调制信号的频率下变换及信号的线性解调。

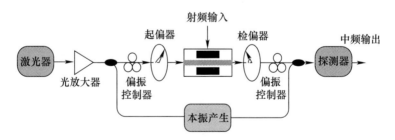

图 3.33 基于不同偏振模式的相位调制微波光子链路

3.3.4.2 基于 MZI 的线性化相位调制微波光子链路

如 3.3.2.2 节所述,当相位调制微波光子链路采用基于 MZI 的相位解调时,由于解调出的信号具有正弦函数特性,因此恢复信号中存在非线性串扰,影响相位调制微波光子链路的性能。通过采用如图 3.34 所示基于双 MZI 的并行结构及差分

信号解调,能够有效地实现非线性失真的相互抵消,从而达到非线性抑制的目的[24]。

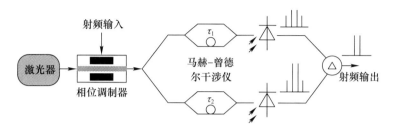

图 3.34 基于双并行 MZI 的相位调制微波光子链路

相位调制光信号被分为功率相等的两束分别经过不同延时的 MZI 后,则由式(3.45)可知,上下两路的探测电流可分别表示为

$$I_1(t) = 2I_{DC1}\sin[\varphi(t-\tau_1) - \varphi(t)] \quad (3.60)$$

$$I_2(t) = 2I_{DC2}\sin[\varphi(t-\tau_2) - \varphi(t)] \quad (3.61)$$

式中:τ_1 和 τ_2 分别为上下两路 MZI 的时延;I_{DC1} 和 I_{DC2} 为两路的直流电流;$\varphi(t)$ 为相移量。

当输入信号为双音信号时,相移量 $\varphi(t)$ 可表示为

$$\varphi(t) = \frac{\pi V_0}{V'_\pi}[\sin(\omega_1 t) + \sin(\omega_2 t)] + \phi_B \quad (3.62)$$

式中:ϕ_B 为 MZI 的偏置角度;$V'_\pi = V_\pi / \sin\left(\frac{\omega\tau}{2}\right)$ 为有效半波电压,它与调制器的半波电压 V_π 呈正比,与 MZI 的传递函数呈反比。当 MZI 工作在正交偏置点时,即 $\phi_B = \pi/2$ 时,探测电流中的三阶交调失真分量可表示为

$$I_{1,2} = 2I_{DC}J_1\left(2\pi\frac{V_i}{V'_{\pi1,2}}\right)J_2\left(2\pi\frac{V_i}{V'_{\pi1,2}}\right) \quad (3.63)$$

则经过差分检测后输出电流中的三阶交调失真可以表示为

$$I_{2\omega_2-\omega_1} \approx 2\left[I_{DC1}\left(\pi\frac{V_i}{V'_{\pi1}}\right)^3 - I_{DC2}\left(\pi\frac{V_i}{V'_{\pi2}}\right)^3\right] \quad (3.64)$$

由式(3.64)可知,当满足

$$\frac{I_{DC2}}{I_{DC1}} = \left|\sin\left(\frac{\omega\tau_1}{2}\right)\Big/\sin\left(\frac{\omega\tau_2}{2}\right)\right|^3 \quad (3.65)$$

时,三阶交调失真完全被抑制。由式(3.65)可知,通过合理的调节两个 MZI 的时延 τ_1 和 τ_2,并控制两路的直流探测电流,例如当 $\tau_1 = 100\text{ps}$、$\tau_2 = 450\text{ps}$、$I_{DC1} = 8\text{mA}$、

$I_{DC2}=0.3\mathrm{mA}$ 时,能够使上下两并联支路的三阶交调失真幅度相等。在接收端采用差分信号检测,能够完成非线性失真的抑制,从而保证相位调制微波光子链路具有大动态范围特性。

3.4 微波到光波的偏振态调制与解调

3.4.1 偏振调制与解调

基于偏振调制的微波光子链路基本结构如图 3.35 所示,包括激光器、偏振控制器、偏振调制器以及相应的信号检测装置等。

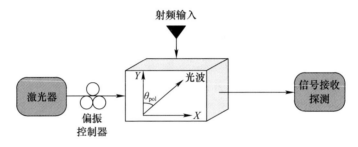

图 3.35 偏振调制微波光子链路的基本结构

偏振调制实质上是一种特殊的相位调制,具有两个垂直的偏振轴,能够同时支持 TE 和 TM 两个不同偏振模式的互补相位调制,具体的实现过程如图 3.35 所示。激光器入射光波与偏振调制器的主轴呈 θ_{pol} 角入射至偏振调制器中,入射光波会分解为与主轴呈一定角度的两束偏振光波,角度 θ_{pol} 可通过调节偏振控制器进行控制。幅度和角频率分别为 V_0 和 ω 的外加电信号 $V_0\sin(\omega t)$ 经过偏振调制器调制 x、y 两个偏振轴上的光信号后,输出调制光信号的电场 E_x、E_y 表达式为

$$\begin{bmatrix} E_x \\ E_y \end{bmatrix} = \sqrt{\alpha} E_0 \begin{bmatrix} \exp[\mathrm{j}\omega_0 t + \mathrm{j}\eta\sin(\omega t)]\exp(\mathrm{j}\varphi) \\ \exp[\mathrm{j}\omega_0 t - \mathrm{j}\eta\sin(\omega t)] \end{bmatrix} \quad (3.66)$$

式中:α 为传递系数;φ 为 E_x 和 E_y 的相位差,可通过偏振调制器加载的直流偏置电压大小及调节偏振调制器前的偏振控制器来改变相位差的大小。

两正交的相位调制光信号 E_x 和 E_y 直接注入普通的探测器中,仅输出直流信号成分,无法直接采用平方律探测进行信号的恢复,因此需要进行相应的接收结构设计才能够实现偏振调制信号的恢复。

采用相位调制向强度调制转换,是实现偏振调制信号解调的重要方法之一,如

图 3.36 所示。互补调制信号注入与偏振调制器主轴呈 45°角的检偏器中,则检偏器输出的光调制信号可以表示为

$$E(t) = \frac{1}{\sqrt{2}}(E_x + E_y) \tag{3.67}$$

当探测器响应度为 r_d 时,探测光电流可以表示为

$$I = r_d \alpha \ |E_0|^2 \{1 + \cos[\eta\sin(\omega t) + \varphi]\} \tag{3.68}$$

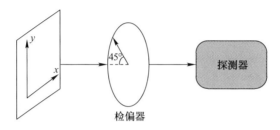

图 3.36　基于相位调制 – 强度调制转换的信号解调

由式(3.68)可见,通过采用检偏器实现相位 – 强度转换,链路传递函数与马赫 – 曾德尔强度调制微波光子链路的传递函数形式类似。可通过相位 φ 的控制来实现等效偏置点的调控:当 $\varphi = -\pi/2$ 时,相当于偏置点位于正交偏置点的强度调制微波光子链路;当 $\varphi = \pi$ 时,相当于偏置点位于最小偏置点的强度调制微波光子链路;当 $\varphi = 0$ 时,相当于偏置点位于最大偏置点的强度调制微波光子链路。

3.4.2　偏振调制链路的非线性抑制方法

3.4.2.1　基于双并行偏振调制的微波光子链路

图 3.37 所示为基于双并行偏振调制器的大动态微波光子链路结构[25],该方法的基本设计思想是通过控制上下两路信号的光功率以及信号的调制深度,使得上下两路信号中的三阶交调失真成分大小相等,两路信号进行了相位 – 强度调制转换并且进行了正交偏振复用,从而使用一个平方律探测器即可完成信号的检测,由于交调失真信号相互抵消从而达到失真抑制的目的。

具体的实现过程为:两个并行的偏振调制器输出的调制光信号由偏振分束器(PBS)进行合成,PBS 除了起到相位 – 强度调制转换的作用外,还发挥正交偏振复用的作用,使上下两路偏振调制信号合成为一路信号,合成调制光信号的电场可以表示为[26]

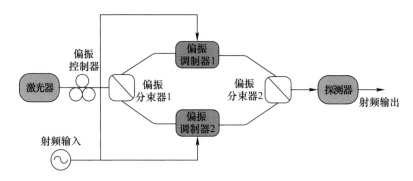

图3.37　基于双并行偏振调制的微波光子链路

$$E_{\text{out}}(t) = E_1(t)\boldsymbol{x} + E_2(t)\boldsymbol{y} \tag{3.69}$$

$$\begin{bmatrix} E_1(t) \\ E_2(t) \end{bmatrix} = \begin{bmatrix} \dfrac{\sqrt{P_1}}{2}(\cos[\omega_0 t + \eta_1 V_i(t)/2 + \varphi_1] + \cos[\omega_0 t - \eta_1 V_i(t)/2]) \\ \dfrac{\sqrt{P_2}}{2}(\cos[\omega_0 t + \eta_2 V_i(t)/2 + \varphi_2] + \cos[\omega_0 t - \eta_2 V_i(t)/2]) \end{bmatrix}$$

$$\tag{3.70}$$

式中：$E_1(t)$ 和 $E_2(t)$ 分别为上下两偏振调制信号电场；P_n、η_n、φ_n 为上下两路的光功率、调制系数以及相位。当上述包含两个垂直偏振模式的偏振复用信号经平方律信号检测后，两路信号实现了非相干合成，可表示为

$$I(t) = r_d(|E_1|^2 + |E_2|^2)$$

$$= \frac{r_d P_1}{4}\cos[\eta_1 V_i(t) + \varphi_1] + \frac{r_d P_2}{4}\cos[\eta_2 V_i(t) + \varphi_2] \tag{3.71}$$

由式(3.71)可知，通过在光域内进行光信号的非相干合成能够在电域内完成微波信号的合成。通过改变两偏振调制器的偏压状态可以使 $\varphi_1 = \pi/2, \varphi_2 = -\pi/2$，则近似表示为

$$I(t) \propto (P_1\eta_1 - P_2\eta_2)V_i(t) - \frac{1}{6}(P_1\eta_1^3 - P_2\eta_2^3)V_i^3(t) + \cdots \tag{3.72}$$

为了观察非线性失真，输入双音信号 $V_i(t) = \cos(\omega_1 t) + \cos(\omega_2 t)$，则输出 $I(t)$ 的基波分量系数和三阶交调分量系数分别为 $P_1\eta_1 - \dfrac{3}{8}P_1\eta_1^3 - P_2\eta_2 + \dfrac{3}{8}P_2\eta_2^3$ 和 $-\dfrac{1}{8}P_1\eta_1^3 + \dfrac{1}{8}P_2\eta_2^3$，当满足

$$\frac{P_1}{P_2} = \frac{\eta_2^3}{\eta_1^3} \tag{3.73}$$

时偏振调制微波光子链路中的非线性失真能够相互抵消,即通过上下两并行支路功率和调制效率的控制可实现失真抑制。同时,要保证基波信号只存在少量损耗,还需要满足以下条件:

$$\frac{P_1}{P_2} \neq \frac{\eta_2}{\eta_1} \neq 1 \tag{3.74}$$

图 3.37 中由于采用了正交偏振复用,同时该偏振复用器将上下两路的偏振调制光信号转化为了强度调制信号,能够保证两路信号在同一光纤链路中传输,在不考虑偏振模色散的前提下,偏振复用的两路信号同时到达同一探测器,通过合理的链路参数设计,即可实现偏振调制信号的线性化解调。由于仅需要一个普通的探测器,所以能够降低系统的成本。

3.4.2.2 基于串行偏振调制的微波光子链路

基于串行偏振调制的微波光子链路结构如图 3.38 所示[27],包括激光器、两个串联的偏振调制器、偏振控制器、偏振合束器、光衰减器以及探测器。通过改变两路信号的功率分配比,使失真分量幅度相等、相位相反,即可满足高线性化的偏振调制微波光子链路。

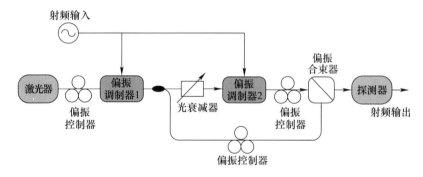

图 3.38 基于串联偏振调制的微波光子链路

射频信号经第一个偏振调制器调制到光信号上后,通过一个耦合器分成两部分。其中,上路的调制信号经衰减器进入第二个偏振调制器,且第二个偏振调制器与第一个偏振调制器具有相同的偏振主轴方向。经过第二个偏振调制器后,上路输出调制光信号表达式为

$$\begin{bmatrix} E_{xu} \\ E_{yu} \end{bmatrix} = \sqrt{P_u} \exp(\mathrm{j}\omega_0 t) \begin{bmatrix} \exp[\mathrm{j}\eta_1 V_i(t) + \mathrm{j}\eta_2 V_i(t) + \mathrm{j}\varphi_1 + \mathrm{j}\varphi_2] \\ \exp[-\mathrm{j}\eta_1 V_i(t) - \mathrm{j}\eta_2 V_i(t)] \end{bmatrix} \tag{3.75}$$

式中:P_u 为上路信号光功率;η_1 和 η_2 分别为两个偏振调制器的相位调制系数;φ_1 和 φ_2 分别为两个调制器 TE 和 TM 模式之间的相位差。

下路光调制信号的电场表达式为

$$\begin{bmatrix} E_{xl} \\ E_{yl} \end{bmatrix} = \sqrt{P_1} \exp(j\omega_0 t) \begin{bmatrix} \exp[j\eta_1 V_i(t) + j\varphi_1] \\ \exp[-j\eta_1 V_i(t)] \end{bmatrix} \quad (3.76)$$

式中：P_1 为下路信号的光功率。上下路信号的光功率 P_u、P_1 之间的功率比可以通过改变耦合器的分光比进行调节。

上下两路信号分别注入偏振分束器中完成了上下路信号的检偏功能，同时两路信号进行了正交偏振复用，则偏振分束器输出信号的场可以表示为

$$\begin{bmatrix} E_1 \\ E_2 \end{bmatrix} = \begin{bmatrix} \sqrt{2P_u} \exp(j\omega_0 t + j(\varphi_1 + \varphi_2)/2) \cos[(\eta_1 + \eta_2)V_i(t) + (\varphi_1 + \varphi_2)/2] \\ \sqrt{2P_1} \exp(j\omega_0 t + j\varphi_1/2) \cos[\eta_1 V_i(t) + \varphi_1/2] \end{bmatrix}$$

$$(3.77)$$

上述偏振复用的光信号通过平方律探测进行信号的解调，探测电流实现非相干合成，可以表示为

$$i_{PD} \propto (|E_1|^2 + |E_2|^2) \propto P_u \cos[2(\eta_1 + \eta_2)V_i(t) + (\varphi_1 + \varphi_2)] + P_1 \cos[2\eta_1 V_i(t) + \varphi_1]$$

$$(3.78)$$

通过改变两偏振调制器的直流偏置，令 $\varphi_1 = \pi/2$，$\varphi_2 = \pi$，则式（3.78）可以表示为

$$I_D \propto P_1 \sin[2\eta_1 V_i(t)] - P_u \sin[2(\eta_1 + \eta_2)V_i(t)] \quad (3.79)$$

将式（3.79）利用贝塞尔函数展开，并进行近似计算后，可以得到偏振调制微波光子链路失真抑制所需要满足的条件为

$$\frac{P_u}{P_1} = \frac{\eta_1^3}{(\eta_1 + \eta_2)^3} \quad (3.80)$$

由式（3.80）可知，通过改变上下两路调制信号的功率分配比或调节位于第二偏振调制器前的衰减器即可满足上述条件，进而抑制非线性失真，实现高线性化的偏振调制微波光子链路。同时，为了保证基波信号只存在少量损耗，还需要满足以下条件：

$$\frac{P_u}{P_1} \neq \frac{\eta_1}{\eta_1 + \eta_2} \quad (3.81)$$

3.5 宽带大动态微波光子混合链路

受到激光器 RIN、调制方法和效率以及热噪声等的影响，微波光子链路的噪

声系数比较大,进而一定程度上降低了动态范围。仅仅通过调制解调方式和参数的优化来提升纯光链路的性能难以在获得大动态的同时获得低的噪声系数,必须和微波放大通道配合使用。此外,典型的系统应用中除了放大外还有滤波、限幅、开关、衰减等其他微波功能,因此微波光子混合链路的优化设计是非常必要的。

微波光子混合链路主要包含三大的组成部分:前置微波通道、光链路和后置微波通道。图3.39给出了最基本的微波光子混合链路组成[28]。其中,前置微波通道的主要功能通常为限幅、滤波、放大、衰减等,因此其对于混合链路中信号的作用主要体现在增益 G_{pre}、噪声系数 NF_{pre} 和三阶截交点 $IP3_{pre}$ 方面。

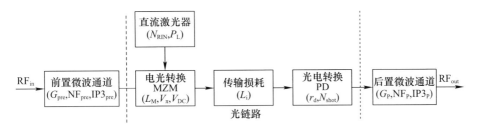

图3.39 微波光子混合链路基本组成框图

后置微波放大的主要功能也是补偿混合链路中的插损,使其整个链路的输出功率最终满足接收机的输入要求。此外,后置微波放大器的 IP3 通常对于整个链路的 IP3 有较显著的影响,因此也是改善混合链路整体 IP3 性能的一个重要手段。

光链路环节虽然包含不同的光电子器件,但是其本质上仍然是一个微波输入、微波输出的功能单元,只是将信号的频率搬移到了光频段进行传输与处理。因此,可以对图3.39做进一步的等效简化,如图3.40所示。

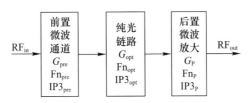

图3.40 微波光子混合链路的简化等效模型

从图3.40可以看出,通过将光链路部分等效为一个微波功能单元,整个混合链路中三大组成部分的主要参数就实现了统一。而通常前置微波通道和后置微波放大的增益、噪声系数和三阶截交点可以根据实际要求进行设计。重点需要建立光链路环节中的各器件参数对于 G_{opt}、NF_{opt},$IP3_{opt}$ 的影响规律模型:首先得到光链路部分的优化途径;然后将优化之后的纯光链路融入整个混合链路中,最终得到整体的优化设置方法。

在得到了光链路的 G_{opt}、NF_{opt}、IP3_{opt} 之后,就可以将纯光链路作为一个微波输入、微波输出的黑盒子嵌入整个微波光子混合链路中,然后根据微波级联理论,得到整个混合链路的性能指标:

$$G = G_{\text{pre}} G_{\text{opt}} G_{\text{p}} \tag{3.82}$$

$$\text{Fn} = \text{Fn}_{\text{pre}} + \frac{\text{Fn}_{\text{opt}}}{G_{\text{pre}}} + \frac{\text{Fn}_{\text{p}} - 1}{G_{\text{pre}} G_{\text{opt}}} \tag{3.83}$$

NF 通常以 dB 为单位,式(3.83)中用 Fn 表示噪声系数,Fn 和 NF 满足关系:$\text{NF} = 10\lg(\text{Fn})$。

$$\text{IP3} = \frac{G}{\dfrac{G_{\text{pre}}}{\text{IP3}_{\text{pre}}} + \dfrac{G_{\text{pre}} G_{\text{opt}}}{\text{IP3}_{\text{opt}}} + \dfrac{G_{\text{pre}} G_{\text{opt}} G_{\text{p}}}{\text{IP3}_{\text{p}}}} \tag{3.84}$$

$$\text{SFDR} = \frac{2}{3}(\text{IP3}_{\text{dB}} - \text{NF} - G - 10\lg B + 174\text{dBm}) \tag{3.85}$$

通常来讲,混合链路的优化是在确保链路总的增益 G 达到应用要求的条件下(保障灵敏度),调整各环节的增益分配,进而实现 SFDR 和 NF 的综合优化。根据前面的理论分析结果,假设混合链路总共需要 30dB 的增益,而纯光链路的增益为 -20dB,则混合链路的 SFDR 和 NF 随前置微波通道的增益 G_{pre} 的变化曲线如图 3.41 所示。

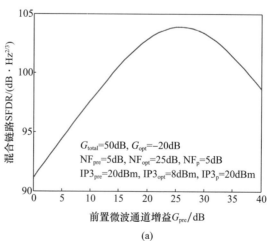

(a)

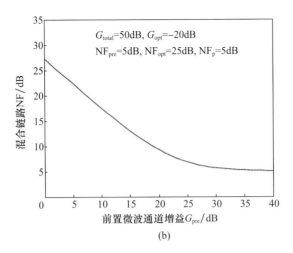

(b)

图 3.41　混合链路的 SFDR 和 NF 随前置微波通道增益 G_{pre} 的变化曲线
（链路总增益恒定为 30dB）

从图 3.41(b) 可以看到，混合链路的 NF 基本上随着 G_{pre} 的增大而单调减小，并逐渐饱和。因此可以认为，将混合链路的增益向前置微波通道尽量倾斜能够持续优化 NF。然而，从图 3.41(a) 可以看到，G_{pre} 的增大会使得 SFDR 先增大后减小，存在最佳取值。因此，实际设计过程中要根据系统的具体性能要求来判断以哪个指标作为优化设计的主要依据。

在其他参数不变的情况下，如果混合链路的总增益要求变为 40dB，则混合链路的 SFDR 和 NF 随前置微波通道放大增益 G_{pre} 的变化曲线如图 3.42 所示。

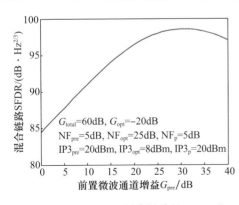
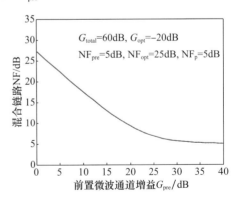

图 3.42　混合链路的 SFDR 和 NF 随前置微波通道放大增益 G_{pre} 的
变化曲线（链路总增益恒定为 40dB）

从图 3.42 可以看出，随着混合链路总增益的要求发生变化，对应使得 SFDR

达到最佳值的 G_{pre} 也发生改变；而 NF 由于与后置微波放大的增益 G_p 无关，因此保持不变。

3.6 本章小结

本章首先介绍了微波与光波信息映射过程中的主要特性指标：增益、噪声系数和动态范围。根据调制与解调方法的不同，分为微波到光波强度、光波相位和光波偏振态3种情况展开讨论。其中，微波到光波的强度调制分为直接调制和外部调制两种链路结构；微波到光波的相位解调有单边带解调、基于 MZI 的干涉解调、相干解调等多种方法；微波到光波的偏振态调制解调包括并行和串行调制等链路结构。本章还探讨了不同信息映射下的非线性抑制方法，并对宽带、大动态的微波光子混合链路进行了详细分析。

参考文献

[1] Cox C H. Analog optical links: theory and practice [M]. Cambridge: Cambridge University Press, 2004.

[2] Meng X. Designing high dynamic range microwave photonic links for radio applications [J]. Fiber and Integrated Optics, 2004, 23(1): 1-56.

[3] 崔岩. 宽带大动态模拟光链路性能分析与关键技术研究 [D]. 北京: 北京邮电大学, 2014.

[4] 郭崇贤. 相控阵雷达接收技术 [M]. 北京: 国防工业出版社, 2009.

[5] Cox C H, Ackerman E I, Betts G E, et al. Limits on the performance of RF-over-fiber links and their impact on device design [J]. IEEE Trans. Microw. Theory Tech., 2006, 54(2): 906-920.

[6] Yao J. Microwave photonics [J]. J. Lightw. Technol., 2009, 27(2): 314-335.

[7] Stephens W E, Joseph T R. System characteristics of direct modulated and externally modulated RF fiber-optic links [J]. J. Lightwave Technol., 2003, 5(3): 380-387.

[8] 金丽丽. 高性能微波光子链路研究 [D]. 成都: 电子科技大学, 2010.

[9] 徐坤, 李建强. 面向宽带无线接入的光载无线系统 [M]. 北京: 电子工业出版社, 2009.

[10] Moon Y T, Jang J W, Choi W K, et al. Simultaneous noise and distortion reduction of a broadband optical feedforward transmitter for multiservice operation in radio-over-fiber systems [J]. Opt. Exp., 2007, 15: 12167-12173.

[11] Ismail T, Liu C, Mitchell J, et al. High-dynamic-range wireless-over-fiber link using feedforward linearization [J]. J. Lightwave Technol., 2007, 25(11): 3274-3282.

[12] Marpaung D, Roeloffzen C, Etten W. Enhanced dynamic range in a directly modulated analog photonic link [J]. IEEE Photo. Techn. Lett., 2009, 21(24): 1810-1812.

[13] Dai J, Xu K, Duan R, et al. Optical linearization for intensity – modulated analog links employing equivalent incoherent combination technique[C]//Proceedings of International Topical Meeting on Microwave Photonics,2011:230 – 233.

[14] Roselli L, Borgioni V, Zepparelli F, et al. Analog laser predistortion for multiservice radio – over – fiber systems[J]. J. Lightw. Technol. ,2003,21(5):1211 – 1223.

[15] Urick V, Rogge M, Knapp P, et al. Wide – band predistortion linearization for externally modulated long – haul analog fiber – optic links[J]. IEEE Trans. Microw. Theory Tech. ,2006,54(4): 1458 – 1463.

[16] Shen Y, Hraimel B, Zhang X, et al. A novel analog broadband RF predistortion circuit to linearize electro – absorption modulators in multiband OFDM radio – over – fiber systems [J]. J. Lightw. Technol. ,2010,58(11):3327 – 3335.

[17] Wilson G, Wood T, Gans M, et al. Predistortion of electroabsorption modulators for analog CATV systems at 1.55μm[J]. J. Lightw. Technol. ,1997,15(9):1654 – 1662.

[18] Duan R, Xu K, Dai J, et al. Digital linearization technique for IMD3 suppression in intensity – modulated analog optical links[C]//2011 International Topical Meeting on Microwave Photonics Conference,2011 Asia – Pacific, MWP/APMP,2011,234 – 237.

[19] Zhang J, Nicholas H A, Darcie T E. Phase – modulated microwave – photonic link with optical – phase – locked – loop enhanced interferometric phase detection[J]. J. Lightw. Technol. ,2008,25 (15):2549 – 2556.

[20] Urick V J, Bucholtz F, Devgan S, et al. Phase modulation with interferometric detection as an alternative to intensity modulation with direct detection for analog – photonic links[J]. IEEE Trans. Micro. Theory and Technol. ,2007,55(9):1978 – 1986.

[21] Zibar D, Johansson L A, Chou H F, et al. Dynamic range enhancement of a novel phaselocked coherent optical phase demodulator[J]. Opt. Exp. ,2007,15(1):33 – 44.

[22] Betts G E, Krzewick W, Wu S, et al. Experimental demonstration of linear phase detection [J]. IEEE Photon. Technol. Lett. ,2007,19(13):993 – 995.

[23] Haas B M, Murphy T E. A Simple, linearized, phase – modulated analog optical transmission system[J]. IEEE Photon. Technol. Lett. ,2007,19(10):. 729 – 731.

[24] McKinney J D, Colladay K, Williams K J. Linearization of phase – modulated analog optical links employing interferometric demodulation[J]. J. Lightw. Technol. ,2009,27(9):1212 – 1220.

[25] Huang M H, Fu J B, Pan S L. Linearized analog photonic links based on a dual – parallel polarization modulator[J]. Opt. Lett. ,2012,37(11):1823 – 1825.

[26] Huang M, Zhu D, Pan S. Optical RF interference cancellation based on a dual – parallel polarization modulator[C]//Asia Communications & Photonics Conference,2014.

[27] Zhang H, Pan S, Huang M, Chen X. Linear analog photonic link based on cascaded polarization modulators[C]//2012 ACP conference,2012,1 – 3.

[28] 田中成. 宽带大动态微波光子混合链路的优化研究[J]. 光电技术应用,2016,37(5):725 – 730.

第 4 章

时域微波光子信号处理

时域微波光子信号处理是微波光子信号处理领域里的重要研究内容,本章从处理流程上按照微波信号的光学产生、延迟、传输 3 个方面依次展开讨论。其中,基于光学方法产生的微波信号具有频率高、相位噪声低等优点,相比之下,电学方法往往需要多次倍频,以牺牲相位噪声为代价才能产生较高的微波频率;在延迟方面,光学延迟技术具有宽频带、低损耗、高精度等特点,在长距离或分布式系统中具有显著的优势;接着进一步讨论微波信号通过光纤进行点对点传输时面临的噪声、色散及非线性效应。围绕每一个方面介绍其基本原理,并分享了多个国内外经典工作案例。

4.1 微波信号的光学产生方法

随着微波光子信号处理技术的快速发展和应用的不断扩展,利用光学方法来产生微波信号在诸多方面展现出显著的优势。

(1) 可以产生频率很高的电磁波信号(如毫米波信号)。激光信号的绝对频率非常高(数百 THz),可以很容易地实现数十 GHz 的波长间隔,再加上光电子器件的工作带宽普遍远远大于电子学器件,进而可获得频率很高的毫米波信号。

(2) 可以产生调谐带宽很大的微波信号。激光波长的调谐相对容易,当经过拍频转换为微波信号之后,对应的调谐带宽非常大,可以达到光电转换器件所允许的上限。

(3) 可以实现远距的微波信号产生。得益于光纤传输的低损耗和低成本,可以将参与微波信号产生的光信号传输到远端,然后在远端处通过光电转换得到微波信号,不仅可以降低信号的传输成本,提高传输质量,而且有利于构建各种分布式通信系统。

(4) 可以产生信号质量更好的微波信号。通过光电振荡器技术、光学频率直接合成技术等,能够产生比电子学方法质量更好的微波信号,在某些领域具有重要应用价值。

下面将介绍几种典型的光生微波/毫米波技术方案。

4.1.1 基于光学差拍的光生微波/毫米波

微波信号光学产生的一种基本方法是通过两个光信号的拍频获得,如图4.1所示。但是,并不是将任意的两个光信号同时输入光电探测器中就能够获得满意的微波信号,其中必须满足的一点就是参与拍频的两路激光必须具有非常好的相干性。因此,研究人员多用光注入锁相[1]、双波长激光源[2]等方法来实现光学差拍的微波信号产生。

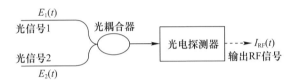

图4.1 光子本振产生的拍频原理图

图4.2给出了基于双波长激光源的方法产生微波信号的典型实验结果[2]。图4.2(a)表示的是双波长激光器的光谱图,图4.2(b)表示的是上述两个波长拍频后所产生的微波信号。可以看出,该方法所产生的微波信号较为纯净,质量良好。

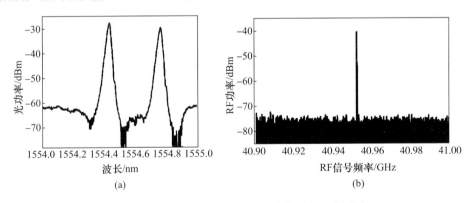

图4.2 基于双波长激光源的微波信号产生实测图

4.1.2 基于光调制的光生微波/毫米波

基于光调制的光生微波方案在微波光子信号处理领域具有重要的应用价值。为了提高系统的信号传输能力,使用高频载波是一条重要的技术途径,然而用电子学的方法产生高频的毫米波信号具有一定的瓶颈,同时在信号传输上也存在难以忍受的损耗。为此,人们想到了将频率相对较低的微波信号加载到光调制器上,利用光调制器的非线性效应产生出高阶谐波边带,然后再将需要的高阶边带取出进行拍频,就能够获得数倍于输入频率的高频微波/毫米波信号,方案的基本原理如图4.3所示。

图 4.3　基于光调制的光生微波/毫米波原理图

图 4.3 中,在光调制和光电探测器之间加入了光滤波器,其目的是消除不需要的光频率分量,使得参与拍频的光信号更加纯净。以产生二倍频的微波信号为例,图 4.4 给出了频域上的过程原理。

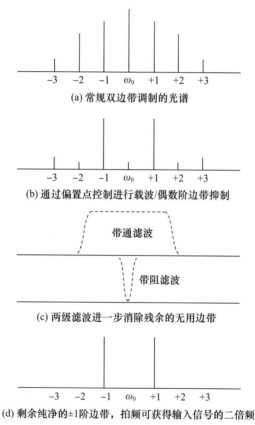

图 4.4　基于光调制的二倍频信号产生频域过程

图 4.4(a)是通常情况下强度调制的典型光谱,具有对称分布的双边带,并且边带的幅度随着阶次的升高而递减。不难理解,这些边带之间任意两个都可以进行拍频,进而获得输入信号的各阶整数倍频率。为了抑制不需要的信号(如要抑制基频、三倍频及以上的倍频信号),在图 4.4(b)中可以通过强度调制器的偏置点控制来达到载波和偶数阶边带同时抑制的效果,此时仅保留下 ±1 阶和 ±3 阶边带。而在图 4.4(c)中,使用了一个带通滤波器和一个带阻滤波器来分别进一步消除残余的无用边带,使得需要的 ±1 阶边带更加纯净。最后在图 4.4(d)中,只剩下了 ±1 阶边带,将它们同时输入光电探测器中,经过拍频之后可以获得输入信号的二倍频信号。

由以上分析可知,基于光调制的光生微波/毫米波技术,主要用途是将低频的、较易通过常规电子学方法产生的微波输入信号转换为高阶次的倍频微波/毫米波信号,通过选择不同阶次的谐波边带,理论上可以获得任意次整数倍频率的微波信号。但该方法依赖于光调制的特性,多以产生偶数倍的信号为主。此外,参与拍频的两根谐波边带是在同一次光调制过程中同时产生的,具有共同的来源,因此它们的相干性非常好,确保了拍频之后获得的微波/毫米波信号具有很好的质量。

基于光调制的光生微波/毫米波技术已经用在高速率微波光子系统的方案中。图 4.5(a)验证了一种 40GHz 的微波光子系统方案[3]。该方案不仅提供了高速的下行链路(中心站→基站),而且能够将下行链路中的一根光学调制边带转移到上行链路(基站→中心站)中复用,在提高微波光子系统数据传输能力的同时,进一步简化了基站的组成结构,使得基站中不需要单独配备激光光源,有利于降低通信网络的成本。

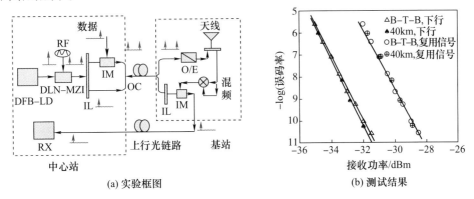

DLN—MZI—双臂铌酸锂马赫-曾德尔干涉型调制器;IL—梳状滤波器;OC—光耦合器;RX—接收。

图 4.5 40GHz 微波光子系统的实验框图和 40km 传输后的误码率测试结果

该系统很好地体现了微波光子系统在高速通信方面的优势,通过 40km 的光纤传输之后,无线端接收到的信号的误码率相比于背靠背条件下没有明显恶化,如图 4.5(b)所示。

4.1.3 光学直接频率合成

在电子学上,直接数字频率合成技术是产生频率可调谐微波信号的典型手段,但是受限于数字电路的性能水平,直接数字频率合成所产生的微波信号通常带宽较窄,难以实现跨倍频程工作。

利用光子技术来实现微波信号的直接频率合成是近年来兴起的一个热门研究领域,能够在很宽的频段内产生可以精细调谐的高质量微波信号,并且能够结合集成技术实现小型化,因此具有很好的应用前景。

光学直接频率合成技术的基本原理依然是采用两个相干光信号的拍频来产生微波信号,但是其中一路光信号是来自于光学频率梳(以下简称光梳)。顾名思义,光梳能够同时输出许多等间隔的激光波长,它们在光频域上的分布就如同我们生活中使用的梳子,每一个波长称为一根"梳齿"。光学直接频率合成技术的基本方案如图 4.6 所示。

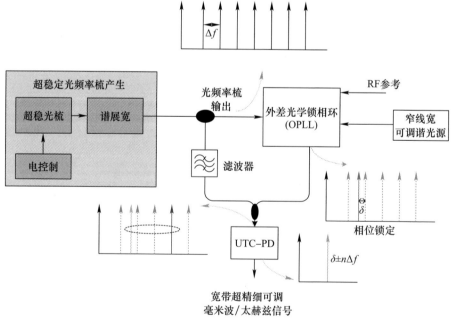

图 4.6　光学直接频率合成技术的典型方案框图

光学直接频率合成系统在组成上可以分为3个大的部分:超稳定光梳(通常是锁模脉冲激光器)、窄线宽可调谐光源和外差光锁相环路。其中:①超稳定光梳是用于提供光频域上的频率标准,使得整个系统具有非常高的稳定性和很低的噪声;②窄线宽可调谐光源是用于提供频率可以调谐的单频直流激光,与超稳定光梳的某一根梳齿进行拍频,从而获得所需的微波信号输出;③外差光锁相环是利用锁相环原理,将窄线宽可调谐光源输出的单频直流激光与超稳定光梳的某一根梳齿进行相位锁定,使二者之间建立起很好的相干性,才能确保产生的微波信号具有很好的信号质量。此外,可调谐光源的调谐精度对于微波频段来讲往往是很粗的,而外差光锁相环可以实现进一步的精细调谐。

光学直接频率合成技术的主要工作原理如下。

(1) 超稳定光梳产生出具有超高稳定性的梳状光谱(光梳的自参考锁定原理将在后面介绍),每根"梳齿"的绝对频率都被锁定在很稳定的状态,因此其时域抖动和频域噪声都很小。

(2) 窄线宽可调谐激光器输出的直流激光与超稳定光梳输出的梳状谱激光合路之后经过滤波器,再共同入射到光电探测器上。此时,直流激光与梳状谱信号中的某一根"梳齿"具有合适的频率间隔,它们通过拍频产生出需要的微波信号。

(3) 微波信号的一部分功率被分出来输入到外差光锁相环中,用于产生反馈信号,进而动态地控制窄线宽可调谐激光器(粗调),或者电光/声光调制器(细调),使得窄线宽直流激光与光梳的"梳齿"始终保持很好的相干性,使得拍频得到的微波信号的质量达到或接近超稳定光梳的水平。

(4) 当需要调谐输出的微波信号的频率,可以通过光锁相环一方面控制可调谐激光器的输出波长,由于光的绝对频率很高,因此波长的小范围变化都对应了很大的微波频率改变,因此奠定了宽带调谐的基础;而另一方面则控制电光/声光调制器实现频率的精细调谐,从而精准地获得所需频率的微波信号。

光学直接频率合成技术的优点主要是可以产生带宽调谐范围很大和质量很好的微波信号,相比于常规电子学的频率合成技术具有显著的优势。美国国防部高级研究计划局(DARPA)在2014年发布了一项名为"芯片式直接数字光学频率综合器"(DODOS)项目,其中就提到了图4.6中展示的方案。而更进一步的,DODOS项目中要求将整个系统通过光学集成与光电混合集成技术实现片上式的形态,从而成为一种小型化、超宽带和超稳定的频率综合器,如图4.7所示[4]。该方案利用异构集成的工艺技术,将基于Ⅲ-Ⅳ/Si的可调谐激光器、基于SiO_2的谐振器光梳以及基于Si_3N_4的谐振器光梳集成在一个Si基底上,从而实现了体积小于$1cm^3$的高集成DODOS系统。据报道,该系统能够实现频宽为10^{14}Hz、分辨率为1Hz的光学频率合成能力。

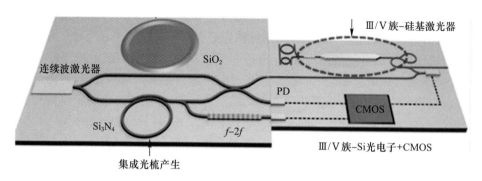

图 4.7 集成光学频率合成芯片及主要组成单元(见彩图)

光学直接频率合成技术之所以能达到上述指标,核心要素是采用了超稳定光梳。一般来说,对于普通的直流连续光激光器来讲,如果不对其进行稳定性控制,则输出的激光波长会发生短时的抖动和长时的漂移。因此,如果采用自由运转的激光器进行拍频产生微波信号,即使能够保证相干性,也无法获得很好的微波输出信号。下面简要介绍光梳实现超稳定频率基准的方法原理。

超稳定光梳可以通过自参考技术实现"梳齿"频率的绝对锁定,无须外部提供额外的参考光源或者标准具,目前较为流行的光梳自参考锁定技术是 $f-\text{to}-2f$ 自参考技术[5],其原理如图 4.8 所示。

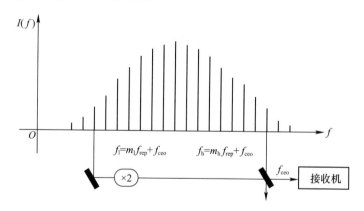

图 4.8 光梳的 $f-\text{to}-2f$ 自参考技术

对于光梳,有两个参数共同确定了其每根"梳齿"的绝对频率:梳齿频率间隔 f_{rep}(也就是脉冲的重复频率)和脉冲的载波包络相移频率 f_{ceo}(代表了光梳光谱整体相对于零频的频率偏移)。使用光电探测器直接接收光梳的脉冲序列可以很容易地探测到 f_{rep},然后结合常规的锁相环路可以将 f_{rep} 锁定到某 RF 参考频率上。而 f_{ceo} 的探测长期以来都较为困难,直到 $f-\text{to}-2f$ 自参考方法的出现。

如图4.8中所示,超短锁模脉冲的光谱本来就十分宽,结合超连续产生技术之后,自身的光谱能够超过一个倍频程。设光谱中的某低频梳齿和某高频梳齿分别可以表示为

$$f_1 = m_1 f_{\text{rep}} + f_{\text{ceo}} \tag{4.1}$$

$$f_\text{h} = m_\text{h} f_{\text{rep}} + f_{\text{ceo}} \tag{4.2}$$

假设f_1和f_h刚好满足倍频关系,则将f_1倍频之后与f_h进行拍频可以得到

$$\begin{aligned} 2f_1 - f_\text{h} &= 2(m_1 f_{\text{rep}} + f_{\text{ceo}}) - m_\text{h} f_{\text{rep}} - f_{\text{ceo}} \\ &= 2(m_1 f_{\text{rep}} + f_{\text{ceo}}) - 2m_1 f_{\text{rep}} - f_{\text{ceo}} \\ &= f_{\text{ceo}} \end{aligned} \tag{4.3}$$

从式(4.3)不难看出,如果光谱满足大于一个倍频程的条件,就可以通过光谱内部高低频之间的拍频直接得到f_{ceo}信号。这就是超稳定光梳技术中的$f-\text{to}-2f$自参考方法,它使得光梳的f_{ceo}探测及锁定依靠自身即可完成。$f-\text{to}-2f$方法的实现依赖于光梳的光谱有足够的宽度,必须要超过一个倍频程,这也是必须使用飞秒锁模脉冲激光器的原因,根据时域和频域的变换关系,时域越窄的脉冲在频域上的分布就越宽。超稳定光梳除了用于实现光学直接频率合成之外,在光学时间-频率标准、天文探测[6]等其他高精尖领域也具有广泛应用,感兴趣的读者可自行查阅相关文献。

4.1.4 光电振荡器

在光子本振产生技术中,OEO是较为有特点的一种技术途径。虽然本质上也是在光电探测器上通过光信号的拍频获得微波信号,但是OEO将产生的微波信号作为调制器的驱动信号又重新引回到光路中,使得信号的产生与传输构成了一个闭环系统,也就是我们在激光技术、微波技术和电路技术中都曾接触过的谐振腔结构,也就是说,OEO是一种特殊的复合型谐振腔,它的一部分工作在光频段,一部分工作在微波频段,光电探测器和光调制器成为这两个频段连接的桥梁。

在1994年,姚(X. S. Yao)和马利基(L. Maleki)第一次提出了完整的OEO方案和理论模型,成为Yao-Maleki模型[7]。OEO基本组成如图4.9所示。图中实线部分代表工作在光频段的环节,虚线部分代表工作在微波频段的环节,二者构成了一个完整的闭环谐振系统。主要的组成单元及功能如下。

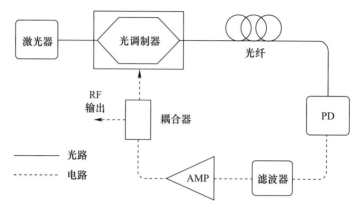

图 4.9 OEO 的基本组成框图

(1) 激光器:用于提供直流光载波。
(2) 光调制器:用于完成微波信号向光载波的调制。
(3) 光纤:作为谐振环路中的储能元件。
(4) 光电探测器:用于完成光信号向微波信号的转换。
(5) 微波滤波器:用于消除不需要的微波频率成分,具有选频的作用。
(6) 微波放大器:提供谐振环路中的增益。
(7) 微波耦合器:用于将一部分微波功率耦合回环路中,另一部分向外输出。

下面分析 OEO 振荡的阈值条件。既然 OEO 属于振荡器的一种,那么其正常工作就必须满足阈值条件。假设输入调制器的微波信号为 $V_i(t)$,则光调制器输出的调制后光信号可以表示为

$$P(t) = \left(\frac{\alpha_{\text{MZM}} P_{\text{opt}}}{2}\right)\left\{1 + \eta\cos\pi\left[\frac{V_i(t)}{V_\pi} + \frac{V_{\text{DC}}}{V_\pi}\right]\right\} \quad (4.4)$$

式中:P_{opt} 为激光器输出的直流光功率;α_{MZM} 为调制器的插损;V_π 为调制器的半波电压;V_{DC} 为加载到调制器上的直流偏置电压,用于控制调制器的工作点。

调制后的光信号在光电探测器上转换为微波信号,然后经过滤波和微波放大,输出的电压可以表示为

$$V_{\text{RF-out}} = r_d P(t) R_D G_A = V_{\text{ph}}\left\{1 + \eta\cos\pi\left[\frac{V_i(t)}{V_\pi} + \frac{V_{\text{DC}}}{V_\pi}\right]\right\} \quad (4.5)$$

式中:r_d 为光电探测器的响应度;R_D 为探测器的阻抗;G_A 为放大器的电压增益;V_{ph} 为光电压,可以表示为

$$V_{\mathrm{ph}} = \left(\frac{r_{\mathrm{d}} \alpha_{\mathrm{MZM}} P_{\mathrm{opt}}}{2}\right) R_{\mathrm{D}} G_{\mathrm{A}} = I_{\mathrm{D}} R_{\mathrm{D}} G_{\mathrm{A}} \qquad (4.6)$$

式中:I_{D} 为光电流。

式(4.5)所描述的信号即为开环情况下的 OEO 输出,因此可以得到 OEO 在开环情况下的小信号增益为

$$G_{\mathrm{s}} = \left.\frac{dV_{\mathrm{out}}}{dV_{\mathrm{i}}}\right|_{V_{\mathrm{i}}=0} = -\frac{\eta \pi V_{\mathrm{ph}}}{V_{\pi}} \sin\left(\frac{\pi V_{\mathrm{DC}}}{V_{\pi}}\right) \qquad (4.7)$$

从式(4.7)中不难看出,当 V_{DC} 为 $V_{\pi}/2$ 或者为 $3V_{\pi}/2$ 时,可以得到最大的开环小信号增益,即 $G_{\mathrm{s}} = \eta \pi V_{\mathrm{ph}}/V_{\pi}$。

OEO 谐振环路的起振条件是开环小信号增益必须大于等于 1。假设 $V_{\mathrm{DC}} = 3V_{\pi}/2$ 和 $\eta = 1$,则由式(4.7)可以得到 OEO 的起振条件为

$$V_{\mathrm{ph}} \geqslant \frac{V_{\pi}}{\pi} \qquad (4.8)$$

4.2 微波信号的光学延迟方法

基于光学方法的微波延迟处理是时域微波光子信号处理的重要技术之一,是波束形成、光存储、光计算等处理的基础。分析表明,在超过几微秒量级的延时设计中,光纤在体积、重量、成本等方面的优势就会凸显出来。

图 4.10 是光学微波延迟单元的示意图。射频信号输入电光转换器件,转换成被射频调制的光信号,在延迟媒介传输一段距离后,经 PD 再变换为射频信号。输出的射频信号和输入信号在频谱上完全相同。该结构中,延迟媒介可以是光纤、自由空间或是波导,延迟的时间与延迟媒介的长度成正比[8]。

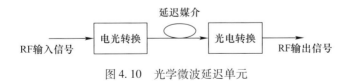

图 4.10 光学微波延迟单元

一般地,可调光延迟线所关注的指标主要有以下几种。

1) 延时调节范围

延时调节范围即可调延迟线的最小延时量与最大延时量的差值。最大延时一般越大越好。最小延时量则决定了光延迟线的最低缓存量,一般越小越好。

2）延时调节精度

延时调节精度与其用途有关,例如在光控相控阵雷达中,延时调节精度与扫描精度相关,而在光通信系统中作为缓存器件使用时,则与系统传输信号的速率相关,只需满足单个码元缓存即可。

3）带宽

带宽决定了器件对于不同微波频率信号的相位响应特性。高速调制的光信号会占据更多的带宽,大带宽可以保证信号不会失真。另外,大带宽的光缓存能够支持波分复用技术,从而进一步提升系统的通信容量。

4）损耗

器件的插入损耗直接影响系统的性能,如果损耗太大,则光信号在后续传输时必须通过放大器恢复,增加了系统的复杂性,降低了光信号的信噪比,增加了系统通信的误码率。

5）功耗

功耗是实际工程应用中非常关注的一个指标,对于大型节点的光路由器或者光波束成形网络等复杂系统,需要用到大量的可调延迟线单元,因此器件的功耗指标在积累后相当可观。

下面将介绍可调光学延迟技术的具体内容。

4.2.1 级联光开关的可调微波延迟

通常,延时量与光纤长度成正比,因此最直接的光学微波延迟方法是通过使用不同长度的光纤来实现微波信号延时量的切换选择,具体实现方案如下。

4.2.1.1 基于光纤的光学微波延迟方案

一般地,光在真空中以 $3\times10^8\mathrm{m/s}$ 的速度传播,在经过一段距离的传输后仍然需要一定的时间。若经微波信号调制后的光通过光纤传输一段距离以后,解调出的微波信号与调制前的微波信号进行对比,会发现微波信号延迟了。这里假设光通过的光纤长度为 L_f,光速为 c,纤芯折射率为 n_{core},则光纤延时 t 可以表示为

$$t = n_{core} L_f / c \tag{4.9}$$

可以看出,改变光纤的长度可以得到不同的延时。但是,随着光纤长度的增加,信号传输的损耗也同样在增加。因此,能获得最大的延迟时间范围基本上取决于对信号传输损耗的承受能力。例如,对于普通的通信光纤,传输损耗约为 0.2dB/km,如果使用 50km 长的传输光纤,则传输损耗为 10dB,此时的延迟时间可达约 $250\mu s$ [9]。

表 4.1 中汇总了不同类型的光纤可以实现的延时量。通过正确地选择光纤长度、光纤类型和光载波波长,可以得到需要的延时量。

表 4.1　不同光纤在 1550nm 处的延时量

ITU-T 标准	折射率	光纤长度/m	延时量/ns	光纤特点
G.652	1.4695	1	4.898	普通非色散位移单模光纤
G.652	1.4695	100	489.8	普通非色散位移单模光纤
G.657	1.4682	1	4.894	弯曲损耗不敏感单模光纤
G.657	1.4682	100	489.4	弯曲损耗不敏感单模光纤
色散补偿光纤	纤芯:1.47866 包层:1.44402	100	494	宽带色散补偿光纤

不同类型的光纤决定不同的延迟,但是一旦光纤长度固定,延迟同样固定下来。因此,多根固定长度的光纤配合光开关的切换就成为光学可调延迟最为常用的方法之一。一般地,基于光开关的可调延迟具有串联和并联两种基本的拓扑结构。

4.2.1.2　基于光纤并联的可调延迟方案

图 4.11 给出了基于光纤并联的可调延迟方案框图。在并联拓扑下,使用一入多出的光开关选通不同长度的并行光纤就能实现不同的延时。例如,当使用两个级联的 1×4 的光开关,开关之间连接不同长度的光纤时,就可以得到 2bit 的延迟(4 种延迟)。显然,该方案的每种延迟都是由一根独立的光纤所产生的,这种结构没有复用光纤的能力,因此不仅需要较大的空间来放置光纤,还需要复杂的光开关阵列以及开关控制设备,而且难以实现较大的延迟量。同时,该方案也不能实现延时量的连续调谐。

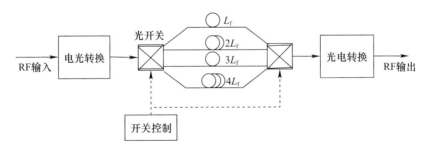

图 4.11　基于光纤并联的可调延迟方案框图

4.2.1.3　基于光纤串联的可调延迟方案

图 4.12 给出了基于光纤串联的可调延迟方案框图。在串联拓扑下,相邻两

个光开关之间有上下两个通道,下通道的延时量均相等,可视为基准延时;上通道的延时量按照 L_f 步进量逐级递增。图4.12结构提供了4种不同的延迟状态,因此称为2bit延迟。该结构中,光纤得到了一定程度的复用,从而为大延迟的实现提供了灵活的技术手段。但是,该方案需要多个1×2的光开关实现光路切换,因此,开关控制部分变得复杂。值得注意的是,该方案同样不能实现延时量的连续调谐。

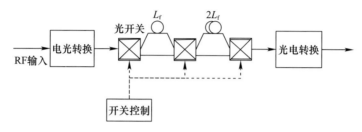

图4.12 基于光纤串联的可调延迟方案框图

4.2.2 基于色散的连续可调光延迟

为了解决上述问题,可以利用基于色散的连续可调光延迟方案。该方案利用波长变换代替了复杂的开关阵列,用一段大色散量的光纤代替了多个体积庞大的单模光纤,既便于集成,又简化了控制复杂度。

4.2.2.1 基于色散的光延迟与分配原理

一般地,光纤折射率随光波长的不同而不同。基于洛伦兹振荡器模型,任意光学材料的折射率可以根据 Sellmeier 法则进行插值表示:

$$n^2 - 1 = \sum_{j=1}^{3} \frac{C_j \cdot \lambda^2}{\lambda^2 - \lambda_j^2} \quad (4.10)$$

式中:波长 λ 的单位是 μm;λ_j 为第 j 阶共振频率;等式右边与一阶和二阶共振频率相关的项为电吸收带的高级和低级能量差,与三阶共振频率相关的项代表晶格振动吸收;C_j 为常数。

因此可以看出,通过连续调节激光器的波长,经过一段光纤后,受色散效应的影响,不同波长的光信号产生的延时量不同,从而导致了不同的相位。其中,延时差由以下公式表示:

$$\Delta T = \frac{L_f \cdot (n_1 - n_2)}{c} \quad (4.11)$$

式中:ΔT 为延时差;n_1 和 n_2 为光纤的折射率。

也就是说,光纤由于色散引入了群时延,它与光波长变化成正比,表达式如下:

$$\Delta T = D \cdot L_f \cdot (\lambda_1 - \lambda_2) \tag{4.12}$$

式中:D 为光纤的色散系数;L_f 为光纤长度;λ_1 和 λ_2 分别为初始波长和变化后的光波长。

特别地,对于单模阶跃光纤,波导色散可以表示为

$$D = -\frac{n_{core} - n_{cl}}{c \cdot \lambda} \left[0.08 + 0.5439 \cdot \left(2.834 - \frac{2\pi}{\lambda} \sqrt{n_{core}^2 - n_{cl}^2} \right)^2 \right] \tag{4.13}$$

式中:n_{core} 和 n_{cl} 分别为纤芯和包层的折射率。

由式(4.12)可以看出,信号延迟与色散量、介质长度和波长有关。当一个色散介质确定后,介质的长度和色散量都将固定,因此要实现延迟的可调就需要通过改变波长来实现。

图 4.13 给出了基于色散的延迟调谐框图,通过调谐激光器的波长,不同波长的激光经过色散元件后的到达时间不同,即延时不同[10]。其中,色散元件可以是色散光纤、光纤光栅和色散波导等。波长的调节可以采用光参量放大、自相位调制等方法。

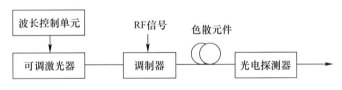

图 4.13 基于光学色散的延迟调谐

4.2.2.2 基于光纤参量放大和色散的可调延迟

图 4.14 给出了基于光纤参量放大和色散的可调延迟结构框图[11],光学参量振荡器产生脉宽 10ps、重复频率 75MHz 的信号脉冲,并分出一部分(A 点)用于触发初始抽运光脉冲。初始抽运光经波分复用器(WDM)与信号脉冲合路,经高非线性色散位移光纤实现参量放大,产生闲频光,即实现了波长变换。闲频光在 Sagnac 环中经 -74ps/nm 的色散补偿光纤(DCF)实现色散延时,延时量等于色散系数与波长变换量之积。随后,通过 B 点处的抽运光和链路中的环行器实现波长复原。通过改变抽运光波长,该系统可实现 800ps 的可调延时。波长变化的方案能够提供比激光器波长调谐方案更大的延迟调节量。

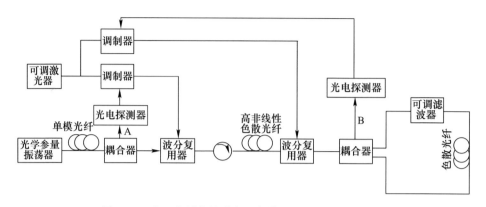

图 4.14 基于光纤参量放大和色散的可调延迟结构框图

4.2.2.3 基于级联周期极化铌酸锂晶体和色散的可调延迟

图 4.15 给出了级联周期极化铌酸锂晶体(PPLN)和色散的可调延迟结构框图和波长变换原理[12]。首先,2 个可调激光器和 PPLN 组成一个波长变换器,其原理如图 4.15(b)所示。其中输入信号光用作抽运光 1,激光器 LD_1 用作抽运光 2,这两路抽运光的波长相对于 PPLN 的中心波长 λ_0 对称,则由四波混频产生的新的闲频光 f_c 的波长和激光器 LD_2 的波长 f_d 同样相对于 λ_0 对称,其数学表达式为 $f_c = f_{p1}$

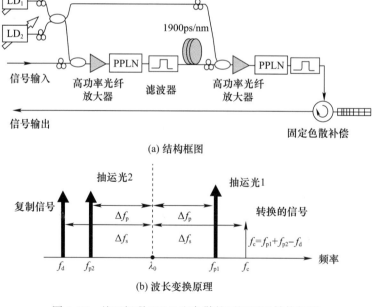

(a) 结构框图

(b) 波长变换原理

图 4.15 基于级联 PPLN 和色散的可调延迟结构框图

$+f_{p2}-f_d$,f_{p1},f_{p2} 和 f_d 分别是信号光、激光器 LD_1 和激光器 LD_2 的频率。接着,由滤波器滤出闲频光并通过色散介质进行延迟。最后,再次通过一个 PPLN 和 LD_1、LD_2 组成的波长变换器恢复出原始信号的波长。另外,色散介质仍然使用色散补偿光纤,但是这样会引起脉冲的展宽。当色散介质的色散值为 1900ps/nm、激光器 LD_2 可调带宽为 25nm 时,可以得到 44ns 的可调延时。

4.2.2.4 基于自相位调制和色散的可调延迟

图 4.16 给出了基于自相位调制和色散的可调延迟框图[13],信号光经过 EDFA 放大后直接注入高非线性光纤 HNLF1。在自相位调制的作用下,信号光的光谱发生展宽,如图 4.16 光谱所示;接着,通过滤波器滤出相应的波长。由于延迟量与波长偏移成正比,因此通过调节这里的可调滤波器中心波长,便可实现大范围的延迟调节。最后,同样通过一段高非线性光纤和滤波器,恢复出原始信号的波长。该方案不再需要额外的抽运输入,在结构上实现了简化,有利于小型化的要求。根据文献[13]报道,该方案可实现 4ns 的连续可调。

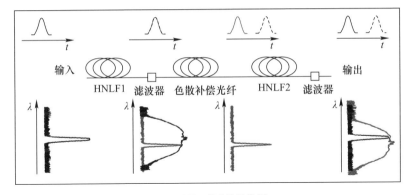

HNLF—高非线性光纤。

图 4.16 基于自相位调制和色散的可调延迟结构框图(见彩图)

4.2.3 基于光波导的精密可调延迟

基于集成光波导的光延迟技术与是利用平面光波导技术,把波导与光开关或调制器集成到同一基片上,从而实现更紧凑的光实时延迟结构。近年来,系统对小型化,高精度等方面的要求越来越高,光学集成化技术得到了迅速发展。常见的光波导包括 SOI 光波导、氮化硅光波导、二氧化硅光波导。

4.2.3.1 基于光波导的光延迟理论分析

无论采用上述哪种材料,目前大多数基于光波导的光延迟都基于微环谐振腔结构,如图 4.17 所示。直波导将光耦合进环中,光在微环中经历一周以后,又通过耦合区域耦合进入直波导。当输入光场和输出光场分别为 E_{in} 和 E_{out} 时,微环谐振腔的传输函数可以表示为[14]

$$\frac{E_{out}}{E_{in}} = \frac{\xi - \alpha_o e^{j\phi}}{1 - \alpha_o \xi e^{j\phi}} \quad (4.14)$$

式中:α_o 为环内的幅度传输系数(损耗系数),与环长有关;ϕ 为环形传输的相位变化,与传输频率有关;ξ 为耦合区域的幅度传输系数,并且在无损耗的情况下满足 $\xi^2 + \kappa^2 = 1$,κ 为耦合区域的幅度耦合系数。

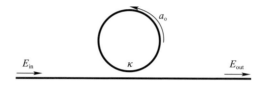

图 4.17 微环谐振腔结构

因此,对于传输的光场,其相位变化可以表示为[15]

$$\Phi = \pi + \phi + \arctan\frac{\xi\sin\phi}{\alpha_o - \xi\cos\phi} + \arctan\frac{\alpha_o\xi\sin\phi}{1 - \alpha_o\xi\cos\phi} \quad (4.15)$$

由式(4.15)可知,传输光的总相移主要受 4 个参量(α_o、κ、ϕ、ξ)的影响。其中,幅度传输系数 α_o 通过测量得出,耦合区域幅度耦合系数 κ 随微环与直波导的间距变化而变化。当微环长度为 $35\mu m$,传输损耗为 $2dB/cm$ 时,图 4.18 给出了不同 κ 下相移与频率的关系。可以发现,该条件下其相位特征具有连续性,可以实现慢光效应,而基于微环谐振腔的光延迟线正是基于这一原理而实现的,延迟总量与相位变化之间的关系由下式确定:

$$\tau = -d\Phi/d\omega \quad (4.16)$$

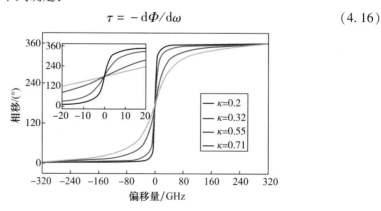

图 4.18 不同 κ 因子下相移与频率的关系(见彩图)

4.2.3.2 基于 SOI 光波导的可调延迟

图 4.19(a)给出了基于 SOI 光波导的可调延迟线结构的一个方案[14]。首先，一个频率为 ω 的微波信号通过调制器加载到一个载波为 ω_0 的光信号上，产生一个双边带信号；然后，通过一个陷波器将下边带滤除，从而形成一个单边带调制信号，其光场可以表示为

$$E(t) = A_0 \exp(j\omega_0 t) + A_1 \exp[j(\omega_0 + \omega)t] \qquad (4.17)$$

式中：A_0 和 A_1 分别为光载波和光上边带的幅度。

滤波后的信号进入一个基于 SOI 的光微环谐振腔，其结构如图 4.19(b)所示，由两个微环级联构成。此时，微环谐振腔的输出光场可以表示为

$$E'(t) = A_0 A_0' \exp(j\omega_0 t)\exp(j\theta_0) + A_1 A_1' \exp[j(\omega_0+\omega)t]\exp(j\theta_1) \qquad (4.18)$$

式中：A_0' 和 A_1' 分别为两个光分量的幅度传输增益；θ_0 和 θ_1 分别为两个光分量经过微环谐振腔引起的光相移，由式(4.15)决定。

最后，通过光电探测器将光信号转换为电信号，就完成了微波信号的恢复，其表达式变为

$$i_{AC}(t) \propto r_d A_0 A_0' A_1 A_1' \cos[\omega t + (\theta_0 - \theta_1)] \qquad (4.19)$$

式中：r_d 为光电探测器的响应率。

由式(4.19)可知，通过改变加载到微环上的电压来改变 θ_0 和 θ_1 的值，就可以实现微波信号的相位调节，从而完成延迟的高精度调谐。

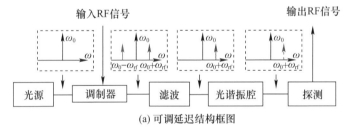

(a) 可调延迟结构框图

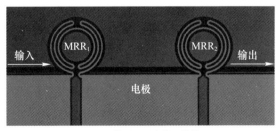

(b) 基于SOI的微环结构

MRR—微环谐振器。

图 4.19　基于 SOI 波导的可调光延迟的原理框图及结构(见彩图)

图 4.20 给出了 IBM 公司所报道的两种基于 SOI 光波导的可调延迟线结构[16],一种是全通滤波器结构,另一种是耦合谐振腔光波导。在全通滤波器结构的级联微环延迟线中,信号流在波导总线中通过边缘耦合进入微环,再由微环的边缘耦合回到波导总线中。其中,波导总线与相邻微环的间距为 200nm。而耦合谐振腔光波导结构中,信号直接通过微环的边缘耦合进入相邻微环中以实现传输,相邻微环之间的间隔为 200nm。

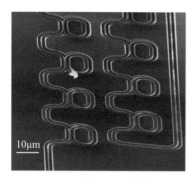 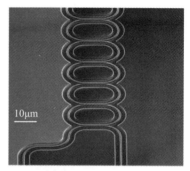

(a) 全通滤波器结构　　(b) 耦合谐振腔光波导结构

图 4.20　级联微环延迟线结构

实验中,IBM 公司通过 SOI 材料实现了 56 个全通滤波器结构和 100 个耦合谐振腔光波导结构的微环级联,并证明了通过改变波长,该器件延迟可调范围最大超过了 500ps。

4.2.3.3　基于氮化硅波导的可调延迟

图 4.21 给出了基于螺旋形氮化硅光波导和光开关的 4bit 超低损耗的延迟结

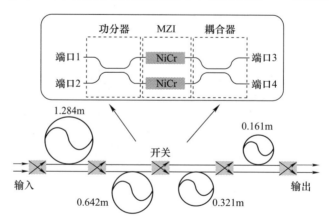

图 4.21　基于螺旋形氮化硅波导的可调光延迟结构框图

构[17]。氮化硅波导绕成不同长度的环状结构,通过集成光开关相互连接。一般来说,集成波导中的最大延时量往往受限于大的传输损耗,普遍处于百皮秒到几纳秒量级。而氮化硅波导的 TE 模式损耗在 1550nm 波段只有 1.01 ± 0.06dB/m,耦合损耗低于 0.1dB/m,波导最小弯曲半径低至 5mm,延时量可达 12.35ns(2.407m),精度 0.85ns。

4.2.3.4 基于二氧化硅波导的可调延迟

图 4.22 给出了基于圆弧形二氧化硅波导的可调延迟结构。当圆弧半径大于 4mm 时,波导的弯曲损耗近于 0,因此选择第一个通道的圆弧波导半径为 5mm,则第一段圆弧波导的长度 $l_1 = \pi R = 15.707963$mm。已知相邻通道的延时差 $\Delta T = 12.5$ps,根据延迟线长度公式:

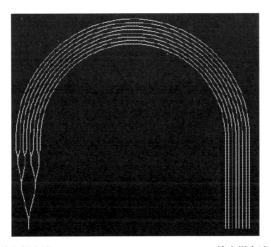

输入耦合端　　　　　　　　　　输出耦合端

图 4.22　基于圆弧形二氧化硅波导的可调延迟结构框图

$$\Delta l = \frac{\Delta T}{n_{\text{eff}}} \cdot c \tag{4.20}$$

式中:c 为真空中的光速;n_{eff} 为 1.445;那么可以计算出 $\Delta l = 594.89\mu$m。则整个二氧化硅条形光波导延迟线的结构参数如表 4.2 所列。

表 4.2　二氧化硅条形光波导延迟线的结构参数

二氧化硅波导延迟线	圆弧半径/mm	延迟线长度/mm	延时时间/ps
通道 1	5	15.708	0
通道 2	5.189	16.303	12.5
通道 3	5.379	16.898	25

续表

二氧化硅波导延迟线	圆弧半径/mm	延迟线长度/mm	延时时间/ps
通道4	5.568	17.493	37.5
通道5	5.757	18.088	50
通道6	5.947	18.682	62.5
通道7	6.136	19.277	75
通道8	6.326	19.872	87.5

虽然已经有许多方法可以实现可调的光延迟，但是在具体的工程应用当中也面临着一些核心问题，这些问题将是今后国际上研究的热点[18]。

1）同时实现较大的延迟调节范围和较高的调节精度

对于常用的微环谐振腔延迟线，光信号延迟的性能受限于谐振结构本身固有的延迟-带宽积，通常采用级联的方式增加延迟量和带宽，这种方案增加了器件的体积，而且由于加工工艺误差，谐振频率无法精确控制，需要后期进行逐一调节，级联个数越多，所需的调节模块越多，增加了系统的复杂度和功耗。常规的 N-bit 可编程真时延结构无法实现连续可调，利用传统光纤可以实现大范围，但也受限于可切割的最短光纤长度（最小延时增量）而无法实现高精度的延时，此外分立器件也造成系统体积较大的问题。虽然已有其他材料（二氧化硅、氮化硅等）的集成 N-bit 可编程真时延结构，但由于折射率较小，器件体积依然较大，不利于大规模集成。

2）光电封装与可靠性

光学封装的重点在于耦合损耗、机械强度、稳定性等。无论是多个微环谐振腔还是多级开关阵列延迟线，都需要多个电学单元进行控制，从而实现调节延时的功能。因此，在保证不影响光学封装的前提下，密集电学封装是实现可调延迟线实用化的一个基本工艺前提。

3）降低调节难度和功耗

当应用到实际的工程中时，功耗是所有工程设计中最为关键的环节之一。而在可调延迟线中，电学调节单元的使用通常不可避免。如何优化延迟线器件结构以及其可能用到的光开关、可调衰减器等器件的光学结构，为外端电学控制单元减轻负荷，如何通过电学上设计新型电极，从而降低其电学功耗，都是目前需要研究的问题，这也是大规模光子集成芯片实现的基础。

4.3 微波信号的长距离传输

近年来，随着射频模拟传输系统的不断发展，信道容量和比特率成为传输链路急需解决的问题。另外,诸如重量、体积、成本等因素也成为制约射频系统工程化的重要问题。以射频模拟雷达为例,其中的射频天线阵包含了成百上千的阵元,通过同轴电缆传输单元通道的信号时,电缆总体质量达80~600kg/km,在10GHz时的传输损耗至少有450dB/km。

使用光纤进行信号传输和分配具有其独特的优势。首先,光纤质量小,只有1.7kg/km,传输损耗小(约0.2dB/km),这与电缆相比几乎可以忽略不计。因此,使用光纤对远距离信号传输有着明显的优势。

高速长距离微波光子传输系统正是在光载无线通信对系统大容量和长距离的要求下应运而生的。一般来讲,长距离传输系统可以分成3种[19]:①常规长距离传输,指电中继段长度在640km以下的系统;②亚超长距离传输,指电中继段长度在640~2000km;③超长距离传输,指电中继段长度在2000km以上的系统。但是,相位噪声对传输信号的质量影响很大,需要进行相位补偿与校正。

4.3.1 传输损耗与相位噪声

传输损耗是信号传输很重要的一个物理参数,它在很大程度上决定了传输系统的中继距离。传统的同轴电缆和光纤传输方案各有优劣。使用同轴电缆传输不存在光电互转换过程,系统成本与通道数量、电缆长度和射频波长密切相关。另外,由于电缆插损大,在较长距离传输中需要进行多次放大,这将进一步增加研制成本。而光纤方案虽然在链路传输过程中损耗极小,但是其涉及光电互转换过程,在超短距离传输时优势并不明显。举例来讲,一个标准的强度调制链路的光电互转换过程的损耗约为15dB,而10GHz信号在同轴电缆中传输30m的损耗也是15dB。因此,可以得到一个粗略的,但具有指导意义的结论:当信号传输距离超过30m时,光纤传输方案就具备了损耗低的优势。

就光纤本身来讲,其损耗的产生大致可以分为适应光纤的固有损耗和由材料、工艺所引起的非固有损耗。其中,固有损耗主要是由石英材料的本征吸收和瑞利散射引起的,这些机理限制了光纤所能达到的最小损耗。一般来讲,光纤的损耗可以表示为

$$\alpha_o = -\frac{10}{L_f}\log\left[\frac{P_{in}}{P_{out}}\right] (\text{dB/km}) \tag{4.21}$$

式中:α_o为衰减系数;L_f为光纤的长度;P_{in}为在长度为L_f的光纤输入端注入的光功率。输出端的光功率应为

$$P_{out} = P_{in}\exp(-\alpha_o L_f) \tag{4.22}$$

随着对光纤损耗机理的研究深入,研究人员给出了用改良的化学气相沉积法制造的单模石英光纤的损耗谱[20],如图4.23所示,它表明单模光纤具有3个低损耗的传输窗口,分别为850nm波段,1310nm波段和1550nm波段。其中,波长为1550nm处的光纤传输损耗最小,约为0.2dB/km。

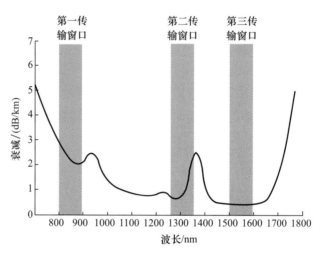

图4.23 单模光纤的损耗曲线

随着传输距离的增加,即便使用光纤作为媒介,其损耗也将变得不可忽视,它会降低接收端接收到的光强度,因此中继不可避免。图4.24给出了长距离传输时,电缆和光纤的传输方案。与传统的电中继相比(图4.24(a)),掺杂光纤放大技术可以直接对光信号进行补偿(图4.24(b)),维护难度和成本大大降低,不需要像以前那样要在一定距离增加构造复杂且成本昂贵的电子中继设备,它的产生及发展极大地延长了无中继的传输距离。

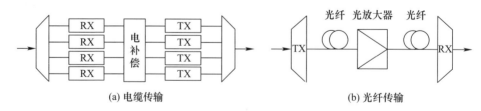

图4.24 长距离电缆传输与光纤传输方案

表4.3总结了高速长距离光传输实验的主要情况。实验结果表明:采样拉曼光纤放大和掺铒光纤放大器的组合模式,可以使光纤损耗不再成为传输距离的一个重要限制因素。

表 4.3　典型的高速长距离光纤传输实验[21-24]

序号	传输距离/km	容量	损耗补偿方式	参考文献
1	240	204×111	(拉曼+掺铒)放大	[21]
2	1600	8×40	(拉曼+掺铒)放大	[22]
3	3020	65×10.7	拉曼放大	[23]
4	1600	3×42.7	(拉曼+掺铒)放大	[24]

当传输损耗不再是影响微波光子传输系统的限制后,研究人员发现相位噪声的恶化逐渐凸显。特别是在大型的实验项目中,如分布式雷达、甚长基线干涉仪、深空探测等[25-27],不仅仅需要高稳定的激光输出,同时也需要光信号在长距离传递后持续保持稳定状态。但是,大部分激光器的功率会不可避免地随着时间、温度、机械振动、湿度等外界因素的变化而产生随机性波动[28]。同时,光纤本身也会由于压力、气流等原因使其长度和折射率发生随机变化[29-30]。以上因素会使传输过程中的光信息相位发生随机变化,即引入了相位噪声,从而降低系统的精度和准确度。

以光纤传输为例,当光纤长度为 L_f,有效折射率为 n_{eff},则由光纤传输线引入的微波信号传输时延和相位时延分别表示为

$$t_{delay} = n_{eff} L_f / c \quad (4.23)$$

$$\Delta\varphi = n_{eff} L_f / (c T_{RF}) \quad (4.24)$$

式中:c 为光在真空中的速率;T_{RF} 为微波信号周期。

但是,在实际的光纤传输系统中,$\Delta\varphi$ 的值会随外界环境如温度、压力、振动的变化而抖动,如下式所示:

$$\Delta\varphi = \beta\Delta L + L\Delta\beta \quad (4.25)$$

式中:第一项表示光纤长度受应变的影响,会引起微波信号相位的抖动;第二项表示传播常数 β 的变化也将影响 $\Delta\varphi$ 的值。$\Delta\beta$ 的变化是由两个效应导致的,分别是由应变引起的纤芯折射率变化,即弹光效应以及光纤直径变化的色散效应。这两种效应对有传播常数的影响可以表示为

$$\Delta\beta = \frac{\partial\beta}{\partial n}\Delta n + \frac{\partial\beta}{\partial D}\Delta D \quad (4.26)$$

结合式(4.25)和式(4.26),在光纤传输系统中,应力应变引起的微波信号相位抖动可以表示为

$$\Delta\varphi = \beta\Delta L + L\left(\frac{\partial\beta}{\partial n}\Delta n + \frac{\partial\beta}{\partial D}\Delta D\right) \quad (4.27)$$

温度对光纤传输系统中微波信号相位的影响与应变的影响类似,即

$$\frac{\Delta\varphi}{\Delta T} = K\left(L\frac{\Delta n}{\Delta T} + n\frac{\Delta L}{\Delta T}\right) \quad (4.28)$$

式中:K 为热膨胀系数;$\frac{\Delta n}{\Delta T}$ 为光纤折射率随温度的变化;$\frac{\Delta L}{\Delta T}$ 为光纤长度随温度的变化。

式(4.28)反映了恢复出的微波信号的相位随温度的变化而变化。

4.3.2 光纤色散与非线性效应

由于光纤介质的固有缺陷,在长距离光纤传输中色散和非线性成为影响信号传输系统性能的两个重要因素。当信号为数字脉冲时,色散引起的主要效应为脉冲展宽。但是本书主要针对模拟的微波光子信号,色散效应则是导致特定频率的微波信号出现周期性功率衰落,从而限制信号的传输性能。而光纤非线性响应主要起源于三阶电极化率 $\chi^{(3)}$,它是引起诸如三次谐波产生、四波混频以及非线性折射等现象的主要原因[31],同样会影响长距离传输链路的动态范围和信号质量。

本节不同于传统相关书籍中对色散和非线性理论的介绍和推导,而是基于非线性耦合模方程和小信号分析法进行必要的简化,并且针对模拟的微波光子信号,精确地分析信号在光纤中的传输演变,阐明色散和非线性对微波光子信号作用的相互原理和机理[32-33]。

4.3.2.1 微波光子信号的理论传输模型

传输用的标准单模光纤只支持一个模式的传输,但是却存在两个相互正交的偏振态。由于光纤的不对称性,这两个偏振态会有各自的传输速度和相位。当考虑色度色散(CD)、偏振模色散(PMD)和光纤非线性时,单模光纤中传输的信号满足非线性耦合模方程,即

$$\begin{cases} \frac{\partial A_x}{\partial z} + \beta_{1x}\frac{\partial A_x}{\partial t} + \frac{j\beta_{2x}}{2}\frac{\partial^2 A_x}{\partial t^2} + \frac{\alpha}{2}A_x = j\gamma\left(|A_x|^2 + \frac{2}{3}|A_y|^2\right)A_x + \frac{j\gamma}{3}A_x^* A_y^2 \exp(-2j\Delta\beta z) \\ \frac{\partial A_y}{\partial z} + \beta_{1y}\frac{\partial A_y}{\partial t} + \frac{j\beta_{2y}}{2}\frac{\partial^2 A_y}{\partial t^2} + \frac{\alpha}{2}A_y = j\gamma\left(|A_y|^2 + \frac{2}{3}|A_x|^2\right)A_y + \frac{j\gamma}{3}A_y^* A_x^2 \exp(2j\Delta\beta z) \end{cases}$$

(4.29)

则通过如下变换:

$$Z = z, \quad T = t - \bar{\beta}_1 z, \quad \bar{\beta}_1 = (\beta_{1x} + \beta_{1y})/2, \quad \beta_{2x} = \beta_{2y} = \beta_2 \quad (4.30)$$

式(4.29)可化简为

$$\begin{cases} \dfrac{\partial A_x}{\partial Z} + b \dfrac{\partial A_x}{\partial T} + \dfrac{\mathrm{j}\beta_2}{2} \dfrac{\partial^2 A_x}{\partial T^2} + \dfrac{\alpha}{2} A_x = \mathrm{j}\gamma \left(|A_x|^2 + \dfrac{2}{3}|A_y|^2 \right) A_x + \dfrac{\mathrm{j}\gamma}{3} A_x^* A_y^2 \exp(-2\mathrm{j}\Delta\beta z) \\ \dfrac{\partial A_y}{\partial Z} - b \dfrac{\partial A_y}{\partial T} + \dfrac{\mathrm{j}\beta_2}{2} \dfrac{\partial^2 A_y}{\partial T^2} + \dfrac{\alpha}{2} A_y = \mathrm{j}\gamma \left(|A_y|^2 + \dfrac{2}{3}|A_x|^2 \right) A_y + \dfrac{\mathrm{j}\gamma}{3} A_y^* A_x^2 \exp(2\mathrm{j}\Delta\beta z) \end{cases}$$

(4.31)

式中：b 为单位长度光纤的群时延，表示为 $b = \beta_{1x} - \bar{\beta}_1 = (\beta_{1x} - \beta_{1y})/2$。

由文献[34-35]可知，典型单模光纤中快慢轴的折射率差 Δn 约为 $5 \times 10^{-9} \sim 8 \times 10^{-4}$。因此，当光信号波长为 1550nm 时，$\beta_2$ 为 $-20.4\mathrm{ps}^2/\mathrm{km}$。这时 b 在 $9.34 \times 10^{-3} \sim 1.44 \times 10^3$ 范围内随机变化。

当 SMF 中传输微波光子信号时，信号正交分量的幅度包络可以表示成 $A_{x,y}(Z,T) = \sqrt{P_{x,y}(Z,T)} \exp[\mathrm{j}\phi_{x,y}(Z,T)]^{[36]}$。为了方便起见，在以下推导中 $A_{x,y}$、$P_{x,y}$ 和 $\phi_{x,y}$ 分别用来表示 $A_x(Z,T)$、$A_y(Z,T)$、$P_x(Z,T)$、$P_y(Z,T)$、$\phi_x(Z,T)$ 和 $\phi_y(Z,T)$。将 $A_{x,y}$ 带入式(4.31)可以得到

$$\dfrac{\alpha}{2}\sqrt{P_{x,y}} + \dfrac{1}{2\sqrt{P_{x,y}}} \dfrac{\partial P_{x,y}}{\partial Z} + \mathrm{j}\sqrt{P_{x,y}} \dfrac{\partial \phi_{x,y}}{\partial Z} \pm b \dfrac{1}{2\sqrt{P_{x,y}}} \dfrac{\partial P_{x,y}}{\partial T} \pm \mathrm{j}b \sqrt{P_{x,y}} \dfrac{\partial \phi_{x,y}}{\partial T} + \dfrac{\mathrm{j}\beta_2}{2\sqrt{P_{x,y}}} \cdot$$

$$\left[-\dfrac{1}{4P_{x,y}}\left(\dfrac{\partial P_{x,y}}{\partial T} \right)^2 + \mathrm{j}\dfrac{1}{2} \dfrac{\partial P_{x,y}}{\partial T} \dfrac{\partial \phi_{x,y}}{\partial T} + \dfrac{1}{2}\dfrac{\partial^2 P_{x,y}}{\partial T^2} \right] - \dfrac{\beta_2}{2}\sqrt{P_{x,y}} \left[\dfrac{1}{2P_{x,y}} \dfrac{\partial P_{x,y}}{\partial T} \dfrac{\partial \phi_{x,y}}{\partial T} + \mathrm{j}\left(\dfrac{\partial \phi_{x,y}}{\partial T}\right)^2 \right] -$$

$$\dfrac{\beta_2}{2}\sqrt{P_{x,y}} \dfrac{\partial^2 \phi_{x,y}}{\partial T^2} = \mathrm{j}\gamma \left(P_{x,y} + \dfrac{2}{3} P_{y,x} \right)\sqrt{P_{x,y}} + \dfrac{\mathrm{j}\gamma}{3}\sqrt{P_{x,y}} P_{y,x} \exp(-2\mathrm{j}\Delta\beta Z) \quad (4.32)$$

为了简化式(4.32)，可以引入小信号分析法[37]。①假设输入信号的光强度较小，则输入总功率 $P_{x,y}(Z,T)$ 可以看成时间相关量 $p_{x,y}(Z,T)$ 与平均量 $P_{x,y}(Z)$ 之和，即 $p_{x,y}(Z,T) + P_{x,y}(Z)$。②假设频率调制指数较小，则 $p_{x,y}(Z,T)$ 与 $\phi_{x,y}(Z,T)$ 的乘积，以及它们的高次幂的乘积可以忽略。这时，将式(4.32)中的 $P_{x,y}(Z,T)$ 展开可得

$$\dfrac{\partial [P_{x,y}(Z) + p_{x,y}]}{\partial Z} \pm b \dfrac{\partial p_{x,y}}{\partial T} + \mathrm{j}2[P_{x,y}(Z) + p_{x,y}]\left(\dfrac{\partial \phi_{x,y}}{\partial Z} \pm b \dfrac{\partial \phi_{x,y}}{\partial T} \right) + \mathrm{j}\dfrac{1}{2}\beta_2 \dfrac{\partial^2 p_{x,y}}{\partial T^2} +$$

$$[P_{x,y}(Z) + p_{x,y}]\left(\alpha - \beta_2 \dfrac{\partial^2 \phi_{x,y}}{\partial T^2} \right) = \mathrm{j}2\gamma \left\{ [P_{x,y}(Z) + p_{x,y}] + \dfrac{2}{3}[P_{y,x}(Z) + p_{y,x}] \right\} \cdot$$

$$[P_{x,y}(Z) + p_{x,y}] + \dfrac{\mathrm{j}2\gamma}{3}[P_{x,y}(Z) + p_{x,y}] \cdot [P_{y,x}(Z) + p_{y,x}] \exp(-2\mathrm{j}\Delta\beta Z) \quad (4.33)$$

接着，引入归一化功率 $p_{N(x,y)}(Z,T) = p_{x,y}(Z,T)\exp(\alpha Z)$ 和平均功率量 $P_{x,y}(Z) = P_{x,y}(0)\exp(-\alpha Z)$，其中 $P_{x,y}(0)$ 是输入信号的初始光功率。将 $p_{N(x,y)}(Z,T)$

和 $p_{(x,y)}(Z)$ 代入式(4.33)中可得到简化表达式：

$$-\alpha P_{x,y}(0) - \alpha p_{N(x,y)} \pm b\frac{\partial p_{N(x,y)}}{\partial T} + j\frac{1}{2}\beta_2\frac{\partial^2 p_{N(x,y)}}{\partial T^2} \pm j2b[P_{x,y}(0) + p_{N(x,y)}]\frac{\partial \phi_{x,y}}{\partial T} +$$

$$\frac{\partial p_{N(x,y)}}{\partial Z} + [P_{x,y}(0) + p_{N(x,y)}]\left(j2\frac{\partial \phi_{x,y}}{\partial Z} - \beta_2\frac{\partial^2 \phi_{x,y}}{\partial T^2}\right) + \alpha[P_{x,y}(0) + p_{N(x,y)}] = \text{Non}(Z,T)$$

(4.34)

式中：非线性因子 $\text{Non}(Z,T)$ 可表示为

$$\text{Non}(Z,T) = j2\gamma\left[P_{x,y}(0) + p_{N(x,y)} + \frac{2}{3}P_{y,x}(0) + \frac{2}{3}p_{N(y,x)}\right] \cdot$$

$$[P_{x,y}(0) + p_{N(x,y)}]\exp(-\alpha Z) + \frac{j2\gamma}{3}[P_{x,y}(0) + p_{N(x,y)}] \cdot$$

$$[P_{y,x}(0) + p_{N(y,x)}]\exp(-2j\Delta\beta Z)\exp(-\alpha Z) \quad (4.35)$$

将式(4.34)的实部和虚部分离，并做傅里叶变换：

$$\frac{\partial \tilde{p}_{N(x,y)}}{\partial Z} \pm jb\tilde{\omega}p_{N(x,y)} + \beta_2\omega^2 P_{x,y}(0)\tilde{\phi}_{x,y} = \tilde{R}(\text{Non}(Z,\omega)) \quad (4.36)$$

$$2P_{x,y}(0)\frac{\partial \tilde{\phi}_{x,y}}{\partial Z} \pm 2jb\omega P_{x,y}(0)\tilde{\phi}_{x,y} - \frac{1}{2}\beta_2\omega^2 \tilde{p}_{N(x,y)} = \tilde{I}(\text{Non}(Z,\omega)) \quad (4.37)$$

式中：$\tilde{p}_{N(x,y)} = \tilde{p}_{N(x,y)}(Z,\omega)$ 和 $\tilde{\phi}_{x,y} = \tilde{\phi}_{x,y}(Z,\omega)$ 为 $p_{N(x,y)}(Z,T)$ 和 $\phi_{x,y}(Z,T)$ 的傅里叶变换。$R(x)$ 和 $I(x)$ 表示 x 的实部和虚部。

式(4.36)和式(4.37)的初始条件为

$$\begin{cases} \tilde{p}_{Nx}(0,\omega) = \tilde{p}_{in}(\omega)\cos^2(\theta), \quad \tilde{p}_{Ny}(0,\omega) = \tilde{p}_{in}(\omega)\sin^2(\theta) \\ \partial\tilde{p}_{Nx}/\partial Z|_{Z=0} = \tilde{R}(\text{Non}(0,\omega)) - jb\omega P_{in}(0)\cos^2(\theta) - \beta_2\omega^2 P_{in}(0)\cos^2(\theta)\tilde{\phi}_{in}(\omega) \\ \partial\tilde{p}_{Ny}/\partial Z|_{Z=0} = \tilde{R}(\text{Non}(0,\omega)) + jb\omega P_{in}(0)\sin^2(\theta) - \beta_2\omega^2 P_{in}(0)\sin^2(\theta)\tilde{\phi}_{in}(\omega) \end{cases}$$

(4.38)

式中：$\tilde{p}_{in}(\omega)$、$\tilde{\phi}_{in}(\omega)$ 和 $P_{in}(0)$ 分别表示入射光纤的强度、相位和平均功率；θ 为入射光信号与光纤主轴的夹角。

分析式(4.36)和式(4.37)可以看出，公式左边第二项受 PMD 影响，这一效应在文献[38-39]中有详细的讨论。光信号沿光纤快轴和慢轴随机地交换传输，并通过 b 的正负取值来体现。另外，式(4.36)和式(4.37)第三项受 CD 影响，而公式

右边项则对应非线性失真。因此,式(4.36)和式(4.37)较为完整地描述了模拟光信号在光纤中的演化趋势。

利用上述模型,图4.25给出了当仅存在CD或PMD时的仿真结果对比。①当系统中只存在CD效应时,链路参数设置分别为$\beta_2 = -21.6786\text{ps}^2/\text{km}$(或$D = 17\text{ps}/\text{km}\cdot\text{nm}$)、$\lambda = 1550\text{nm}$、$P(0) = 0\text{dB}$以及$Z = 100\text{km}$。当频率增加时,图4.25(a)中RF信号强度出现了周期性功率衰落的现象。与传统基于分布式傅里叶的仿真方法相比,本书所阐述的理论模型一致性较好。②当系统中只存在PMD效应时,系统参数设置分别为$\beta_2 = 0$以及$D_{\text{PMD}} = 0.5\text{ps}/(\text{km})^{1/2}$,其他参数与①相同。由于PMD具有统计特性,因此我们对模型进行50次计算。图4.25(b)分别给出了基于本章模型的计算结果和现有研究理论计算结果。由图可知接收信号的强度正比于表达式$\cos(2\pi f \cdot \text{DGD})$。其中实线是差分群延时(DGD)为10.7ps时,符合经典理论计算的最大理论衰落曲线。而本章所提模型的计算结果既符合最大衰落曲线,又能反映PMD的统计特性,并且得到了实验的验证[40]。因此可以证明当只存在PMD效应时所提模型仍然正确。

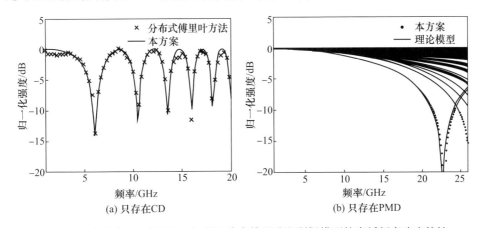

图4.25 当只有CD或PMD时,基于分步傅里叶和所提模型的光纤频率响应特性

为了进一步验证上述模型的自洽性,这里对式(4.38)进行了简化,利用数值仿真和理论计算分别比较了两种特殊情况下模型的精确度,即CD与PMD的影响和CD与非线性的影响。

4.3.2.2 色散效应的影响

偏振模色散和色度色散是光纤色散效应的两个重要类型,两种色散虽然都会引起微波光子信号的功率衰落,但是其机理和权重因子不同。根据4.3.2.1给出的传输模型,当入射光强度比较弱时,信号在光纤传输中的非线性效应就可以忽略,即式(4.36)和式(4.37)中的$\text{Non}(Z,\omega) = 0$。此时,就能够详细研究偏振模色散和色度色散对信号的影响。

式(4.36)和式(4.37)可简化为

$$\frac{\partial \tilde{p}_{N(x,y)}}{\partial Z} \pm jb\omega \tilde{p}_{N(x,y)} + \beta_2 \omega^2 P_{x,y}(0) \tilde{\phi}_{x,y} = 0 \quad (4.39)$$

$$2P_{x,y}(0)\frac{\partial \tilde{\phi}_{x,y}}{\partial Z} \pm 2jb\omega P_{x,y}(0)\tilde{\phi}_{x,y} - \frac{1}{2}\beta_2\omega^2 \tilde{p}_{N(x,y)} = 0 \quad (4.40)$$

在直接探测光系统中,信号信息往往是加载到幅度上。因此当只考虑强度调制时,可以将式(4.39)对 Z 进行微分并代入式(4.40)中消除相位变量 $\tilde{\phi}_{x,y}$。这样就得到了微波光子信号在光纤传输中演变的线性微分方程:

$$\frac{\partial^2 \tilde{p}_{N(x,y)}(Z,\omega)}{\partial Z^2} \pm 2j b\omega \frac{\partial \tilde{p}_{N(x,y)}(Z,\omega)}{\partial Z} + [\beta_2^2 \omega^4/4 - b^2 \omega^2] \tilde{p}_{N(x,y)}(Z,\omega) = 0$$

(4.41)

上述方程的求解过程可以分两步处理:

第一步,将总传输距离 Z 分成若干段短距离 ΔZ。以 x 偏振态为例,当信号传输距离为 ΔZ 时,式(4.41)可以得到如下解:

$$\tilde{p}_{Nx}(\Delta Z, \omega) = \frac{2j\beta_2 \omega \tilde{\phi}_x(0,\omega) \tilde{p}_{Nx}(0,\omega)}{2\beta_2 \omega \exp j\Delta Zb\omega} [\exp(j\Delta Z\beta_2\omega^2/2) - \exp(-j\Delta Z\beta_2\omega^2/2)] +$$

$$\frac{\beta_2 \omega \tilde{p}_{Nx}(0,\omega)}{2\beta_2 \omega \exp j\Delta Zb\omega} [\exp(j\Delta Z\beta_2\omega^2/2) + \exp(-j\Delta Z\beta_2\omega^2/2)] \quad (4.42)$$

利用 $\exp(jx) + [\exp(jx)]^* = 2R\{\exp(jx)\}$ 和 $\exp(jx) - [\exp(jx)]^* = 2jI\{\exp jx\}$,式(4.42)可以进一步简化为

$$\tilde{p}_{Nx}(\Delta Z, \omega) = R\{\exp(j\Delta Z\beta_2\omega^2/2)\exp(-j\Delta Zb\omega)\tilde{p}_{Nx}(0,\omega)\} -$$

$$\tilde{\phi}_x(0,\omega) 2I\{\exp(j\Delta Z\beta_2\omega^2/2)\exp(-j\Delta Zb\omega)\tilde{p}_{Nx}(0,\omega)\}$$

(4.43)

第二步,由于双折射参量 b 在长度尺度为 $0.3\sim100\mathrm{m}$ 内会随机变化,因此为了更精确地计算式(4.43),传输长度 ΔZ 可进一步分割为更小尺度上的量 δZ。双折射参量 b 在 δZ 的尺度上固定不变,记为 δb,但是不同 δZ 之间 b 仍随机变化。此时 $\Delta Z \cdot b$ 项变为 $\prod_{i=0}^{N} \delta b_i \delta Z$。

这样,微波光子信号在传输距离为 Z 时的一般表达式可以由一个迭代关系来

表述,即

$$\tilde{p}_{N(x,y)}(Z,\omega) = R\left\{\exp(j\Delta Z\beta_2\omega^2/2)\exp\left[\mp j\omega\left(\prod_{i=0}^{N}\delta b_i\delta Z\right)\right]\tilde{p}_{N(x,y)}(Z-\Delta Z,\omega)\right\} - \tilde{\phi}_{x,y}(Z-\Delta Z,\omega)2I\left\{\exp(j\Delta Z\beta_2\omega^2/2)\exp\left[\mp j\omega\left(\prod_{i=0}^{N}\delta b_i\delta Z\right)\right]\tilde{p}_{N(x,y)}(Z-\Delta Z,\omega)\right\}$$

(4.44)

则总频谱功率函数 $\tilde{p}_N(Z,\omega)$ 表示为(考虑 x、y 两个偏振态)

$$\tilde{p}_N(Z,\omega) = R\left\{\exp\left(\frac{j\beta_2\omega^2\Delta Z}{2}\right)\left[\prod_{i=0}^{N}m_i(\omega)\right]\tilde{p}_N(Z-\Delta Z,\omega)\right\} - \tilde{\phi}(Z-\Delta Z,\omega)2I\left\{\exp\left(\frac{j\Delta Z\beta_2\omega^2}{2}\right)\left[\prod_{i=0}^{N}m_i(\omega)\right]\tilde{p}_N(Z-\Delta Z,\omega)\right\}$$

(4.45)

式中:矢量 $\tilde{p}_N(Z,\omega)$ 和 $\tilde{\phi}(Z,\omega)$ 分别为 $[\tilde{p}_{Nx}(Z,\omega);\tilde{p}_{Ny}(Z,\omega)]$ 和 $[\tilde{\phi}_x(Z,\omega);\tilde{\phi}_y(Z,\omega)]$;$m_i(\omega) = [m_{11},0;0,m_{11}^*]$,其值取决于光纤的双折射 b,随信号传输随机变化,$m_{11} = \exp(-j\omega\delta b_i \cdot \delta Z)$。

因此,微波光子信号经光纤传输后输出的总强度 $\tilde{p}_N(Z,\omega) = \tilde{p}_{Nx}(Z,\omega) + \tilde{p}_{Ny}(Z,\omega)$。

在微波光子链路中,通常利用强度到强度转换函数 C_{IM-IM} 来表述其频率响应特性。因此,光纤链路的频率响应为

$$C_{IM-IM} = \frac{\tilde{p}_N(Z,\omega)}{\tilde{p}_{in}(\omega)}\bigg|_{\tilde{\phi}_{in}(\omega)=0} = \sum_{i=1}^{2}R\{\exp(j\beta_2\omega^2\Delta Z/2)M_i(\omega)\tilde{p}_N(Z-\Delta Z,\omega)\}$$

(4.46)

式(4.46)较为完整地表示出 CD(β_2) 和 PMD(b) 对信号的影响。简单的迭代表达式提高了计算机模拟信号演变的速度和效率。

图 4.26 给出了 CD 和 PMD 同时作用时功率衰落的概率统计特性。计算次数仍为 50 次。当 PMD 系数 D_{PMD} 为 $0.1\text{ps}/(\text{km})^{1/2}$ 时,计算结果如图 4.26(a)所示,功率衰落曲线仍然呈现明显的周期性。这是因为 PMD 所引起的信号衰落远远小于 CD 效应。但是当 PMD 系数 D_{PMD} 增加到 $0.5\text{ps}/(\text{km})^{1/2}$ 时,系统频率响应特性变得完全不同。图 4.26(b)给出了计算结果,50 次计算得到了不同的频谱响应,并且逐渐出现统计特性,CD 与 PMD 共同引起下信号功率衰落的周期性现象逐渐减弱。

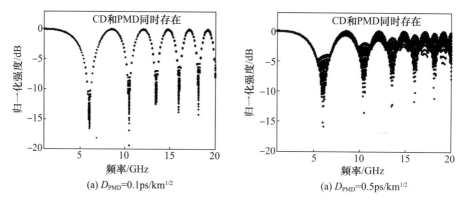

图 4.26 D_{PMD} 为 0.1ps/(km)$^{1/2}$ 或 0.5 ps/(km)$^{1/2}$ 时 CD 和 PMD 共同作用微波光子
链路频率响应计算结果

4.3.2.3 色度色散和非线性的综合影响

在标准单模光纤链路中,当信号传输距离小于 100km 时,PMD 对信号的影响与 CD 相比可以忽略不计[41]。例如,标准单模光纤的 PMD 系数 D_{PMD} 为 0.1ps/km$^{1/2}$,当传输 100km 后信号的差分群延时仅为 1ps,这一数值不足以使信号产生明显的失真。因此,当传输距离在 100km 以内时,可以假设 $b = 0$,$\tilde{p}_{Nx} = \tilde{p}_N$,$\tilde{p}_{Ny} = 0$,$\tilde{\phi}_x = \tilde{\phi}$ 以及 $\tilde{\phi}_y = 0$。

研究人员已经证明,非线性克尔效应会明显改变微波光子链路的传输特性。图 4.27 给出了非线性效应对微波光子传输链路的影响结果。以频率响应特性为例,当入射光纤的功率增加时,色散引起的功率衰落点将会向高频处移动。但是,当功率足够大时,频率响应特性的改变将不再符合上述规则。从图 4.27(d)~(f)可以看出,RF 信号的周期性功率衰落现象消失。因此,根据上述功率变化特点,非线性效应对微波光子传输链路的频率响应可以按照入射功率的不同分为两种情况,分别为近似线性区(弱信号输入)和非线性区(强信号输入)。

1)近似线性区

当输入光信号功率较小时,模型的式(4.36)和式(4.37)可化简为

$$\frac{\partial \tilde{p}_N}{\partial Z} + \beta_2 \omega^2 P(0) \tilde{\phi} = \tilde{R}(\text{Non}(Z,\omega)) \quad (4.47)$$

$$2P(0)\frac{\partial \tilde{\phi}}{\partial Z} - \frac{1}{2}\beta_2 \omega^2 \tilde{p}_N = \tilde{I}(\text{Non}(Z,\omega)) \quad (4.48)$$

式中:$\text{Non}(Z,T) = j4\gamma P(0) p_N \exp(-\alpha Z)$。

式(4.47)和式(4.48)表明在 CD 和非线性作用下,探测器输出的 RF 信号功

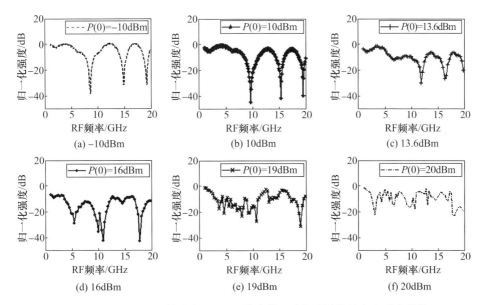

图4.27 不同光纤入射功率下,基于分步傅里叶方法计算的频率响应特性

率和相位的演化趋势。对式(4.47)进行微分,并带入式(4.48)中,这样得到一个二阶微分方程:

$$\frac{\partial^2 \tilde{p}_N}{\partial Z^2} = -[\beta_2^2\omega^4/4 + 2\gamma\beta_2\omega^2 P(0)\exp(-\alpha Z)]\tilde{p}_N \quad (4.49)$$

其初始条件为 $\tilde{p}_N(0,\omega) = \tilde{p}_{in}(\omega)$ 和 $\frac{\partial \tilde{p}_N}{\partial Z}|_{Z=0} = -\beta_2\omega^2 P(0)\tilde{\phi}_{in}(\omega)$。

当忽略光纤的传输损耗时,方程式(4.49)存在唯一的解析解:

$$\tilde{p}_N = \frac{\tilde{p}_{in}(\omega)\sqrt{-\beta_2^2\omega^2 - 0.8\gamma P(0)\beta_2} + 2\beta_2\tilde{\phi}_{in}(\omega)P(0)\omega}{2\sqrt{-\beta_2^2\omega^2 - 0.8\gamma P(0)\beta_2}\exp\left(\frac{1}{2}\omega Z\sqrt{-\beta_2^2\omega^2 - 0.8\gamma P(0)\beta_2}\right)} -$$

$$[2\beta_2\tilde{\phi}_{in}(\omega)P(0)\omega - \tilde{p}_{in}(\omega)\sqrt{-\beta_2^2\omega^2 - 0.8\gamma P(0)\beta_2}] \times$$

$$\frac{\exp\left(\frac{1}{2}\omega Z\sqrt{-\beta_2^2\omega^2 - 0.8\gamma P(0)\beta_2}\right)}{2\sqrt{-\beta_2^2\omega^2 - 0.8\gamma P(0)\beta_2}} \quad (4.50)$$

式(4.50)看似复杂,但计算却非常简单。仍然用光纤链路的频率响应来描述信号变化过程,则信号传输后强度到强度转换(C_{IM-IM})表达式为

$$C_{IM-IM} = R\left\{\exp\left[j\frac{1}{2}\omega Z\sqrt{\beta_2^2\omega^2 + 0.8\gamma P(0)\beta_2}\right]\right\} \quad (4.51)$$

由于本书所介绍的模型是基于小信号分析法,因此式(4.51)只能描述近似线性区域。在这一区域里,还有一个更为特殊的情况,即非线性为0的线性区间。此时,式(4.51)可以进一步化简为

$$C_{\text{IM-IM}}\big|_{\gamma=0} = \cos\left(\frac{1}{2}\beta_2\omega^2 Z\right) \tag{4.52}$$

2) 非线性区

如前所述,当入射光的功率增加到某一阈值以上时,微波光子信号传输后的真实链路响应特性与上述模型计算结果有较大偏差。这是因为当输入光功率较高时,不能忽略 $p_{x,y}(Z,T)$ 与 $\phi_{x,y}(Z,T)$ 的乘积以及它们的高阶量的乘积,这也将导致描述信号演变趋势的方程变得复杂。若高阶分量的乘积不能忽略,则非线性薛定谔方程表示为

$$\frac{\partial p_{N(x,y)}}{\partial Z} \pm b\frac{\partial p_{N(x,y)}}{\partial T} + j2[P_{x,y}(0) + p_{N(x,y)}]\frac{\partial \phi_{x,y}}{\partial Z} \pm j2b[P_{x,y}(0) + p_{N(x,y)}]\frac{\partial \phi_{x,y}}{\partial T} +$$

$$j\beta_2\left[\frac{(\partial p_{N(x,y)}/\partial T)^2}{4[P_{x,y}(0) + p_{N(x,y)}]} + \frac{1}{2}j\frac{\partial p_{N(x,y)}}{\partial T}\frac{\partial \phi_{x,y}}{\partial T} + \frac{1}{2}\frac{\partial^2 p_{N(x,y)}}{\partial T^2}\right] - \frac{\beta_2}{2}\frac{\partial p_{N(x,y)}}{\partial T}\frac{\partial \phi_{x,y}}{\partial T} -$$

$$j\beta_2[P_{x,y}(0) + p_{N(x,y)}]\left(\frac{\partial \phi_{x,y}}{\partial T}\right)^2 - \beta_2[P_{x,y}(0) + p_{N(x,y)}]\frac{\partial^2 \phi_{x,y}}{\partial T^2} = \text{Non}(Z,T) \tag{4.53}$$

首先将式(4.53)的实部与虚部分离,接着做傅里叶变换,则可得到微波光子信号传输方程为

$$\frac{\partial \tilde{p}_{N(x,y)}}{\partial Z} + \beta_2\omega^2 P_{x,y}(0)\tilde{\phi} + \frac{\beta_2\omega^2}{\pi}(\tilde{p}_{N(x,y)} * \tilde{\phi}_{x,y}) = R(\tilde{N}\text{on}(Z,\omega)) \tag{4.54}$$

$$2P(0)\frac{\partial \tilde{\phi}_{x,y}}{\partial Z} + \frac{1}{\pi}\tilde{p}_{N(x,y)} * \frac{\partial \tilde{\phi}_{x,y}}{\partial Z} - \frac{1}{2}\beta_2\omega^2 \tilde{p}_{N(x,y)} + \frac{\omega^2\beta_2 P_{x,y}(0)}{2\pi}\tilde{\phi}_{x,y} * \tilde{\phi}_{x,y} +$$

$$\frac{\omega^2\beta_2}{4\pi^2}\tilde{\phi}_{x,y} * \tilde{\phi}_{x,y} * \tilde{p}_{N(x,y)} + \frac{\beta_2}{4}F\left[\frac{(\partial p_N/\partial T)^2}{P(0) + p_N}\right] = \tilde{I}(\text{Non}(Z,\omega)) \tag{4.55}$$

式中:函数 $F[x]$ 和算子"$*$"表示 x 的傅里叶变换和卷积。

然而,上述方程组式(4.54)和式(4.55)并没有简单地解析解,只能通过传统分步傅里叶算法求解,因此在这里不做过多讨论。

图4.28 分别基于传统分步傅里叶仿真算法和基于上述模型对比了100km单模光纤链路中不同入射功率下强度到强度转换($C_{\text{IM-IM}}$)的特性。单模光纤的非线性参数设为1.852W^{-1}/km。正如图4.28(a)~(c)所示,在不同输入光功率下两种方法的计算结果都相吻合。当入射光功率增加时,频率衰落点向高频处平移。

这是因为克尔效应引起的啁啾改变了系统的频率响应特性。因此,光纤非线性在一定程度上可以提高微波光子系统的性能。

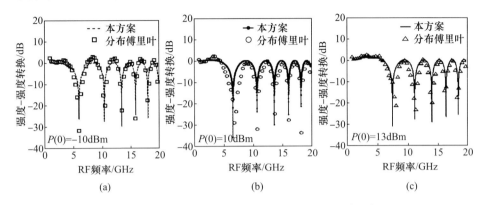

图4.28　不同功率下基于传统分步傅里叶方法和本章所提理论模型计算的强度-强度转换特性

4.4　本章小结

本章主要围绕时域微波光子信号处理的相关内容,首先介绍了多种方案的微波信号光学产生方法和光学延迟方法,阐明了其基本原理,并介绍了国际、国内相关的典型工作;接着,针对微波信号的长距离传输,探讨了传输损耗、相位噪声、光纤色散和非线性效应的产生原理和不同的作用机理;特别地,通过耦合模方程和小信号分析法详细阐述了微波光子信号的理论传输模型和推导过程,分析了色散、非线性对信号传输的综合影响。

参考文献

[1] Johanson L A, Seeds A J. Generation and transmission of millimeter – wave data – modulated optical signals using an optical injection phase – lock loop[J]. J. Lightw. Technol.,2003,21(3):511 – 520.

[2] Chen X, Deng Z, Yao J P. Photonic generation of microwave signal using a dual – wavelength single – longitudinal – mode fiber ring laser[J]. IEEE Trans. on Microw. Theory and Techn.,2006,54(2):804 – 809.

[3] Chen L, Shao Y, Lei X, et al. A novel radio – over – fiber system with wavelength reuse for upstream data connection[J]. IEEE Photon. Technol. Lett.,2007,18(6):387 – 389.

[4] Spencer D T, Drake T, Briles T C, et al. An optical – frequency synthesizer using integrated photonics[J]. Nature,2018,557(7703),81 – 85.

[5] Jones D J, Diddams S A, Ranka J K, et al. Carrier – envelope phase control of femtosecond mode – locked lasers and direct optical frequency synthesis[J]. Science, 2000, 288:635 – 639.

[6] Li C H, Benedick A J, Fendel P, et al. A laser frequency comb that enables radial velocity measurements with a precision of 1cm s^{-1}[J]. Nature, 2008, 452:610 – 612.

[7] Yao X S, Maleki L. Optoelectronic microwave oscillator[J]. J. Opt. Society of America B – Optical Physics, 1996, 13(8):1725 – 1735.

[8] 谢静雅. 硅基集成大范围可调光延迟芯片研究[D]. 上海:上海交通大学, 2015.

[9] 董鸿. 光控相控阵雷达用光纤延迟技术[D]. 成都:电子科技大学, 2010.

[10] Esman R D, Frankel M Y, Dexter J L, et al. Fiber – optic prism true time delay antenna feed[J]. IEEE Photon. Technol. Lett., 1993, 5(11):1347 – 1349.

[11] Sharping J E, Okawachi Y, Howe J, et. al. All – optical, wavelength and bandwidth preserving, pulse delay based on parametric wavelength conversion and dispersion[J]. Opt. Exp., 2005, 13(20):7872 – 7877.

[12] Wang Y, Yu C Y, Yan L S, et al. 44 – ns Continuously tunable dispersionless optical delay element using a PPLN waveguide with two – pump configuration, DCF, and a dispersion compensator[J]. IEEE Photon. Technol. Lett., 2007, 19(11):861 – 863.

[13] Okawachi Y, Sharping J E, Xu C, Gaeta A L. Large tunable optical delays via self – phase modulation and dispersion[J]. Opt. Exp., 2006, 14(25):12022 – 12027.

[14] Pu M, Liu L, Xue W, et al. Widely tunable microwave phase shifter based on silicon – on – insulator dual – microring resonator[J]. Opt. Exp., 2010, 18(6):6172 – 6182.

[15] Heebner J, Wong A V, Schweinsberg A, et al. Optical transmission characteristics of fiber ring resonators[J]. IEEE J. Quantum Electron., 2004, 40(6):726 – 730.

[16] Xia F, Sekaric L, Vlasov Y. Ultracompact optical buffers on a silicon chip[J]. Nature Photon., 2007, 1(1):65 – 71.

[17] Moreira R L, Garcia J, Li W, et al. Integrated ultra – low – loss 4 – bit tunable delay for broadband phased array antenna applications[J]. IEEE Photon. Technol. Lett., 2013, 25(12):1165 – 1168.

[18] 谢静雅. 硅基集成大范围可调光延迟芯片研究[D]. 上海:上海交通大学, 2015.

[19] 信息产业部电信传输研究所. 光波分复用系统(WDM)技术要求—160×10Gb/s、80×10Gb/s部分:YD/T1274—2003[S]. 北京:中国通信标准化协会, 2013.

[20] Paek U C. High – speed high – strength fiber drawing[J]. J. Lightwave Technol., 1986, 4(8):1048 – 1060.

[21] Masuda H, Sano A, Kobayashi T, et al. 20.4 – Tb/s(204×111Gb/s) transmission over 240km using bandwidth – maximized hybrid Raman/EDFAs[C]//Optical Fiber Communication Conference. Optical Society of America, 2007.

[22] Chen D, Xia T J, Wellbrock G, et al. Long span 10×160km 40Gb/s line side, OC – 768c client side field trial using hybrid Raman/EDFA amplifiers[C]. Proceeding of ECOC2005. Glasgow:IET, 2005:15 – 16.

[23] Puc A, Grosso G, Gavrilovic P, et al. Ultra-wideband 10.7Gb/s NRZ terrestrial transmission beyond 3000km using all-Raman amplifiers[C]. Proceeding of ECOC2005. Glasgow: IET, 2005: 17-18.

[24] Raybon G, Agarwal A, Chandrasekhar S, et al. Transmission of 42.7-Gb/s VSB-CSRZ over 1600km and four OADM nodes with a spectral efficiency of 0.8-bit/s/Hz[C]//Optical Communication, 2005. ECOC 2005. 31st European Conference on. IET, 2005.

[25] Wang W Q. GPS-based time phase synchronization processing for distributed SAR[J]. IEEE Transactions on aerospace and electronic systems, 2009, 45(3): 1040-1051.

[26] Robertson D S. Geophysical applications of very-long-baseline interferometry [J]. Rev. Mod. Phys. 1991, 63(4): 899-918.

[27] Cliché J F, Shillue B. Precision timing control for radioastronomy: maintaining femtosecond synchronization in the Atacama Large Millimeter Array[J]. IEEE Contr. Syst. Mag., 2006, 26(1): 19-26.

[28] Carvajal J, Chen G, Gmen H. Fuzzy PID controller: Design, performance evaluation, and stability analysis[J]. Information Sciences, 2000, 123(3-4): 249-270.

[29] 彭玉兰. 基于分布式光纤协同的近场无源测相定位技术研究[D]. 成都: 西南交通大学, 2014.

[30] 张煦. 光纤通信原理[M]. 上海: 上海交通大学出版社, 1988.

[31] Shen Y. R. Principles of nolinear optics[M]. New York: Wiley, 1984.

[32] 陈智宇. 光信号非线性调控及高速传输技术研究[D]. 成都: 西南交通大学, 2016.

[33] Chen Z Y, Yan L S, Pan W, et al. A transmission model of analog signals in photonic links [J]. Photon. J., 2014, 6(6), 1-13.

[34] Kaminow I P. Polarization in optical fibers[J]. IEEE. J. Quantum Electron., 1981, 17(1): 15-22.

[35] Menyuk C R. Nonlinear pulse propagation in birefringent optical fiber[J]. IEEE. J. Quantum Electron., 1987, 23(2): 174-176.

[36] Agrawal G P. Nonlinear Fiber Optics[M]. 2nd ed. San Diego: Academic Press, 1995.

[37] Wang J, Petermann K. Small signal analysis for dispersive optical fiber communication systems [J]. J. Lightwave Technol., 1992, 10(1): 96-100.

[38] Poole C D. Statistical treatment of polarization dispersion in single-mode fiber[J]. Opt. Lett., 1988, 13(8): 687-689.

[39] Foschini G J, Poole C D. Statistical theory of polarization dispersion in single mode fibers [J]. J. Lightwave Technol., 1991, 9(11): 1439-1456.

[40] Adamczyk O H, Sahin A B, Yu Q, et al. Statistics of PMD-induced power fading for intensity-modulated double-sideband and single-sideband microwave and millimeter-wave signals [J]. IEEE Trans. Microwave Theory Tech., 2001, 49(10): 1962-1967.

[41] Wang D, Menyuk C R. Polarization evolution due to the Kerr nonlinearity and chromatic dispersion[J]. J. Lightwave Technol., 1999, 17(12): 2520-2529.

第 5 章

空域微波光子信号处理

空域微波光子信号处理是指从空间中不同位置的天线单元处接收信号,并将这些信号调制到光域进行传输和统一处理。根据阵列天线设计理论,为了降低栅瓣的影响,在用于目标测向时,常常采用与波长可比拟的阵元间距。而在某些应用中为了得到目标的距离、速度等信息,又需要将间隔较远的天线阵列接收到的信息进行联合处理,这时天线(阵)之间的间距较远。基于这两种可能的使用场合,本章首先分析空域远场和近场的不同特点,然后对光控波束形成、时差测向、相位差变化率测量等 3 种空域微波光子信号处理方法展开讨论。其中,本章的光控波束形成是基于远场条件展开论述的。然而,在需要对同一方向上的多个目标进行高精度鉴别时,基于近场条件探讨了时差测向技术和相位差分辨率测量技术。

5.1 空间传播的近场与远场效应

假设一个均匀线阵由 2U−1 个天线单元组成,如图 5.1 所示。图中 d 为阵元间距。M 个互不相关的目标信号照射到该线阵上。以阵元 0 作为参考阵元,则第 l 个阵元在 t 时刻的接收信号可表示为[1]

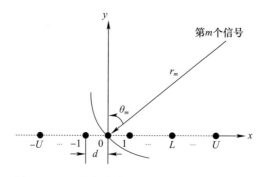

图 5.1 基于均匀线阵的远近场混合源定位模型

$$x_l(t) = \sum_{m=1}^{M} s_m(t - \tau_{lm}) + N_l(t) = \sum_{m=1}^{M} s_m(t) \mathrm{e}^{-\mathrm{j}\omega\tau_{lm}} + N_l(t) \quad (5.1)$$

式中：$s_m(t)$ 为目标源辐射的信号；$N_l(t)$ 为天线阵收到的加性背景噪声；M 为目标源的数目；ω 为目标信号的角频率；τ_{lm} 为目标源 m 从参考阵元到第 l 个天线阵元的时延差。

当第 m 个信号为近场源时，相应的波程差为 $r_m - r_{lm}$，其中 r_{lm} 为目标源 m 到第 l 个天线阵元的距离：

$$r_{lm}^2 = r_m^2 + (dl)^2 - 2r_m dl \cos(\pi/2 - \theta_m) \quad (5.2)$$

则波程差的表达式为

$$r_m - r_{lm} = r_m - r_m \sqrt{1 + \left(\frac{dl}{r_m}\right)^2 \pm \frac{2dl\sin\theta_m}{r_m}} \quad (5.3)$$

假设近场源信号的波速为 v，根据 $\omega = 2\pi f = 2\pi v/\lambda$，可得 $v = \omega\lambda/(2\pi)$。则式(5.1)中两个阵元接收信号的时延差为

$$\tau_{lm} = \frac{r_m - r_{lm}}{v} = \frac{2\pi}{\omega\lambda}(r_m - r_{lm}) \quad (5.4)$$

相应的相位差可以表示为

$$-\omega\tau_{lm} = \frac{2\pi}{\lambda} r_m \left(\sqrt{1 + \left(\frac{dl}{r_m}\right)^2 \pm \frac{2dl\sin\theta_m}{r_m}} - 1\right) \quad (5.5)$$

对式(5.5)进行二项式展开并应用菲涅耳近似，可得

$$-\omega\tau_{lm} \approx \frac{2\pi}{\lambda} r_m \left(\frac{1}{2}\left(\frac{dl}{r_m}\right)^2 - \frac{dl\sin\theta_m}{r_m} - \frac{1}{2}\left(\frac{dl\sin\theta_m}{r_m}\right)^2\right)$$

$$= \left(-2\pi\frac{d}{\lambda}\sin\theta_m\right)l + \left(2\pi\frac{d^2}{2\lambda r_m}\cos^2\theta_m\right)l^2 \quad (5.6)$$

从式(5.6)可以看出，相位差是目标距离 r_m 的非线性函数，目标位置则由角度和距离共同决定。当第 m 个信号满足条件 $r_m \gg 2d^2/\lambda$ 时，其相位差可以简化表达为

$$-\omega\tau_{lm} = \left(-2\pi\frac{d}{\lambda}\sin\theta_m\right)l \quad (5.7)$$

此时的相位差与目标距离 r_m 无关，且是目标指向角的正弦函数，目标位置主要由角度（如方位角、俯仰角）确定。

因此，如果辐射源与阵列之间的距离 r 满足关系 $r > 2d^2/\lambda$ 时，辐射源处于夫琅和费(Fraunhofer)区域，此时的辐射源称为远场源，电磁波传播的波前可以认为

是平面波。根据信号仰角和方位角便可以确定辐射源所在的位置。而当距离 r 满足关系 $r<2d^2/\lambda$ 时,辐射源则处于菲涅耳区域,之前的平面波波前理论将不再适用,应将电磁波波前看作是球面波,并需要增加距离信息才可以确定辐射源的位置。因此,近场定位比远场定位的计算量大,需要考虑如何减小算法的计算量及降低算法的复杂性,而近场源的远场源模型可以看作近场模型的特殊情况。

以频率 1GHz,阵元间距为 1/2 波长,5 阵元的情况为例,图 5.2 画出了近、远场情况下距离及指向角的等相位差曲线。可以看出,近场情况下第 5 个阵元和第 0 个阵元之间的相位差和目标距离、目标指向角呈现复杂的非线性关系。而在远场情况下相位差与目标距离 r_m 无关。

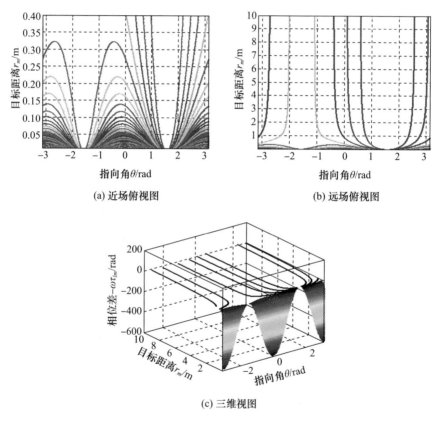

图 5.2　近、远场情况下的相位差和距离及指向角的等高线(见彩图)

在对远场源进行定位参量估计时,并不涉及参数配对问题;对近场源而言,角度和距离需要进行参数匹配,此外,近场源距离的估计值往往需要在获得角度信息的基础上方可得到。

5.2 基于短基线的微波光子波束形成方法

在通信、雷达、电子战、声纳等领域,波束形成是一项被广泛采用的阵列信号处理技术。它的实质是通过对阵列各通道所传输信号的相位和幅度进行加权,使得阵列方向图的主瓣对准预期目标、零陷对准干扰信号,从而提高系统性能。由于微波光子信号处理技术具有宽带宽、传输损耗低、体积小及无电磁干扰等优点,光控波束形成技术受到了各国的广泛关注和研究,有望在未来相控阵雷达和智能天线系统中得到应用。

典型的光控发射波束形成系统如图 5.3 所示,微波信号由调制器调制到光波上,之后载波光信号被送到光功分器分路至各阵元所对应的通道中。经光学真延时(TTD)模块,每个通道产生等间隔的光路延迟,然后由光电探测器(O/E)解调为射频信号,再通过微波收/发(T/R)组件对信号进行放大、滤波等处理,最后从阵列天线辐射。改变光学 TTD 模块的真延时量,各通道射频信号的相位发生变化,从而能够调控发射波束的角度。

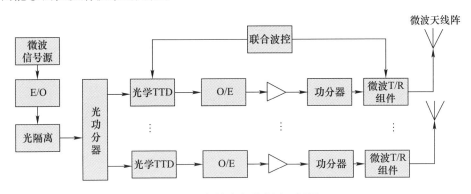

图 5.3 光学波束形成原理框图

20 世纪 90 年代初,美国海军研究实验室就开始研究光控微波波束形成技术及其在相控阵雷达、电子对抗等方面的应用。1990 年,美国 Hughes 公司报道了第一个基于光纤实时延时线的 L、X 双波段相控阵天线系统,包括 4 个光纤延时网络,每个光纤延时网络包含 8 个光纤延时线,可实现 3bit 真延时,扫描时无波束偏移现象,并实现了 2GHz 和 9GHz 频率下 −28°~28° 波束扫描。1999 年,美国海军研究实验室完成 Ka 波段相控阵天线实验系统,实现 −60°~60° 无偏移扫描[2]。

1993 年,美国 COMSAT 实验室演示了一个 C 波段 4×4 真延时光控相控阵天线波束形成网络原理样机,用 4 个天线单元形成 4 个波束,波束指向角分别为 −10°、

0°、10°及15°,工作带宽500MHz。该光控波束形成网络的体积为11cm(直径)×7cm(高),质量为814g。1995年,美国COMSAT实验室演示了具有多波束形成和连续扫描能力的真延时光控波束形成网络原理样机并测试了天线方向图。测试频率为3.8~4.2GHz,在±5°内连续扫描[3]。

此外,欧盟OBANET计划主要研究高性能光控波束形成的宽带无线接入网络,包括40GHz信号的光集成发射源、光控波束形成器以及40GHz接收机等[4]。2006年报道了基于空间光调制器和光纤延时线结合的波束形成网络[5]。

5.2.1 波束形成的基本原理

从基本原理上分,波束形成主要有两种方式:一种基于相位加权,这是目前相控阵雷达中使用较为普遍的波束形成方法;另一种是基于延时加权,可以提供较大的瞬时带宽。下面进行简要介绍[6]。

波束形成网络通过适当选择各阵元辐射信号的相位来达到控制波束指向的目的,其中的相位控制部分是控制波束指向的关键。早期的波束形成技术主要是在阵元上使用移相器实现对波束指向的控制。

以图5.4所示的一维天线阵为例。天线单元排成直线,单元间距为d。此时阵列天线的方向图函数$F(\theta)$等于天线单元方向图函数$f(\theta)$与阵列因子之积,即

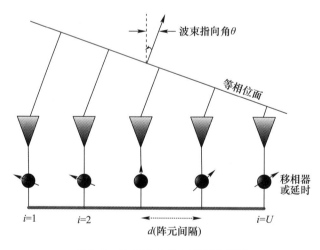

图5.4 波束形成基本原理示意图

$$F(\theta) = f(\theta) \sum_{i=0}^{U-1} a_i e^{j(\frac{2\pi}{\lambda_{RF}}id\sin\theta - i\Delta\varphi_B)} \quad (5.8)$$

式中:线阵相邻单元之间的相位差 $\Delta\varphi_B = \dfrac{2\pi}{\lambda_{RF}} id\sin\theta_B$,$\theta_B$ 为最大波束指向方向。

若阵元方向图函数 $f(\theta)$ 为全向性,或是当阵元的方向图足够宽时,在线阵的波束扫描范围内可忽略其影响。

令 $\Delta\varphi = \dfrac{2\pi}{\lambda_{RF}} id\sin\theta$,为当 θ 方向接收到信号时相邻阵元的相位差,可表示相邻单元之间的空间相位差,即

$$F(\theta) = \sum a_i e^{ji(\Delta\varphi - \Delta\varphi_B)} \tag{5.9}$$

令 $\Delta\varphi - \Delta\varphi_B = X$,当辐射函数为均匀分布时,$a_i = 1$,由欧拉公式得

$$F(\theta) = \dfrac{\sin\dfrac{U}{2}X}{\sin\dfrac{1}{2}X} e^{j\frac{U-1}{2}X} \tag{5.10}$$

可以看出,通过改变 $\Delta\varphi_B$,使得 X 有所变化,从而改变了天线波束的最大值指向。当 $UX/2 = 0$ 时,天线方向图的最大值指向 θ_B。对式(5.10)取绝对值,在实际的线阵中,U 较大而 X 较小,则线阵的方向图函数为最大值为 U 的 sinc 函数[7]:

$$F(\theta) = U\dfrac{\sin\dfrac{U\pi}{\lambda}d(\sin\theta - \sin\theta_B)}{\dfrac{U\pi}{\lambda}d(\sin\theta - \sin\theta_B)} \tag{5.11}$$

但是,当雷达需要实现高精度多目标同时探测、跟踪、定位等功能时,就需要更高的频率和带宽。仍以图5.4为例,相控阵天线需要利用移相器延迟信号从而改变信号的相位。如果天线波束的最大值指向为 θ_B,则要求相邻阵元间移相器提供相移量:

$$\Delta\phi = \dfrac{2\pi}{\lambda_{RF}} d\sin\theta = \dfrac{2\pi f_{RF}}{c} d\sin\theta \tag{5.12}$$

当扫描频率发生变化时,不同频率的信号的时间延迟会不一致。其他参数不变,当 RF 信号频率的瞬时变化为 Δf_{RF} 时,辐射波束偏离角度为

$$\Delta\theta_B = -\tan\theta_B(\Delta f_{RF}/f_{RF}) \tag{5.13}$$

即 RF 信号的频率变化 Δf_{RF} 会引起波束指向偏移 $\Delta\theta_B$ 角度,如图 5.5 所示。信号频率变化会导致波束指向偏离角度 $\Delta\theta_B$ 随扫描角 θ_B 和信号带宽 Δf 的增大而增大,这限制了带宽 Δf 的大小。以扫描角 $\Delta\theta_B = 60°$ 为例,若天线的波束宽度为 $1°$,则带宽限制为 $\Delta f_{RF}/f_{RF} = 0.01$。中心频率 1300MHz 的相控阵天线所允许的最大瞬时带宽仅为 13MHz。

也就是说，在瞬时带宽较宽时，移相器形成的波束网络会产生波束"斜视"——天线波束指向角 θ 随频率变化有所偏移。将阵列方向图的 3dB 波束宽度 $\theta_{1/2}$ 归一化后，波束斜视角度 $\Delta\theta$ 表示为

$$\frac{\Delta\theta_B}{\theta_{1/2}} = 1.13\sin\theta_B \frac{Ud}{\lambda_{RF}} \frac{\Delta f}{f_{RF}} \quad (5.14)$$

从式(5.14)可以看出，系统的相对带宽 $\Delta f/f$ 增大、天线阵元数量增加，以及波束指向角 θ 的扫描范围增加，均会恶化系统的波束"斜视"问题。因此，当系统要求的瞬时带宽只是工作频率的百分之几时，系统为窄带工作，使用移相器是合适的。

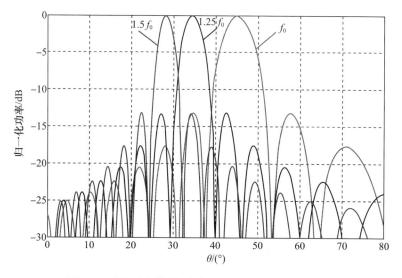

图 5.5 采用移相体制，波束指向随频率变化产生偏移

随着系统功能的复杂化，各种宽带应用需求逐渐增加。例如，有些地基 L 波段雷达需要 20%~30% 的瞬时带宽，其中的较低频段用于探测低观测度的目标，较高频段用于跟踪猝发信号。又如，超高频卫星接收天线必须在较大的波束扫描角（约 ±70°）下接收 100MHz 的宽带信号[8]。

因为波程差可以换算成时间差 $t=(i-1)d\sin\theta/c$，所以对天线阵中每个单元接收到的宽带信号中的所有频率分别引入相应的延时：

$$t_i = (i-1)d\sin\theta_B/c \quad (5.15)$$

此时，天线阵的合成方向图函数可写为

$$F(\theta) = \sum_{i=1}^{U} \exp(j(i-1)2\pi f_{RF}(t-t_i)) = \sum_{i=1}^{U} \exp\left(j(i-1)\frac{\omega_{RF}d}{c}(\sin\theta - \sin\theta_B)\right)$$

$$(5.16)$$

由式(5.16)可以看出,在采用真实时间延迟方法实现波束形成时,不论信号的频率 f 包含多少分量,阵列方向图的最大值始终指向 θ_B,如图 5.6 所示,也就是说此时的波束形成系统与信号频率无关,从根本上排除了信号带宽的限制。

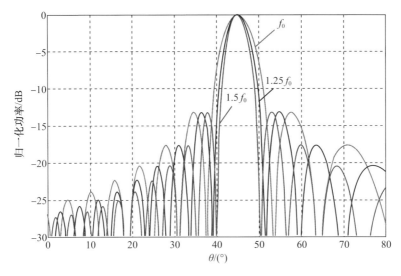

图 5.6 采用真延时线时波束指向与频率无关仿真示意图

针对一些实际的应用场合,还可以将真延时和相位控制结合起来使用,如对于大型阵列,在子阵部分使用真延时,在天线阵元级使用相位控制,既可以减少系统造价,还能够在一定带宽内解决波束斜视问题[6]。

5.2.2 超宽带信号的波束形成

在对超宽带信号的波形保持和精确测向时,波束指向与频率无关且保持高度的幅相一致性是非常重要的。不失一般性,超宽带信号总可以通过傅里叶定理分解为若干个点频之和,设天线阵中第 u 个单元接收到的宽带信号为

$$S_u(t) = \sum_m A_m \exp[2\pi f_m(t - u\Delta t) + \phi_m] \qquad (5.17)$$

当这个超宽带信号通过移相网络时,由于固定的相移 ϕ 对每个不同的频率对应不同的时差 T_m,则输出的宽带信号波形是由其所有频率分量经过不同延时后再线性叠加的结果:

$$S'(t) = \sum_u \sum_m A_m \exp[2\pi f_m(t - u\Delta t + uT_m) + \phi_m] \qquad (5.18)$$

由于绝大部分 $T_m \neq \Delta t$,因此 $S'(t)$ 和真实的宽带信号 $S(t)$ 并不相同,可见移相

网络不仅不能保持宽带信号的幅相特征,而且还引入了信号波形的畸变[9]。

以典型的合成孔径雷达(SAR)的信号为例,SAR信号通常都采用线性调频(LFM)的信号形式,这里假设一个X波段的SAR,它的信号脉宽200μs,频率从8GHz线性变化到8.8GHz(带宽800MHz),则原则上其信号脉冲的功率谱将是一个矩形谱。而经过移相器波束形成网络后,脉冲信号的波形和频谱都将产生显著的变形,如图5.7所示(这里设定来波方向和预期波束指向都为-10°)。

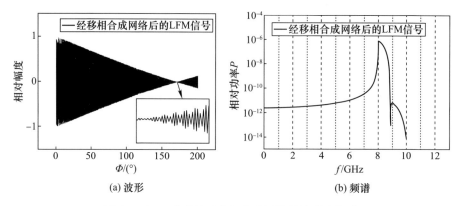

图5.7 LFM信号经过移相合成网络的波形和频谱

可见,经过移相网络的LFM信号发生严重波形畸变,这种畸变严重到使得其频谱分布状况和真实频谱相差甚远,必将对信号处理造成显著影响,而在实际情况中信噪比往往较低,频谱的畸变甚至会造成信号割裂、漏检或误判等种种错误。以LFM的脉压处理为例,最大处理增益可以通过和理想信号的互相关获得,而互相关是由两次快速傅里叶变换(FFT)和一次快速傅里叶逆变换(IFFT)构成,因此频谱特性的变化意味着处理增益将发生变化。可以预见,应用移相方法形成的波束来侦察超宽带雷达将引起处理增益的显著下降。

而在光学波束形成过程中,射频信号被调制到了光频上,由于射频(GHz量级)相对于光频(高达200~300THz)小得多,因此射频调制的光信号经过光纤等延时网络时不会造成宽带信号中各个频率间的相对相位误差,或者说此时的波束形成网络是由宽带射频映射到非常窄带的光频段的波束形成网络。因此,它具有很好的宽带特性和波形保持能力。以图5.4所示的光学多波束和上述的SAR LFM信号为例,图5.8中示出了这个LFM信号频率经过光学波束形成网络的信号波形与频谱。这里预期波束指向也为-10°。由图5.8中可见,即使来波方向偏离-6°(略大于波束宽度的一半),LFM波形也仅出现小于1.5dB的幅度差异(来波方向不偏离预设波束时,波形几乎没有失真),其频谱仅产生微小的变形,因此不会显著影响LFM信号的处理增益。虽然上述分析是针对LFM信号的,但事实上,对于非 LFM 的超宽带信号(如冲击雷达信号、超宽带通信信号等),光学波束形成技术也会表现出比移相网络优良的指向频率无关特性,能够在获得阵列增益的同时最大程度上保持信号的时频域特征,因此具有更广泛的应用前景。

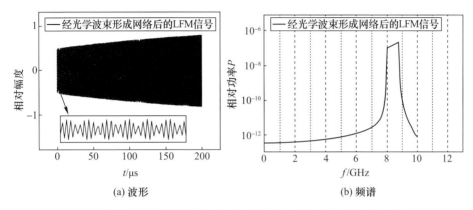

(a) 波形　　　　　　　　　　　　(b) 频谱

图 5.8　LFM 信号经过光学波束形成网络的波形和频谱(偏离预定波束指向 −6°)

5.2.3　基于光纤光学的微波光子波束形成

在 4.2 节中已经讨论了光学真延时的实现方法,包括单模光纤、色散补偿光纤、光纤光栅、集成波导等多种方案。下面进一步讨论使用各种延时技术设计的光学波束形成网络。

5.2.3.1　基于光纤长度的多波束系统

基于光纤长度的多波束系统主要是根据时间延迟的原理,用不同长度的光纤来补偿各个信道上信号的时间延迟。一种典型的设计方案如图 5.9 所示[10-11]。设计需要使用波长可调的激光器,射频信号通过电光调制器加载到光上,经光学放大和功分器后,根据波长的不同进入不同的解复用路径。在光纤末端进行高反射镀银处理(反射率约 100%),经反射后的光信号经环行器输出,进入光探测器转换为电信号。这一过程实现了非色散的波长控制真延时[10-11]。

这种结构通过单模光纤结合波分复用/解复用的方法,不会引入明显的幅度/相位畸变,因此可以最大限度地实现载波信息的保真传输。通过定制化的亚微秒量级的快速调谐激光器,可以传输带宽超过 10GHz 的射频信号以及 1GHz 宽度的线性调频脉冲。但同时也存在如下缺陷。

首先,通过不同长度的延时线获得不同大小的延时,光纤的长短不同时延时就不一致。要获得小的延时差,光纤之间的长度就必须十分接近,而要精确地控制光纤之间的长度差是困难的。这是因为在切割光纤的时候,断面未必切割得十分整

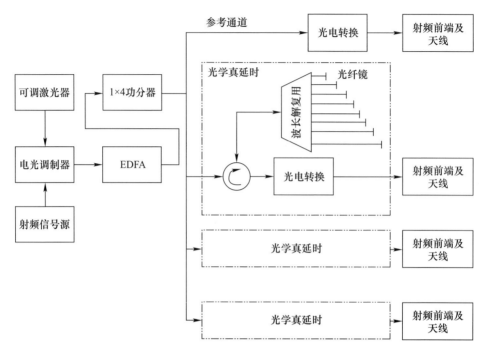

图 5.9　基于光纤长度延时的四通道波束形成系统

齐,导致光纤在和其他光器件连接时会带来大的损耗。另外,当光纤之间进行熔接时,由于光纤熔接机放电熔化光纤的机理和操作过程的影响,要将长度误差控制得很小是相当困难的。

其次,光路长度不同会引起不同路径之间光信号的损耗不同,虽然想要得到的是光信号的不同相位,但光信号能量的不同势必会对光电探测器的探测结果产生影响,从而影响到微波信号的特性。因此,要选用总长度相同的光纤线路。

再次,由于每一根光纤用于一个波长,产生一个固定的延时量,光纤的作用单一,因此该结构中每根光纤的复用率较低。

最后,普通光纤延时结构只能产生多个分立的扫描角度,无法实现高精度的扫描。

5.2.3.2　基于光纤色散的多波束系统

20 世纪 90 年代,美国海军实验室提出了一种"光纤棱镜"的真延时的概念。这种波束形成结构如图 5.10 所示[12],采用波长可调节的激光器作光源,采用色散补偿光纤作为延时元件。每条光路中色散补偿光纤的长度不同,而且其长度是按照一定规律变化的,如等量增加;同时每条光路的总长度都大致相等,这样每条光路的损耗会比较接近,避免了采用其他后续的控制电路。要使每条光路的总长度相同,就要选择其他光纤和色散补偿光纤进行融接。采用普通光纤成本较低,但普通光纤约有 17~20ps/(nm·km) 的正色散,会对系统的整体设计产生一定的影响。假设光源的光信号是按照等间隔量发出的,通过计算可以知道,普通光纤的引入会使延时结构的延时不按线性规律变化,造成天线发射信号无法相干形成极大值,而不能实现扫描。众所周知,色散位移光纤在第三通信窗口的色散值很小,接近为零,因此可以选用色散位移光纤和色散补偿光纤连接,实现波束形成系统[13]。

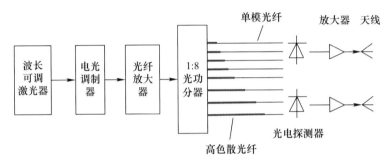

图 5.10 基于色散补偿光纤的波束形成结构(发射)

系统的工作流程如下:在用于信号发射时,可调激光器发出的激光信号被待发射的微波信号调制,之后通过一个光纤分路器将这些信号平均分配到 N 条延时路径中去。经过延时的光信号被光电探测器所探测,得到相位发生变化的微波信号,并通过阵列天线发射出去。调节可调激光器的输出波长,若对于某一波长 λ_0 延时结构的各条支路延时量相同,那么这一波长所载的微波信号将垂直于天线阵面发射出去,可以定义为零角度扫描。当光载波的波长小于 λ_0 时,各条支路由于对光载波的色散量不同而延时增加(延时的大小正比于色散的大小),这样经过解调后的微波信号的主波束将向着逆时针方向偏转。反之,当光载波长大于 λ_0 时,各条支路延时减少,微波信号的主波束将向着顺时针方向偏转,从而形成不同指向的波束。在用于信号接收时,通过波束形成系统产生经相位控制的本振信号,用于对天线单元接收到的射频信号完成下变频,从而改变接收波束的指向[14]。

5.2.3.3 基于光纤光栅的多波束系统

使用光纤布拉格(Bragg)光栅(FBG)是实现真延时波束形成的一种典型结构。如图 5.11 所示,对于波束形成网络 N 路通道中的任意一路,等间距放置一些 FBG,而每路通道的 FBG 间距设计为不同数值。这一数值的差异影响着波束的指向偏差。

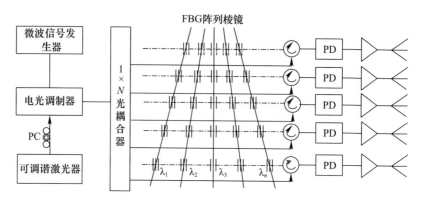

图 5.11　基于 FBG 的光学波束形成组成结构

基于 FBG 的光学波束形成网络无法对波束指向进行连续调谐,因此,文献[15]提出了一种利用啁啾光纤光栅作为延迟线的波束扫描天线系统。如图 5.12 所示。从 N 个波长可调激光器输出的光 $\lambda_1 \sim \lambda_n$ 合并,然后在内部电光调制器中用同一个微波信号来调制所有的光波。被调制的光波通过一个光环形器到达啁啾光纤光栅。不同波长的光在啁啾光纤光栅上的反射中心位置是不同的。这样,不同波长的光经过啁啾光栅反射后造成的时延也是不同的。如采用一个线性的啁啾光栅,则反射点与波长及来回路径的延迟就是线性关系。利用波分复用器将各个波长的光分离,经过光探测器解调,天线辐射出去的微波就具备了一定的波束指向。

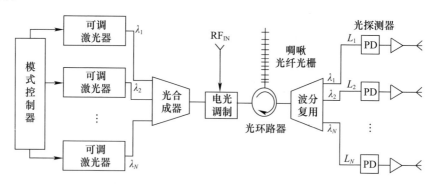

图 5.12　基于啁啾光纤光栅的波束形成系统

当信号波长在啁啾光栅的波段范围内变化时,光栅反射点在光栅的长度方向上移动,不同的波长在光栅上的反射点间的距离差不同,距离差随波长线性变化。改变可调激光器的波长就可得到所需延时,并可实现连续调谐。

5.2.4 基于集成波导的微波光子波束形成

上述的各种多波束系统都是通过离散的器件搭建而成,因此空间尺寸较大。为了便于对比,图 5.13(a)重新列出了传统的延时调谐方法,即在波分解复用器和波分复用器之间连接不同长度的光纤,通过调谐波长来改变传输时长。在此基础上,图 5.13(b)采用了基于 AWG 芯片的延时环路[16]。将 AWG 同时作为复用和解复用器使用,不但能够减小系统尺寸,而且解决了使用单独的复用和解复用器时存在的中心波长不完全匹配的问题;另外,只需要调节波长参数就可以调整光延时整套系统的真延时量。基于该方案设计的 AWG 环路芯片在 InP 基底上的尺寸为 1.3mm×2.7mm,在 SOI 基底上的尺寸为 0.3mm×0.8mm。

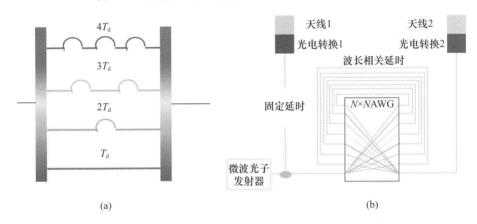

图 5.13 基于 WDM 的普通延时结构(a)和基于 AWG 环路的可调谐光学延迟线(b)

对于 5 路 AWG 环路的测试结果如图 5.14 所示,其中第 1 路为直通光路,用于延时测试参考,其他 4 路通过 AWG 中的波长相关延时环路后输出。可以看出,其他 4 路之间的延时呈线性增加,插入损耗小于 6.5dB,最大延时量为 12ps,延时误差小于 0.76ps。由于信号在 AWG 中形成了一个环路,因此它具有周期性。自由频谱范围(FSR)为 8nm(1000GHz),通道间隔为 1.6nm,即 200GHz,3dB 通带是 0.52nm(65GHz)。

在此基础上,文献[17]设计了一种融合了宽带光学波束形成技术,能够实现具有波束扫描能力的毫米波微波光子链路,基本方案如图 5.15 所示。波长可调的激光器连接双电极调制器,与普通电光调制器稍有不同的是,双电极调制器有两个射频端口,分别用于加载 40GHz 的时钟信号和单载波半周期 QAM(正交振幅调制)-16 信号,并经光功分器分成两路。一路经偏移补偿后转换成微波信号从天线单元 1 发射出去;另一路经 AWG 环路进行随波长可变的延时处理,之后再转换

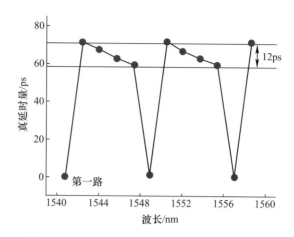

图 5.14　InP 基底的 AWG 环路延时量测试结果

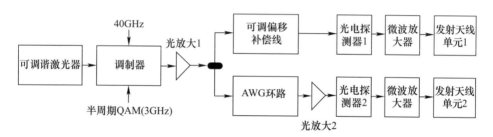

图 5.15　具有波束扫描能力的毫米波微波光子链路

成微波信号并从天线单元 2 发射出去。调谐激光器的波长,则两个天线单元之间的延时差发生变化,从而改变系统的发射波束指向。

该方法在链路中加入了一个基于 AWG 环路的可调光延迟线,如图 5.13 所示。微波光子链路中的发射机能够在 4 个不同的波长之间进行调谐,分别为 1541.8nm、1543.4nm、1545.0nm、1546.7nm,每个波长对应了 AWG 内不同长度的一条环路。

随着光学集成技术的不断发展,科学家进一步尝试利用集成可调谐光环形谐振器(ORR)实现真延时。这种方案具备延时连续调谐和高集成度等优势。目前的损耗可低至 0.2dB/km(对应波导弯曲半径 125μm),这使得集成 ORR 方案有可能在需要低噪声的接收前端得到工程应用。

一个由环形波导形成的 ORR 如图 5.16 所示,具有往返时间 τ_r 和附加相移 ϕ,然后通过 M-Z 干涉耦合进水平直波导中,功率耦合系数为 κ。理想的 ORR 等效于一个光全通滤波器,该滤波器具有单位幅度响应和一个周期性连续可调的相位响应。因此,代表被调制射频信号实际延时量的群时延响应可以表达为[18]

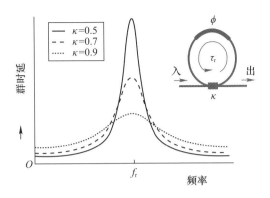

图 5.16 单个环形谐振器的群时延响应

$$\tau_r(f) = \frac{\kappa T}{2-\kappa-2\sqrt{1-\kappa}\cos(2\pi fT+\phi)} \tag{5.19}$$

环形的参数是可调的:功率耦合系数 κ 决定了最大延时,而相移 ϕ 可以调节环形谐振器的谐振频率,而不会改变 FSR。与其他谐振器类似,对单个延迟单元来说,最大延时和光传输带宽是一对矛盾。当给定延时范围时,其带宽很可能无法满足待传输射频带宽的要求。通过多环级联的方式可以解决工作带宽的问题,级联 ORR 可以形成较宽的光通带,随着级联环数增加,通带的平坦度变好。

图 5.17 为一种由 ORR 组成的 8×1 光学波束网络示意图。分析显示,这种方案使用的 ORR 数量最少。

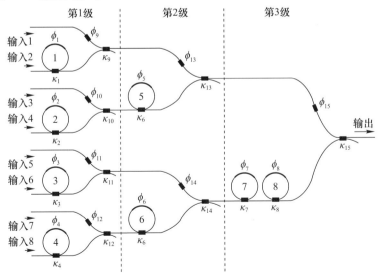

图 5.17 由 ORR 组成的二进制树形 8×1 延时方案

基于图 5.17 设计的光学波束形成系统如图 5.18 所示[19]。天线单元接收到的射频信号经低噪声放大器后调制到光域上,采用 MZM 和一个普通的光单边带滤波器实现载波抑制单边带调制。经过多波束网络后,将未经调制的载波信号重新插入到输出光信号上,经平衡相干探测完成光电转换。

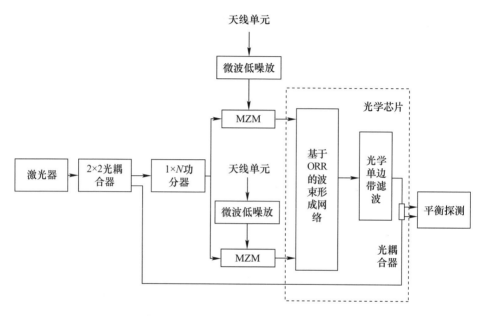

图 5.18　基于 ORR 的光学波束形成系统

在系统中,如果采用双边带调制,则光带宽较宽,需要的光纤环数量增加。为了减少光纤环数量,通常使用单边带抑制载波调制。采用这种系统的主要优势是,基于 ORR 的延时单元在大瞬时带宽时能够提供连续性的波束角度控制,既无波束斜视,也能够满足小型化设计要求。同时,目前遇到的关键问题是,需要将光部分的插入损耗尽可能降低。这就需要在一个芯片上集成更多的功能组成。目前,国外最新技术可以将波束形成网络、光学单边带滤波和光耦合器集成在一个芯片上,如图 5.18 中的虚线框所示。

图 5.19 为上述系统从射频入 - 射频出端口测得的相位变化曲线,其中,虚线表示相位曲线的设计值,最小的延时量为 0,用于参考。测试的相位曲线有纹波,这是由于多个光纤转接器引入的 FP 谐振效应造成的,且相位误差低于 $\pi/10$。随着集成化水平的提高,有望减少光纤转接器的使用数量,从而进一步降低纹波。

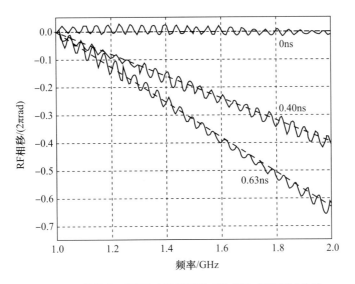

图 5.19 单路在不同延时设置下的 RF 相位响应测试曲线

5.2.5 基于自由空间的微波光子波束形成

5.2.5.1 相干光学多波束形成技术

相干光学多波束形成技术和光纤光学多波束形成的主要区别是它充分利用了光的相干特性。早些年,日本的 ATR(Adaptive Communication Research Laboratories)曾经就相干光学方法进行过实验研究。此外,法国科学家也曾利用相干光学多波束形成技术研究成像的问题。他们采用的实验装置相似,信号流的基本过程可以用图 5.20 来表示。微波信号通过强度调制或者相位调制加载在激光载波上,然后通过等长光纤辐射到自由空间,在自由空间内发生干涉衍射形成波束,经过信息处理后的光信号由光电检测器检波,解调出原来的微波信号。

空间光波束形成过程利用透镜的傅里叶变换原理实现多通道光信号的移相、延时、分配和合成功能,它主要由光学透镜组和微调机构组成,负责把从调制器中出来的光束形成在光学透镜的焦面上以便光纤接收。

当 N 元天线阵的阵元间距为 d,来波方向角为 θ 时,相邻阵元收到的信号间会产生相位差 $\Delta\phi = 2\pi d\sin\theta/\lambda$,假设射频信号为 $S(t) = A \cdot \mathrm{Re}[\exp(-j\omega t)]$,则天线终端的信号可以表示为 $S(t) = A \cdot \mathrm{Re}[\exp(-j\omega t)\exp(-j((u-1)\Delta\phi)]$。当采用外部单边带调制器时,射频信号通过调制器被调制在光波上,其表达式为[20-21]:

$$s(t) = A_{\mathrm{opt}}[1 + m\cos(\omega t + (u-1)\Delta\phi)]\cos(\omega_0 t) \tag{5.20}$$

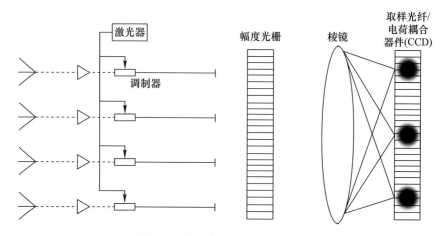

图 5.20 相干光学波束形成示意图

式中：ω_0 为光波的角频率；m 为调制深度。

于是，有

$$s(t) = A_{opt}\left\{\frac{m\cos[(\omega+\omega_0)t+(u-1)\Delta\phi]}{2} + \frac{m\cos[(\omega-\omega_0)t+(u-1)\Delta\phi]}{2} + \cos(\omega_0 t)\right\} \quad (5.21)$$

式(5.21)的第一项表示已调波的上变频部分，第二项表示已调波的下变频部分。对于单边带调制的情况只有第一项，则第 u 路已调光波就可以表示成下式复数(实部)形式：

$$s_u(t) = \frac{A_{opt}m}{2} \cdot \mathrm{Re}\{\exp[-j(\omega_0+\omega)t] \cdot \exp[-j(u-1)\Delta\phi]\} \quad (5.22)$$

式(5.22)表明各束已调光波在频率上是一致的，都是 $\omega_0+\omega$，相邻光波之间的相位差也是恒定值为 $\Delta\phi$，满足光的相干条件，故在自由空间里各光波将相互干涉。模型建立时将集成波导的终端等效成一个光栅，在已调光波入射自由空间之前，让等效光栅作用于它以控制干涉旁瓣。则从其边端出射的较小损耗的光波可用式(5.22)来表示，那么多路光波在图 5.20 取样光纤位置的光场分布，可以通过衍射场积分得到，该积分公式的复数形式可表示为

$$E(t) = \frac{Am}{2b}\exp[-j(\omega_0+\omega)t]$$
$$\left[\int_0^b e^{jW}dx + \int_{d'}^{d'+b} e^{jW}e^{j\Delta\phi}dx + \cdots + \int_{(U-1)d'}^{(U-1)d'+b} e^{jW}e^{j(U-1)\Delta\varphi}dx\right] \quad (5.23)$$

式中：$W=2\pi x\sin\theta/\lambda_\mathrm{C}$，$\lambda_\mathrm{C}=c/(f_0+f)$ 为已调光波的波长；θ 为波束指向角；d' 为光学阵列间隔。

对于式(5.23)，任取其中一项的积分：

$$\frac{A_0}{b}\int_{ud'}^{ud'+b}\exp\left(j\frac{2\pi}{\lambda}x\sin\theta\right)\mathrm{d}x = A_0\exp\left(j\frac{\pi b\sin\theta}{\lambda}\right)\frac{\sin\left(\frac{\pi b\sin\theta}{\lambda}\right)}{\frac{\pi b\sin\theta}{\lambda}}\exp\left(2j\frac{\pi ud'\sin\theta}{\lambda}\right) \tag{5.24}$$

对于最后一项，u 取从 0 到 $U-1$ 的各个整数，于是根据等比数列求和公式可得

$$\sum_{u=1}^{U-1}\exp\left(2j\frac{\pi ud'\sin\theta}{\lambda}\right)=\exp\left(j\frac{\pi(U-1)d'\sin\theta}{\lambda}\right)\frac{\sin\left(\frac{\pi Ud'\sin\theta}{\lambda}\right)}{N\sin\left(\frac{\pi d'\sin\theta}{\lambda}\right)} \tag{5.25}$$

最后得到合振动为

$$E(\theta,t)=Am\{(\sin W_3/W_3)[\sin(NW_2)/(N\sin W_2)]\}\mathrm{e}^{\mathrm{j}W_1}/2b \tag{5.26}$$

其中

$$\begin{cases}W_1=\pi(b+(N-1)d')\sin\theta/\lambda-(\omega_0-\omega)\\ W_2=\pi d\sin\theta/\lambda_0-\pi D\sin\theta/\lambda\\ W_3=\pi b\sin\theta/\lambda_0\end{cases} \tag{5.27}$$

式中：A 为振幅系数；$\sin(NW_2)/N\sin W_2$ 与线阵列天线接收射频信号的阵列因子对应；$\sin W_3/W_3$ 与加窗效应对应。

因此，根据天线原理，式(5.26)可以叙述为光学阵列的阵列因子，表明随着来波方向角 θ 的变化在接收端将会得到相应变化的方向图[20]。

通过光电检测器对光信号检波即可恢复具有多波束特性的射频信号，该处理过程中主激光与参考激光可以通过锁相技术来保持它们的相对稳定性。举例来说，图5.21(a)~(b)分别为来波方向角（AOA）为 0°、30°、60°在频率点 3GHz 处的波束形成图。其他参数如下：天线阵列间隔 $d=0.015\mathrm{m}$，光学阵列间隔为 $16\mu\mathrm{m}$，集成光学终端孔径 $b=8\mu\mathrm{m}$，光波长取 $1.3\mu\mathrm{m}$，调制深度 $m=1$，阵元数为 16。

仿真结果表明，随着来波方向角从 0°变化至 60°，接收位置偏离中心位置角（指向角）也跟着从 0°到 2°变化，当来波方向角从 -60°到 0°变化时，根据对称性可知指向角的范围为 -2°~0°，可见它能够实现不同方向来波的接收。此外，从仿真图上还可以看出两点：一是较靠近的栅瓣相对强度较大，这是从集成装置端口的光学阵列辐射出来光波干涉的必然结果，这些旁瓣耗散许多能量，但不是所需要的波

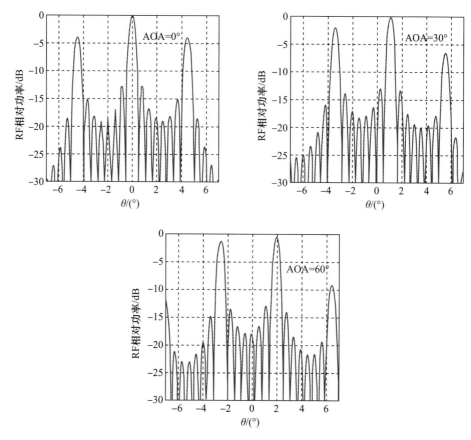

图 5.21 来波变化的指向角图[21]

束,抑制的方法是加窗,使窗内只含有主波束;二是主波束旁边的副瓣强度也很大,超过了 -15dB,也带来了较大的损耗,控制方法是使得光学阵列上的光功率按道尔夫-切比雪夫分布,这样栅瓣的强度会下降到一个较为理想的状态。

在讨论相干光学多波束结构的宽带性之前,先来观察图 5.22 所示的波束仿真图。从图可以看出,当来波方向保持 3°不变时,波束指向角随频率偏移的变化量为 0.04°。而波束指向角随来波方向变化的改变量却达到 0.11°,对比两个偏移量可知由频率变化引起的波束指向角的变化不大;当来波方向为 6°时波束指向角随频率偏移的变化量为 0.05°,对照来波方向为 3°指向角随频偏变化量为 0.04°,可知随着来波方向角的增大,指向角随频率的变化也越来越大。此外,结合图 5.22 还可以看出,来波方向角 6°、频率为 2.4GHz 的波束与来波方向为 3°、频率为 3.6GHz 的波束间的指向角的差值为 0.08°;根据这个差值可以得出:射频信号采用空间光信号处理方法可以实现宽带处理,例如,中心频率为 3GHz 的 RF 信号可以实现绝对带宽为1.2GHz、相对带宽为40%的有效分离和接收。由于频偏量随着来波方向角增大而增大，在来波方向角为6°时频偏量与主波瓣宽度比就接近45%，故该系统宽带性扫描范围具有一定的限制。

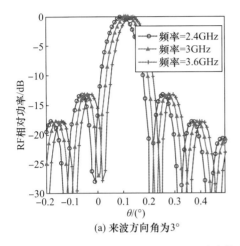
(a) 来波方向角为3°

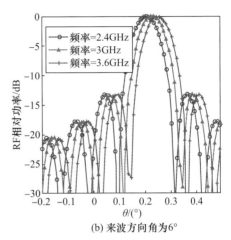
(b) 来波方向角为6°

图5.22　波束指向角随频率变化图

从国外已经进行过的实验研究来看，相干光学多波束的实验装置结构比较简单，空域覆盖范围可以很大，原则上可以实现180°的空域范围波束扫描，且波束很窄，精度可以做到很高，因此可以用于远程实物成像等应用场景。但是，典型的相干光学多波束形成技术是基于相位延迟的一种波束形成方法，需要通过后端处理来弥补由于频率变化带来的波束指向角的偏移。

5.2.5.2　空间光谱全息多波束技术

相干光学多波束形成技术早期由于其基于相位延迟实现波束形成而一度被认为不具备宽带性能，但是随着各种新材料的发现与组合，出现了一种能够同时记录相干光信号的强度信息和频率信息的材料——低温冷却的掺杂0.1%的Tm^{3+}：YAG晶体，它覆盖的频宽达20GHz左右，精度目前可以实现1MHz，吸收波段在793nm处，频谱保持时间达10ms。基于这种材料的记录方法称为空间光谱全息法（SSH）[22]，也称为光学相干瞬态（OCT）、光谱烧孔等，这就给相干光学多波束形成技术带来一个重大的突破，经过巧妙设计基于相位延迟的相干光学多波束形成也具备超宽带效应[20]。

空间光谱全息法的基本思路是：如果将一系列波束作用于空间光谱全息材料，材料中记录下这些波束的傅里叶变换谱，读出信号还原出这些信号，也就相当于对信号完成了延迟的功能。

根据空间光谱全息技术设计的信号读入与写出结构如图5.23所示。此结构由傅里叶变换透镜、线性可调光源、空间光谱全息记录介质、放大率连续可调透镜缩放系统、信号接收板组成。这个结构的信号流可以描述为:宽带的已调制光信号(包含多个频率成分)首先经透镜的傅里叶变换变换成频谱和空间谱信息,并在记录介质上记录好各个频点的信息;然后通过线性可调激光源对记录的信息解读,并在其后端使用放大率可调的透镜缩放系统,对各个频点的空间谱信息采用不同的放大率使其变换到某一特定频点空间谱的位置上。

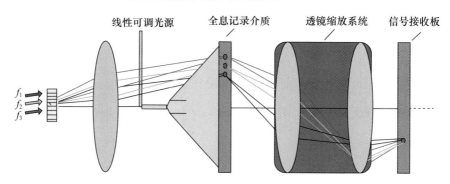

图 5.23 空间光谱全息波束形成系统(见彩图)

当有 W 个远场信号 $s_1(t), s_2(t), \cdots, s_W(t)$,分别来自 $\theta_1, \theta_2, \cdots, \theta_W$ 方向,则第 u 个阵元的输出为

$$x_u = \sum_{i=1}^{W} s_i(t - \tau_u(\theta_i)) \tag{5.28}$$

式中:$\tau_u(\theta_i)$ 表示第 i 个信号到达第 u 个阵元时相对于参考阵元的延时。

对式(5.28)进行傅里叶变换,得到

$$X_u(f_u) = \sum_{u=1}^{W} a_u(f_j, \theta_i) s_i(f_j) \tag{5.29}$$

令

$$\begin{cases} S(f_j) = [s_1(f_j), s_2(f_j), \cdots, s_N(f_j)]^T \\ A(f_j) = [a(f_j, \theta_1), a(f_j, \theta_2), \cdots, a(f_j, \theta_N)] \\ a(f_j, \theta_i) = [a_1(f_j, \theta_i), a_2(f_j, \theta_i), \cdots, a_m(f_j, \theta_i)]^T \\ a_1(f, \theta_i) = \exp(-j2\pi f \tau_{mi}) \end{cases} \tag{5.30}$$

于是有以下矢量表达式:

$$X(f_j) = A(f_j) S(f_j) \tag{5.31}$$

把式(5.31)写成矩阵的形式:

$$\begin{pmatrix} x(f_1) \\ x(f_2) \\ \vdots \\ x(f_m) \end{pmatrix}^{\mathrm{T}} = \begin{pmatrix} \exp(-\mathrm{j}2\pi f\tau_{11}) & \exp(-\mathrm{j}2\pi f\tau_{12}) & \cdots & \exp(-\mathrm{j}2\pi f\tau_{1W}) \\ \exp(-\mathrm{j}2\pi f\tau_{21}) & \exp(-\mathrm{j}2\pi f\tau_{22}) & \cdots & \exp(-\mathrm{j}2\pi f\tau_{2W}) \\ \vdots & \vdots & \vdots & \vdots \\ \exp(-\mathrm{j}2\pi f\tau_{M1}) & \exp(-\mathrm{j}2\pi f\tau_{M2}) & \cdots & \exp(-\mathrm{j}2\pi f\tau_{MW}) \end{pmatrix} \begin{pmatrix} s(f_1) \\ s(f_2) \\ \vdots \\ s(f_W) \end{pmatrix}$$

(5.32)

式(5.32)中的每一列都可以认为是阵元为 M，中心频点为 f 的窄带信号模型。如要实现宽带波束形成且不发生频率偏移，则须把宽带信号所分成的每一部分窄带信号变换至某一特定频点上，从而基于相位延迟的波束形成就不会因频率的偏移而产生相位差，影响波束形成的质量，这在信号处理中也称为"聚焦"。

实际上，空间光谱全息的思想就是通过真正的光学聚焦方法来实现宽带信号的聚焦。假设某宽带信号的中心频点为 f_0，根据聚焦的思想，须将宽带信号分频(FFT)，出来的各频点 f_1 至 f_m 的频谱通过变换全部转换为 f_0 的频谱，即

$$\boldsymbol{T}_j(\theta)\boldsymbol{A}_j(\theta) = \boldsymbol{A}_0(\theta) \tag{5.33}$$

式中：$\boldsymbol{T}_j(\theta)$ 为变换矩阵；$\boldsymbol{A}_j(\theta)$ 为中心频点为 f_0 的窄带相位矩阵；$\boldsymbol{A}_0(\theta)$ 为宽带中心频点的相位矩阵。

显然，对应不同的频点变换矩阵是不同的，由式(5.33)可知，只要构造出变换矩阵来就可以成功实现宽带波束形成，而在光学中聚焦通常是利用透镜的缩放功能来完成的，即只要找到合适的缩放比也就是透镜系统的放大率就可以实现聚焦。需要满足的条件为：只要经过透镜的光线满足近轴条件，一般情况都可以根据几何光学原理对光进行处理。

使用双透镜缩放系统(当 $t=2l=f$ 时该系统又称为 $4f$ 系统)后，对于每个由宽带信号傅里叶变换得到的窄带频谱都乘上由相对应的放大率构成的光学变换矩阵，将窄带信号的频谱全部变换到某一特定频率的频谱上，这样宽带信号的波束形成就可以实现。

假设天线阵列为直线阵，阵元间隔为 D，内部的光学阵列也为直线阵，间隔为 d，光频为 f_c，宽带信号的中心频点为 f_0，根据宽带信号模型可知，中心频点为 f_j 的窄带信号：

$$\begin{aligned} x(f_j) &= s(f_j)[\exp(-\mathrm{j}2\pi f\tau_{1i}) + \exp(-\mathrm{j}2\pi f\tau_{2i}) + \cdots + \exp(-\mathrm{j}2\pi f\tau_{Mi})] \\ &= s(f_j)[A\omega_i(\sin K/K)(\sin MG/\sin G)] \cdot \mathrm{e}^{\mathrm{j}T}/4b \end{aligned} \tag{5.34}$$

式中：

$$T = \pi[b+(M-1)d]\sin\theta_d/\lambda_c - \pi(M-1)D\sin\theta/\lambda_f$$

$$G = \pi d\sin\theta_d/\lambda_c - \pi D\sin\theta/\lambda_f$$

$$k = \pi b\sin\theta_d/\lambda_c$$

同理,可得

$$x(f_0) = s(f_0)[A\omega_0(\sin K/K)(\sin MG/\sin G)] \cdot e^{jT}/4b \quad (5.35)$$

式(5.34)与式(5.35)唯一不同的地方就是频率发生了变换,因而带来相差致使波束位置不同,即两频点的幅度最大值不同。现在通过光学聚焦的方法使得f_j处的频谱变换到中心频点f_0处的频谱位置上。

由式(5.34)可知f_j处的频谱特性最大值发生在

$$\sin\theta_{di} = \frac{\lambda_{f_i+f_c}D\sin\theta}{d\lambda_{f_i}} \quad (5.36)$$

而中心频点f_0处的频谱特性最大值发生在

$$\sin\theta_{d0} = \frac{\lambda_{f_0+f_c}D\sin\theta}{d\lambda_{f_0}} \quad (5.37)$$

现在令式(5.36)与式(5.37)等式左边相等,则式(5.36)右边乘上Q才能等于式(5.37):

$$Q(f_j) = \frac{\lambda_{f_0+f_c}\lambda_{f_j}}{\lambda_{f_j+f_c}\lambda_{f_0}} \quad (5.38)$$

如果双透镜缩放系统的放大率$M(f_j) = FQ(f_j)$,其中F是缩放系统的焦距,于是所有阵元上的f_j频谱之和再乘上确定放大率的双透镜光学聚焦矩阵,就可以实现频谱的变换了。同理,其他每个频点的频谱都可以对应通过变换矩阵变换至宽带中心频点处,而后把所有的频谱加权求和可得波束形成效果。

5.2.5.3 利用空间光调制器的波束形成技术

空间光调制器一般由许多独立单元组成,它们在空间上排成一维或二维阵列,每个单元都可以独立地接受光学或电学信号的控制,并按此信号改变自身的光学性质,从而对照射在其上的光波的某一参数,如强度、相位和偏振等进行调制。根据调制光参量不同,分为强度型、相位型调制器。强度型空间光调制器只对入射光的光强进行调制,相位型调制器只对入射光的相位分布进行调制,如已经得到广泛应用的液晶显示器就是一种典型的空间光调制器。

向列相液晶是实现空间光调制的有效手段。图5.24为液晶的折射率椭球,当光波沿k方向入射到液晶分子上时,在垂直于k方向的椭圆上可以分为长轴和短轴两个偏振分量。当对液晶施加外部电压时,液晶分子发生偏转,导致长轴方向的折射率发生变化。因此,将沿着长轴的方向的折射率分量称为n_e,对应非寻常光;而沿着短轴方向的折射率没有变化,以n_0表示,称为寻常光。根据这一原理,人们将向列相液晶层夹在两片玻璃之中,并在玻璃上镀覆金属电极,制成液晶空间光调制器[23]。

在施加外部电压为V时,液晶分子的有效折射率可以表达为[24-26]:

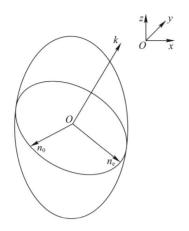

图 5.24 液晶的折射率椭球

$$n_{\text{eff}}(V,y) = \frac{n_0 n_e}{\sqrt{n_0^2 \cos^2\varphi(y) + n_e^2(V)\sin^2\varphi(y)}} \tag{5.39}$$

式中：$\varphi(y)$ 为液晶层 y 处液晶分子偏转的角度。

波长为 λ 的入射光穿过液晶层后，光波的相位变化量为

$$\varGamma = \frac{2\pi}{\lambda} \int_{-h/2}^{h/2} [n_{\text{eff}}(V,y) - n_0] \mathrm{d}y \tag{5.40}$$

式中：h 为液晶层的厚度。

当在条形电极和基板之间加电压时，输出平面波的相位分布将会随着电压而改变。当施加周期性台阶电压时，等间距的相移单元阵列就会产生相应的周期性相位延迟台阶。

当入射光为与长轴平行的线偏振光时，随着外加电压的变化，输出光信号的相位被调制；当入射光为与短轴平行的线偏振光时，外加电压不产生影响，因此没有调制效果。而当入射光与两轴均不平行时，输出光信号为两轴的矢量和，此时对光信号的相位调制还会引入强度调制效果。当入射光与长/短轴呈45°时，强度调制的效果最明显。

在波束形成系统中，空间光调制器可以用作集成化、阵列化的电控移相器，通过控制光载波和边带之间的相对相位变化来控制微波信号的相位。将空间光调制器的每个像素对应一个天线阵元，通过独立控制每个像素的电压就可以连续调谐空间光调制器某个轴的折射率。设置光载波在这个轴上，且光边带信号与该轴正交，则光载波的相位就得到控制，而边带信号所在轴的传输折射率为常数，从而两个极化正交的信号的相对相位就能够得到连续调谐。

在图 5.25 所示的系统中[27]，电光转换部分由两个激光器分别产生信号光和

本振光,其频率差为需要的微波信号频率。这两路信号分别经过相位和强度空间光调制器,其中,相位调制器用于为不同空间位置的光信号产生独立的相位偏移,为了降低旁瓣,在本振光源处引入一个强度型空间光调制器作为阵列幅度加权器件。两路光信号经空间分束器合成一路,聚焦后注入光纤,经一段高保真低损耗的传输后在天线前端经光电探测器恢复为射频信号,该信号通过射频放大器后经各天线阵元辐射出去。

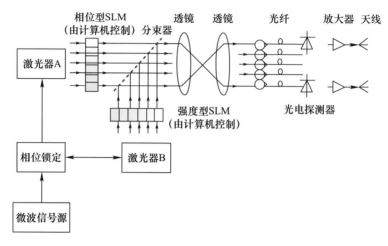

图 5.25　空间调制下的光学多波束形成示意图

假设两路激光器的 E 场有相同的极化,即

$$E_1 = A\exp[j(\omega_{01}t + \theta_1)] + A\exp[-j(\omega_{01}t + \theta_1)] \tag{5.41}$$

$$E_2 = B\exp[j(\omega_{02}t + \theta_2)] + B\exp[-j(\omega_{02}t + \theta_2)] \tag{5.42}$$

探测电流 i 正比于光强 $|E_1 + E_2|^2$,因此包含下面的项:

$$AB\exp\{j[(\omega_{01} - \omega_{02})t + (\theta_1 - \theta_2)]\} + AB\exp\{-j[(\omega_{01} - \omega_{02})t + (\theta_1 - \theta_2)]\} \tag{5.43}$$

可以看出,频率为 $\omega_{01} - \omega_{02}$ 的拍差信号的相位为两路激光器相位之差。通过这种方式,需要形成的波束数量决定了激光波长的数量。空间光调制器具备足够多的像素(数千至万量级),适用于大阵列波束形成。即使同时波束数量增加,设备体积和规模仍可保持在较小的范围。而且,由于空间光调制器本身具有良好的可编程控制能力,因此每个激光波长处的相位均可以灵活调整,因此形成的每个波束指向都可以灵活调谐[26-27]。尽管如此,由于空间光调制器是通过调节相位实现波束指向调谐的,因此仍然存在波束"偏头"的问题,只适用于窄带系统。

5.3 基于长基线的时差测向定位

测向定位是微波系统常用的处理功能。原则上,测向的方法有很多种,如干涉仪测向、比幅测向等,但这些技术通常都需要通过多个通道来实现,尤其是干涉仪需要多个通道才能去模糊,代价比较大。而时差测向无模糊,并且在基线较长的条件下,也易于获得较高的测向精度。

5.3.1 长基线时差测向的原理与特性

长基线下干涉测量单信号源方向的关键在于对两个天线接收的平行电磁波所产生的延时值的测量,该延时值反映了目标信号源的方向[28]。

长基线定位系统的基线长度一般在几百米到几千米,通过测量目标与基元之间的距离来确定目标的坐标。甚长基线干涉测量的最大特点是基线长度往往上千千米甚至上万千米,通过若干条基线的测向,等效于把天线的孔径扩大了上千倍,从而取得单个天线无法实现的测量效果。其几何原理如图 5.26 所示[29]。

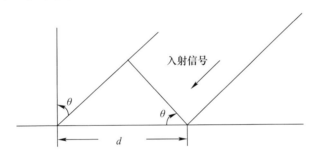

图 5.26 时差测向原理示意图

当目标距离两个天线阵都足够远时,可以将用于测向的两个天线所接收的两路电磁波看作平行波,电磁波到达两个不同站点会产生一个延时 τ。延时和角度的关系可以由下式给出:

$$\tau = \frac{d\sin\theta}{c} \tag{5.44}$$

式中:d 为基线长度;c 为光速;θ 为目标与垂直于基线方向的夹角。

在理想情况下,时延即为两路信号的几何路程差,在实际测量中延时包含由于相关处理机时钟不同步、两基站通道不一致、大气层等引入的随机延迟。

$$\tau = \tau_g + \tau_{ck} + \tau_{ch} + \tau_{air} \tag{5.45}$$

式中：τ_g 为几何延时；τ_{ck} 为由两站的独立时钟不同步，从而引入延时；τ_{ch} 为两地接收机通道特性不一致引起的延时；τ_{air} 为大气电流层和电离层引起的延时。

长基线干涉测量技术的主要优势是尽可能利用间隔较远的基站，将对几何延时估计的误差对测向角度误差的影响降到最低。由几何延时得到的差分方程可以反映这一原理，延时差分方程可以由下式表示：

$$\frac{\partial \theta}{\partial \tau} = \frac{c}{d\cos\theta} \tag{5.46}$$

进一步可以表示为

$$\Delta\theta = (c/d\cos\theta)\Delta\tau \tag{5.47}$$

可以看出，基线越长，测角误差越小，而且误差与信号方位有关。当信号方位接近基线方向时，误差可能变得很大；因此，单基线测向只适用于信号方位不到 $\pm 90°$ 的场合。提高时差法测向精度的最简单的办法是增加基线的长度，如果用 0.5 来估计 $\cos\theta$（相当于信号入射角为 $\pm 60°$），那么，对于基线长度为 10m 的情况，1ns 时差误差对应的测向误差大约为 3.5°；如果基线长度为 500m，此时 1ns 的时差误差对应测向误差约为 0.07° 左右。因此，在长基线干涉测量中，上千千米的基线可以给测量精度带来显著的好处。例如，深空网络（DSN）的基线长度为 8000～10000km，在这个范围内所进行的延时估计的误差约为 30ns，对角度误差的影响约为 $(10^{-6})°$ 左右。

信号时差的提取是实现时差测向的前提，时差测量精度对测向的精度具有直接的影响。通常获取时差有两种基本的办法：第一种独立测量每个信号的到达时间等时域特征点，然后直接将不同接收点的这个时间相减；第二种是通过两个信号的相关处理寻找相关峰的位置，而并不进行每个信号的独立处理。

利用到达时间来测量时差的关键是信号到达时间测量的准确性，传统的方法是利用视频检波通过阈值比较来得到信号的到达时间参数；随着数字技术的快速发展，可以通过数字检波的方法来得到信号的到达时间以及信号的脉冲前沿。信噪比会影响脉冲前沿的测量精度，假设信号频率为 9.71GHz，在保证检测系数 14dB 左右的前提下，不同信噪比时其脉冲前沿如图 5.27 所示。

可以看到，当信噪比比较高（大于 5dB）时直接利用信号的脉冲前沿基本上就能够得到优于 5ns 的时差精度；但是当信噪比下降时时差的误差将会显著增大。为了进一步提高时差精度，可以取出脉冲上升沿附近的一段数据，通过相关运算来提高精度。两个具有相同时间长度的信号的相关系数为它们的乘积的积分除以它们各自平方的积分的几何平均值，如下式所示：

第 5 章 空域微波光子信号处理

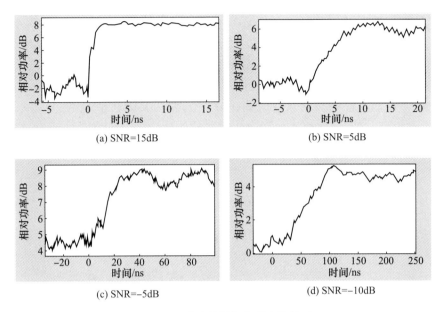

(a) SNR=15dB

(b) SNR=5dB

(c) SNR=-5dB

(d) SNR=-10dB

图 5.27 脉冲前沿与信噪比的关系

$$R = \frac{\int f(t)g(t)\mathrm{d}t}{\sqrt{\int [f(t)]^2 \mathrm{d}t}\sqrt{\int [g(t)]^2 \mathrm{d}t}} \tag{5.48}$$

严格的数学分析可以显示,只有当这两个信号随时间变化的规律完全相同、大小成比例时,R 取 1。相对移动两个信号,反复计算相关,得到的是这两个信号在相对移动一个时间 τ 后的所有的相关系数,即相关函数:

$$R(\tau) = \frac{\int f(t+\tau)g(t)\mathrm{d}t}{\sqrt{\int [f(t+\tau)]^2 \mathrm{d}t}\sqrt{\int [g(t)]^2 \mathrm{d}t}} \tag{5.49}$$

相关系数越大,两个信号的相近程度越高。因此,相关函数的峰值所对应的时间将最代表这两个形状几乎一样的信号之间的时间差。当信号平稳时,$\int [f(t+\tau)]^2 \mathrm{d}t$ 几乎不随 τ 变化,也就是说 $R(\tau)$ 的分母几乎是一个常数。由于主要关心的是相关函数的峰值位置,因此,需要的只是它的分子 $H(\tau)$,即

$$H(\tau) = \int f(t+\tau)g(t)\mathrm{d}t \tag{5.50}$$

显然这将大大减少计算量。由于两个信号 $g(t)$ 和 $f(t)$ 形状完全一致,因此下

式成立：

$$g(t) = k \cdot f(t+\tau_0) \tag{5.51}$$

$R(\tau)$在且仅在$\tau=\tau_0$时等于1,达到最大值,$H(\tau)$也在该时刻达到最大。理论上求取时差将不存在任何误差,但实际情况却不是这样。首先由于τ是一个参变量,不可能保证准确地求取时间正好在τ_0的相关函数值,往往只是求一些离散的点的函数值,把这些点中的最大值当成峰值,把它所对应的时间当成最大值所对应的时间。另外,引入误差的重要因素是时间函数$f(t)$和$g(t)$都会包含噪声：

$$H_n(\tau) = \int [f(t+\tau) + n_1(t+\tau)] \cdot [g(t) + n_2(t)] \cdot dt \tag{5.52}$$

经过推导,最终相关信号输出信噪比存在以下近似关系：

$$\text{SNR} \propto \frac{TB}{(1+r_1)(1+r_2)} \tag{5.53}$$

式中：r_1和r_2分别为信号$f(t)$和信号$g(t)$所带的噪声等效功率与信号等效功率之比；T为信号的时间长度；B为信号和噪声的带宽。

根据式(5.53)可以定性地看到：信号的带宽越宽、信号的时间长度越长、信噪比越高,可能获得的时间差的精度将越高。

下面是对脉冲信号到达时间相差10ns时在不同信噪比情况下,利用相关运算提取延时差的情况如图5.28所示(图中横坐标的单位是采样点,间隔为0.1ns)。

从图5.28中可以看到,利用脉冲前沿通过相关运算后可以得到较大的时差提取精度,当SNR>0以上时,时差提取的精度可以达到1~2ns以内,即使对于较低的信噪比,如：SNR为-5dB时时差测量的精度也能够达到5ns以内,SNR为-10dB时基本也能够保证在10ns左右,在低的信噪比下仍然获得了较高的测量精度。

相关处理作为一种重要的信号处理方法,已经广泛地应用于雷达、通信、声纳等领域。该处理方法可分为时域相关和频域相关两大类[30]。在大瞬时带宽情况下,这种处理方式的实时处理能力往往受到硬件资源的限制。例如,处理模块采用现场可编程门阵列(FPGA)芯片完成上述算法时,芯片内乘法器数量是一大限制因素。以Xilinx V5处理器为例,它有496个乘法器,经过换算,整个芯片的最大处理能力约为0.5T乘累加(MAC)。在实采400MHz瞬时带宽数据,并实现全带宽的相关处理时,至少需要4片V5系列FPGA芯片,这几乎是目前单板处理模块可实现的技术极限。如果再将带宽提高到1000MHz瞬时带宽,则相关处理将变成一项

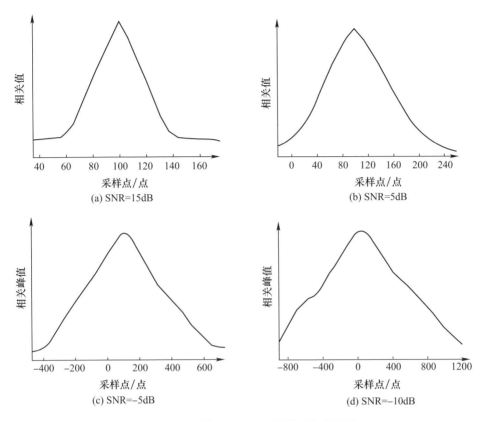

图 5.28 不同信噪比下脉冲前沿的相关峰值

十分困难的任务。

光学信息处理方法在上述大带宽相参信息处理中具有独特的作用。光学相关处理利用声光调制与傅里叶光学处理的矢量运算,可实现 1000MHz 瞬时带宽的相参处理[30],同时从性能、功耗、体积等多方面,解决了大信息容量与处理资源之间的矛盾。下面介绍两种典型的光学相关器设计原理。

5.3.2 基于声光技术的光学相关器

光信息处理可实现多种复杂信号运算处理,这主要归功于它的二维复振幅处理能力。在声光效应中存在着渡越时间的问题,因此能够在信号中引入时间延迟,这就构成了实现相关运算的基础条件之一。结合光学傅里叶变换作为信号处理的基本运算,就能够实现光学相关处理。

如图 5.29 所示,在声光器件中,输入的微波信号首先被压电换能器线性地转换为声波信号,声波信号又对声光介质的折射率进行调制,形成折射率光栅。当平行入射的激光按照特定角度入射到声光介质之后,折射率光栅将对入射光的幅度和相位进行调制,形成衍射。在衍射光中,既包含了输入微波信号的时间变化(因为声波场的变化直接取决于输入信号),又包含了渡越时间所造成的时间延迟,即衍射光实际上是时间和时间延迟的函数。只要利用声光的方法在时间延迟的范围内完成两个信号的相乘,然后通过光电转换完成积分,就能够实现相关运算[31-32]。

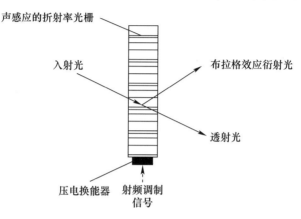

图 5.29　声光布拉格效应

从具体实现途径上来讲,声光相关运算可以分为空间积分相关运算和时间积分相关运算。假设有两个信号 $A(t)$ 和 $B(t)$,它们的互相关为

$$r(t) = \int_{\tau} A(\tau) B(\tau - t) \mathrm{d}\tau \tag{5.54}$$

$$R(\tau) = \int_{t} A(t) B(t - \tau) \mathrm{d}t \tag{5.55}$$

式(5.54)中的积分变量是时间延迟 τ,相关之后的结果是时间函数,能够实现式(5.54)的声光相关架构称为空间积分声光相关器;而式(5.55)中的积分变量是时间 t,相关之后的结果是时间延迟的函数,能够实现式(5.55)的声光相关架构称为时间积分声光相关器。

基于空间积分的声光相关器的基本结构如图 5.30 所示,图中使用了两个声光调制器,分别用于加载输入的微波信号和参考信号。其工作流程是,微波信号和参考信号经过空间调制后加载到相干的激光上,再经光学傅里叶变换后,得到傅里叶谱(像)信息,并聚焦到焦平面上,即光电检测器平面上。光成像信息通过光电检测器的积分滤波过程后,可得到两个信号的互相关函数。如果参考函数是信号自身,就得到信号的自相关函数。

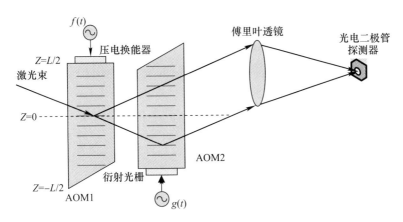

图 5.30 空间积分的声光相关器结构示意图

下面具体分析声光相关器的数学模型。假设输入信号是个单音信号,式(5.56)和式(5.57)描述的是两个输入电信号 $f(t)$、$g(t)$ 变成声信号后,在介质上用笛卡儿(直角)坐标表示的驻波方程:

$$f(t)\cos\omega_a t \to f'\left(t - \frac{L}{2v} - \frac{z}{v}\right)\cos\omega_a\left(t - \frac{L}{2v} - \frac{z}{v}\right) \quad (5.56)$$

$$g(t)\cos\omega_a t \to g'\left(t - \frac{L}{2v} + \frac{z}{v}\right)\cos\omega_a\left(t - \frac{L}{2v} + \frac{z}{v}\right) \quad (5.57)$$

式中:ω_a 为声波角频率;v 为声速;L 为声传播总长度;z 为声传播方向的坐标值。

一束激光以满足布拉格角的条件入射到压电介质上,介质上有经过压电换能器转换的声波,换能器长度为 L,声波沿 z 轴传播的光如下:

$$E_{\text{inc}} = E_0 \cos\left(\omega_0 t + \frac{z\sin\theta_{\text{Bn}}}{\lambda}\right) \quad (5.58)$$

式中:ω_0 为光波角频率;θ_{Bn} 为布拉格角;ϕ 为初始角频率。

入射光与第一束声波和第二束声波相互作用,产生的一次衍射光分别描述如下:

$$f(t)\cos\omega_a t \to A_1 f'\left(t - \frac{L}{2v} - \frac{z}{v}\right)\cos\left[\omega_0 t + \frac{z\sin\theta_{\text{Bn}}}{\lambda} - \omega_a\left(t - \frac{L}{2v} - \frac{z}{v}\right)\right] \quad (5.59)$$

$$g(t)\cos\omega_a t \to A_1 g'\left(t - \frac{L}{2v} + \frac{z}{v}\right)\cos\left[\omega_0 t + \frac{z\sin\theta_{\text{Bn}}}{\lambda} + \omega_a\left(t - \frac{L}{2v} + \frac{z}{v}\right)\right] \quad (5.60)$$

式中:A_1 是一次衍射效率系数。由图 5.30 可见,两束一次衍射光共线,经透镜空间积分到光电探测器上,光电探测器的响应电流可以近似如下:

$$I_1(t) \propto \int_{-L/2}^{L/2} \left\{ \begin{array}{l} A_1 f'\left(t - \dfrac{L}{2v} - \dfrac{z}{v}\right) \cdot \cos\left[\omega_0 t + \dfrac{z\sin\theta_B}{\lambda} - \omega_a\left(t - \dfrac{L}{2v} - \dfrac{z}{v}\right)\right] + \\ A_1 g'\left(t - \dfrac{L}{2v} + \dfrac{z}{v}\right) \cdot \cos\left[\omega_0 t + \dfrac{z\sin\theta_B}{\lambda} + \omega_a\left(t - \dfrac{L}{2v} + \dfrac{z}{v}\right)\right] \end{array} \right\}^2$$

(5.61)

为了简化,空间相位集 $z\sin\theta_{Bn}/\lambda$ 已被去掉,因为对于平方律检测来说,输出只是光强,相位对于输出是没有影响的,展开 $I_1(t)$:

$$I_1(t) \propto \int_{-L/2}^{L/2} \left\{ \begin{array}{l} A_1^2 f'^2\left(t - \dfrac{L}{2v} - \dfrac{z}{v}\right) \cdot \cos^2\left[\omega_0 t - \omega_a\left(t - \dfrac{L}{2v} - \dfrac{z}{v}\right)\right] + \\ A_1 g'^2\left(t - \dfrac{L}{2v} + \dfrac{z}{v}\right) \cdot \cos^2\left[\omega_0 t + \omega_a\left(t - \dfrac{L}{2v} + \dfrac{z}{v}\right)\right] + \\ 2A_1^2 f'\left(t - \dfrac{L}{2v} - \dfrac{z}{v}\right) \cdot g'\left(t - \dfrac{L}{2v} + \dfrac{z}{v}\right) \cdot \\ \cos\left[\omega_0 t - \omega_a\left(t - \dfrac{L}{2v} - \dfrac{z}{v}\right)\right] \cdot \cos\left[\omega_0 t + \omega_a\left(t - \dfrac{L}{2v} + \dfrac{z}{v}\right)\right] \end{array} \right\} \cdot \mathrm{d}z$$

(5.62)

对式(5.62)的第三项积化和差后的差项重新整理如下:

$$I_1(t) \propto \int_{-L/2}^{L/2} A_1^2 f'\left(t - \dfrac{L}{2v} - \dfrac{z}{v}\right) \cdot g'\left(t - \dfrac{L}{2v} + \dfrac{z}{v}\right) \cdot \cos\left[2\omega_a\left(t - \dfrac{L}{2v}\right)\right] \cdot \mathrm{d}z$$

(5.63)

设 $\tau = t - z/v - L/2v$,$L/v = t_0$,以及 $\mathrm{d}\tau = -\mathrm{d}z/v$,并代入式(5.63)得

$$I_1(t)_{2\omega_a} \propto v A_1^2 \cos[\omega_a(2t - t_0)] \int_{-L/2}^{L/2} f'(\tau) \cdot g'(2t - t_0 - \tau) \mathrm{d}\tau \quad (5.64)$$

显然,式(5.64)的结果是 $f(t)$ 和 $g(t)$ 的相关函数。其输出信号的特点是:相关输出在时间轴上被压缩,输出频率是输入信号的 2 倍,通过声光器件的相关处理,可以在全带宽范围内近实时地进行相关数学运算,完成信号的预处理。由于两路信号白噪声互相关/卷积的积分为 0,而两路信号相关会带来处理增益,所以相关处理可以进行强噪声背景下的微弱信号检测。

对 $\left|\int f \cdot g \mathrm{d}\tau\right|^2$ 进一步解析可得到:可分辨点数 $M = \tau \cdot \Delta f$,τ 为超声渡越时间,Δf 为处理带宽[32]。为了得到较好的频率分辨率,需要提高布拉格小盒的声渡越时间和器件带宽。大的声渡越时间可以得到较好的频率分辨率,然而这将增加声

光晶体的长度,会给高频信号带来很大的衰减,影响系统的工作灵敏度。另外,工作带宽和光衍射效率也是相互制约的,一旦带宽限定,器件能承受的最大信号输入功率也就确定了。

图 5.30 最终得到的是两个微波信号相关后的视频包络检测结果,如果采用 CCD 光电探测器,则可以得到一定误差范围内的测频结果,如图 5.31 所示。由于经过声光调制器和光学透镜后,每个不同频率 f_n 的信号分别打在不同的位置上,所以不同频率的光斑点,即光学傅里叶变换结果是不会重叠的,分析其中一个频率的傅里叶变换结果和分析所有频率结果是相同的。

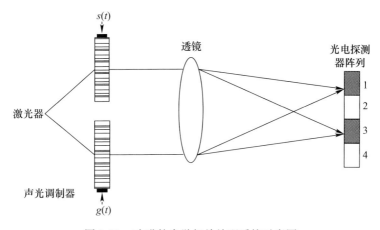

图 5.31 改进的光学相关处理系统示意图

为了与频率 f_n 有所区分,这里用 $s(t)$ 而不是 $f(t)$ 代表第 1 路信号,假设信号 1($s(t)$)经傅里叶变换后在 f_n 处的值为(经过归一化):

$$F_n[s(t)] = A_n e^{j\varphi_n} \tag{5.65}$$

所以,如果用 c_1 和 c_2 替代掉所有的常数项可得到 $s(t)$ 和 $g(t)$ 在光电检测器处的光强为

$$E_{o1}(t) = c_1 e^{-j2\pi(f_n+f_o)t} F_n[s(t)] \tag{5.66}$$

$$E_{o2}(t) = c_2 e^{-j2\pi(f_n+f_o)t} F_n[g(t)] \tag{5.67}$$

那么如果想要实现 $F_n[s(t)]$ 和 $F_n[g(t)]$ 的相乘而且得到其实虚部,则必须引入新的量,它就是光程差。考虑 4 个阵元的 CCD,从沿着 CCD 长度方向观测:

同一个信号频率,经过两个声光调制器 AOM1 和 AOM2 的同一级衍射光信号,在 X、Y 方向都没有空间差异,也就没有相位差。但由于在 Z 方向上有空间位置差,所以到达同一个探测阵元的光的光程是不同的。这个不同的光程就引入了

额外的光的相位差。同时到达第 3 行 CCD 的两个光相位差为 π，则在第 3 行 CCD 上的光场强为

$$E(t) = E_{o1}(t) + E_{o2}(t)$$
$$= c_1 e^{-j2\pi(f_n+f_o)t} F_n[s(t)] + c_2 e^{-j2\pi(f_n+f_o)t+\pi} F_n[g(t)] \quad (5.68)$$

则经过光电检测器检波后的光强为

$$I = E(t) * E^*(t)$$
$$= [c_1 e^{-j2\pi(f_n+f_o)t} F_n[s(t)] + c_2 e^{-j2\pi(f_n+f_o)t+\pi} F_n[g(t)]] \cdot$$
$$[c_1 e^{j2\pi(f_n+f_o)t} F_n^*[s(t)] + c_2 e^{j2\pi(f_n+f_o)t+\pi} F_n^*[g(t)]] \quad (5.69)$$

可以很容易地求得式(5.69)中的四项结果，其中第一、二项分别为 $s(t)$ 和 $g(t)$ 信号在 f_n 处各自的功率，而第三、四项为二者的共轭谱相加，得到函数的实部。因此，只要精细设计光路系统，让两束光在光电检测器阵列处产生相干，就能得到相应的实虚部值。光强的推演结果见表 5.1。

表 5.1 成像面产生的相差值列表

行	相差	相位值	每行光强的表达式	相减合并
1	0	1	$A + 2c_1c_2 \text{Re}\{F_n[s(t)]F_n^*[g(t)]\}$	$4c_1c_2 \text{Re}\{F_n[s(t)]F_n^*[g(t)]\}$
3	π	-1	$A - 2c_1c_2 \text{Re}\{F_n[s(t)]F_n^*[g(t)]\}$	
2	π/2	-j	$A - 2c_1c_2 \text{Re}\{jF_n[s(t)]F_n^*[g(t)]\}$	$-4c_1c_2 \text{Re}\{jF_n[s(t)]F_n^*[g(t)]\}$
4	3π/2	j	$A + 2c_1c_2 \text{Re}\{jF_n[s(t)]F_n^*[g(t)]\}$	

其中

$$A = c_1^2 F_n[s(t)]F_n^*[s(t)] + c_2^2 F_n[g(t)]F_n^*[g(t)] \quad (5.70)$$

令 $F_n[s(t)] = F_{n\text{Re}} + jF_{n\text{Im}}, F_n^*(g) = G_{n\text{Re}} - jG_{n\text{Im}}$，则

$$F_n[s(t)]F_n^*[g(t)] = (F_{n\text{Re}}G_{n\text{Re}} + F_{n\text{Im}}G_{n\text{Im}}) + j(F_{n\text{Im}}G_{n\text{Re}} - F_{n\text{Re}}G_{n\text{Im}}) \quad (5.71)$$

光电检测器上的 1、3 行与 2、4 行的合并项简化分别得到相关处理的实部 I 和虚部 Q：

$$I = 4c_1c_2 \text{Re}\{F_n[s(t)]F_n^*[g(t)]\}$$
$$= 4c_1c_2(F_{n\text{Re}}G_{n\text{Re}} + F_{n\text{Im}}G_{n\text{Im}}) \quad (5.72)$$

$$Q = -4c_1c_2 \text{Re}\{jF_n[s(t)]F_n^*[g(t)]\}$$
$$= 4c_1c_2(F_{n\text{Im}}G_{n\text{Re}} - F_{n\text{Re}}G_{n\text{Im}}) \quad (5.73)$$

这样合并后得到的是 $F_n[s(t)]F_n^*[g(t)]$ 的实部和虚部在光电检测器上的光强值。而这正是 $s(t)$ 和 $g(t)$ 信号的频谱复数相乘后的实虚部，合理安排数据存储

方式就得到两信号相参处理后的数据。

对瞬时带宽为 200MHz 的线性调频信号输入声光调制器的情况进行仿真,声光调制器产生时窗宽度 2μs、积分时长 10μs 的光栅,激光器透射后得到的调制光束如图 5.32 所示。其中图 5.32(a)、(b)分别为信号 1(参考信号)的调制输出光束图案和信号 2(待处理信号)的调制输出光束图案。纵坐标表示的是光斑位置,横坐标表示的是微波信号的持续时间。

这两个信号经过光学傅里叶变换(通过薄透镜),在傅里叶成像面上得到的光斑图案如图 5.33 所示。同样,其中图 5.33(a)是信号 1(参考信号)的傅里叶变换的光斑显示,图 5.33(b)是信号 2(待处理信号)的傅里叶变换光斑显示结果。

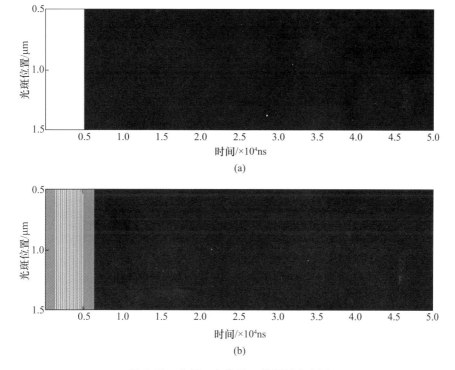

图 5.32　信号 1 和信号 2 的调制光束图

在傅里叶成像面(光电探测器阵列)上,按照前面所论述,光斑将从 4 行(按光波相位)探测器阵列中分离出来,分别代表光强干涉产生的 4 项值,也就是相参处理的复数数值。

根据表 5.1 中的数学模型,将图 5.33 中得到的光学傅里叶变换波形进行数字信号的加减运算,得到相关处理的实部、虚部后,进行傅里叶逆变换可得图 5.34 波形。从图 5.34 可看出,两个信号在时间轴(距离门)上的脉压峰值,如果配合连续

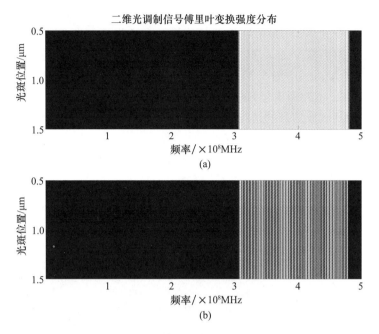

图 5.33　光学傅里叶变换后的光斑显示

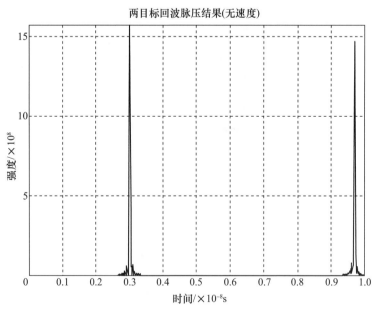

图 5.34　两信号的压缩波形

的信号处理,就可以在速度门上得到在相参处理时间(CPI)内的完整的距离-速度图像。

上述仿真分析表明,该方法可以有效地实现微波信号的相关处理,能够在规避光电调制带来的大插损、大噪声系数等劣势的同时体现光信息处理的大容量优势。

综上所述,光相关处理有两个要点:①微波信号的相干光调制,转为二维相干光信号;②光学结构上的精确控制,在光学傅里叶成像面上产生相干成像。另外,光学处理是瞬时的,其速度瓶颈在光电转换阵列上。如果要实现流水实时的处理数据输出,系统将采取多个光相关处理器延时拼接的方式实现。

5.3.3 基于光纤的光学相关器

除了利用透镜的傅里叶变换特性实现的光学相关处理之外,利用光信号在介质中传输时的色散效应带来的延迟也能够构建光学相关处理器,而光纤就是一种常见的色散介质。

基于光纤的光学相关器也有多种实现形式,如基于有限冲击响应(FIR)滤波器、基于光学逻辑门、基于光纤光栅等。本节重点介绍基于色度色散机制的光纤光学相关器。

基于色度色散机制的光纤光学相关器可以实现时间-频谱的卷积,其基本的方案及原理如图 5.35 所示[33-34]。

图 5.35 基于色度色散的光纤光学相关器的结构及原理图

首先,一个具有连续谱分布的宽带连续光源经过滤波器之后得到具有矩形分布的光谱。然后,在强度调制器中,对滤波后的光信号进行时域上的调制。此时,矩形光谱中所有的频率分量都将具有相同的时域波形;将调制后的光信号输入一根单模色散光纤中,不同的频率分量由于色散原因在传输过程中逐渐分离,在时域上表征为信号被展宽。由于所有的频谱成分具有的时域波形是一样的,最后,探测器得到的时域信号将是一连串具有相同时域波形和不同时间延迟的波形的叠加,因此而实现了时间-频谱卷积,卷积的结果与光纤的色散量有关。

假设输入的宽带连续光信号为

$$e_{0,\omega}(t) = \sqrt{S(\omega)} e^{(-j\omega t)} e^{[-j\Phi(\omega)]} \tag{5.74}$$

式中:ω 为光源的角频率,在整个连续谱范围内变化;$S(\omega)$ 为光源的光谱能量密度函数;$\Phi(\omega)$表示在 $0\sim 2\pi$ 间光谱的随机相位变化。假设强度调制器上输入的调制信号为 $f(t)$。

光信号在经过强度调制器之后的电场可以表示为

$$e_{1,\omega}(t) = f(t)\sqrt{S(\omega)}\mathrm{e}^{(-\mathrm{j}\omega t)}\mathrm{e}^{[-\mathrm{j}\Phi(\omega)]} \tag{5.75}$$

式(5.75)对应的频域表达式为

$$\tilde{E}_{1,\omega}(\omega') = \sqrt{S(\omega)}\mathrm{e}^{[-\mathrm{j}\Phi(\omega)]}\tilde{f}(\omega'-\omega) \tag{5.76}$$

经过色散之后的表达式为

$$\tilde{E}_{2,\omega}(\omega') = \tilde{E}_{1,\omega}(\omega')\mathrm{e}^{\left(-\mathrm{j}\frac{\varphi''\omega'^2}{2}\right)} \tag{5.77}$$

重新整理之后可以得到电场的频域表达式为

$$\tilde{E}_{2,\omega}(\omega') = \sqrt{S(\omega)}\mathrm{e}^{\left\{-\mathrm{j}\left[\Phi(\omega)+\frac{\varphi''\omega^2}{2}\right]\right\}} \cdot \tilde{f}(\omega'-\omega)\mathrm{e}^{\left[-\mathrm{j}\frac{\varphi''(\omega'-\omega)^2}{2}\right]}\mathrm{e}^{[-\mathrm{j}\varphi''(\omega'-\omega)\omega]} \tag{5.78}$$

由于 $\Phi(\omega)$ 在 $[0,2\pi]$ 区间内是均匀分布的,因此 $\Phi(\omega)+\varphi''\omega^2/2$ 也可以由 $\Phi(\omega)$ 来等价替代。对于给定的角频率 ω,式中的 $\tilde{f}(\omega'-\omega)\mathrm{e}^{\left[-\mathrm{j}\frac{\varphi''(\omega'-\omega)^2}{2}\right]}\mathrm{e}^{[-\mathrm{j}\varphi''(\omega'-\omega)\omega]}$ 表示光信号经过色散之后的幅度传递函数,其中 $\varphi''\omega$ 表示在角频率 $\omega'-\omega$ 处的延时。经过色散之后的光信号在角频率 ω 处的电场时域表达式可以写为

$$e_{2,\omega}(t) = \sqrt{S(\omega)}\mathrm{e}^{[-\mathrm{j}\Phi(\omega)]}f_{\mathrm{chirped}}(t-\varphi''\omega)\mathrm{e}^{-\mathrm{j}\omega t} \tag{5.79}$$

式中:$f_{\mathrm{chirped}}(t)$ 为经过色散之后的调制信号,可表示为

$$f_{\mathrm{chirped}}(t) = \int_{-\infty}^{\infty} F(\omega')\mathrm{e}^{-\mathrm{j}\frac{\varphi''\omega'^2}{2}}\mathrm{e}^{-\mathrm{j}\omega't}\mathrm{d}\omega' \tag{5.80}$$

式中:$F(\omega')$ 为 $f(t)$ 的傅里叶变换。

而系统输出端的平均光谱能量密度可以通过对单一角频率处的电场强度进行积分得到

$$e_2(t) = \int_{-\infty}^{\infty}\sqrt{S(\omega)}\mathrm{e}^{-\mathrm{j}\Phi(\omega)}f_{\mathrm{chirped}}(t-\varphi''\omega)\mathrm{e}^{-\mathrm{j}\omega t}\mathrm{d}\omega \tag{5.81}$$

根据式(5.81)可以得到输出端的平均光谱能量的时域波形为

$$I_{\mathrm{out}}(t) = \int_{-\infty}^{\infty} S(\omega)|f_{\mathrm{chirped}}(t-\varphi''\omega)|^2\mathrm{d}\omega \tag{5.82}$$

当满足 $|\Delta\omega_m^2\varphi''/8|\ll\pi$ 时,即调制信号的波形在光纤中引入的失真足够小,则可以令 $f_{\mathrm{chirped}}(t)=f(t)$,其中 $\Delta\omega_m$ 是调制信号的带宽。在式(5.82)中,令 $t'=\varphi''\omega$,

则可以得到如下表达式[34]：

$$I_{\text{out}}(t) = \frac{1}{|\varphi''|} \int_{-\infty}^{\infty} S(t'/\varphi'') |f(t-t')|^2 dt' \propto S\left(\frac{t}{\varphi''}\right) \otimes |f(t)|^2 \quad (5.83)$$

式中：⊗是卷积符号。

式(5.83)表示系统输出的平均光信号的强度与输入光信号的频谱和调制信号的时域波形的卷积结果成正比关系，即实现了时间-频谱的卷积。

5.4 基于长基线的相位差变化率测量

在一些的应用场景下需要对多个目标进行高精度鉴别，尤其是鉴别同一方向上的不同目标。如果将基线长度增大到数百米，不追求过高的测向精度，不去试图进行复杂的相位解模糊，而只通过相位变化的差异来分辨同一方向上的不同目标，则是完全可能的。由于不解模糊，并不能给出更高的测向精度，但是其分辨率却远高于测向精度。此时就有可能实现对1°以内的不同目标实现高精度分辨。

例如，对于同一方向上的距离60km和61km的两个目标，采用相同的信号形式分时交替工作，由于信号形式相同且在时间上没有交叠，利用传统的信号分选和识别方法很难识别出是两个目标。但是，它们对上百米的长基线产生的相位变化率却显著不同。以基线长度300m的两个地面站为例，假设雷达频率为10GHz，这两个站观测到信号的相位差变化率将分别为7729°/s和7584°/s，存在145°/s的显著差异，这么大的相位差变化工程中是可以测量到的，从而实现目标信号的分离。而此时空中两个信号的方位角变化率分别为0.123°/s和0.121°/s，二者的差别仅有0.002°/s，几乎不可能通过现有的技术方法达到如此高精度的测向。

需要说明的是，如果基线长度只有5m，则上面分析的相位差变化率的差异将只有1°/s左右，工程中很难测量，几乎没有任何价值。只有实现了数百米的长基线，才能够使得一对天线对于运动特性细微差异的物体的相位差敏感度显著增大到可以观测的程度。如果借助于射频电缆进行传输，电缆的衰减和色散等效应使得射频信号传输如此长的基线后严重畸变，无法满足系统使用要求。因此，有必要使用微波光子链路来实现射频信号的长距离保相传输，通过对长基线时差和相位差变化率的提取来实现高分辨测向。

本节首先讨论基于长基线相位差变化率的目标分辨原理；然后讨论为了支撑长基线相位差变化率测量的实现，微波光子技术在宽带信号传输、相位抖动及其校正等方面的应用。

5.4.1 基于长基线相位差变化率的目标分辨原理

根据运动学原理,当目标与观测平台存在相对运动的时候,观测平台可以获得未知位置辐射源所辐射电磁波的相位变化信息;如果观测平台获得了辐射源在方位和俯仰的相位变化率信息则还能够进一步得到辐射源的位置信息。

运动目标 T 相对于基线长度为 d_{AB} 的 AB 两点之间的相位差变化原理示意图如图 5.36 所示。

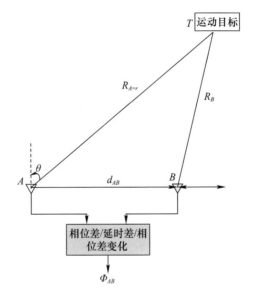

图 5.36 运动目标相对基线的相位/延时变化示意图

选取 A 点为坐标原点,若目标与基线距离为 r,此时,有

$$R_B = \sqrt{(r\sin\theta - d_{AB})^2 + (r\cos\theta)^2} = \sqrt{r^2 - 2rd_{AB}\sin\theta + d_{AB}^2} \quad (5.84)$$

AB 两端的相位差 Φ_{AB} 可以表示为

$$\Phi_{AB} = 2\pi f_T \times \frac{R_A - R_B}{c} = 2\pi f_T \cdot \frac{r - \sqrt{r^2 - 2rd_{AB}\sin\theta + d_{AB}^2}}{c} \quad (5.85)$$

式中:Φ_A、Φ_B 分别为信号到达 A、B 两点的相位;Φ_{AB} 为 AB 两点相位差;f_T 为信号频率;d_{AB} 为基线长度;θ 为信号来波方向;c 为光速。

此时对时间求导数就可以得到其相位差变化率 Φ'_{AB}:

$$\Phi'_{AB} = \frac{2\pi f_T}{c}\left[r' - \frac{rr' - d_{AB}\sin\theta \cdot r' - d_{AB}r\cos\theta \cdot \theta'}{\sqrt{(r^2 - 2rd_{AB}\sin\theta + d_{AB}^2)}} \right]$$

$$= \frac{2\pi f_T}{c}\left(1 - \frac{r - d_{AB}\sin\theta}{\sqrt{(r^2 - 2rd_{AB}\sin\theta + d_{AB}^2)}}\right)r' + \frac{2\pi f_T}{c}\frac{-d_{AB}r\cos\theta}{\sqrt{(r^2 - 2rd_{AB}\sin\theta + d_{AB}^2)}}\theta' \quad (5.86)$$

由式(5.86)可以看出，构成信号相位差变化率的因素比较复杂，与目标距离、信号方位角、距离变化率(径向速度)和角度变化率(切向速度)有关系。同时，这个公式很清晰地说明了一个问题：相位差变化率是随着 r 和 θ 变化而变化的，因此只要多个目标的位置 (r,θ) 不同(这在现实中是肯定的)，则无论是径向还是切向的运动都会产生不同的相位差变化规律，而这正是能够通过相位差变化率来分辨目标的基础原理。

5.4.1.1 同轴切向运动，不同距离处目标的相位差特性

假设基线正前方间距1km的两个目标，以300m/s的相同速度相对基线只有切向运动，对于300m的基线长度，假设信号频率为10GHz，它们在距离基线50km、100km、200km和300km处的相位差变化率如图5.37所示(为了方便显示其规律，这里没有将相位归一化到±180°之内)。

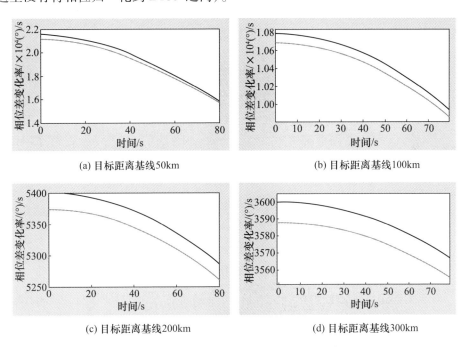

图 5.37 目标切向运动时的相位差变化率

从图 5.37 中可以看到,对于目标间距只有 1km 的不同目标,即使速度相同且相对基线只有切向运动,利用长基线仍然能够得到非常明显的相位差变化率,而且目标距离基线越近相位差变化率越明显。

5.4.1.2 同轴径向运动时不同距离处目标的相位差特性

假设位于基线前方 10km 处的两个目标,以 300m/s 的相同速度相对基线同轴径向运动,若目标间距 1km,对于 300m 的基线长度,假设信号频率为 10GHz,它们在距离基线 50km、100km、200km 和 300km 处的相位差变化率如图 5.38 所示。

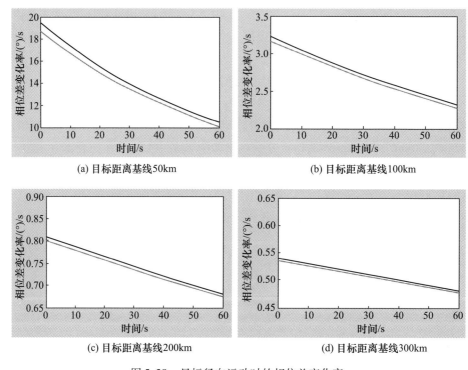

图 5.38 目标径向运动时的相位差变化率

从图 5.38 中可以看到,对于目标间距只有 1km 的不同目标,若相对基线只有径向运动,此时即使利用长基线其相位差变化率也不显著。

5.4.1.3 斜向运动时不同距离处目标的相位差特性

对于斜向运动的不同目标,假设目标位于基线前方 30°斜方位处以 300m/s 的相同速度斜向运动,目标间距仍然只有 1km,对于 300m 的基线长度,假设信号频率为 10GHz,它们在距离基线 50km、100km、200km 和 300km 处的相位差变化率如图 5.39 所示。

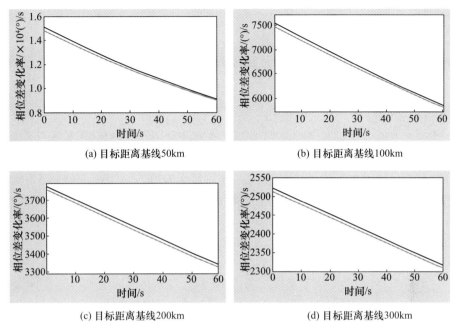

图 5.39 目标斜向运动时的相位差变化率

从图 5.39 中可以看到,即使间距只有 1km 的不同目标,信号在长基线上的变化率仍然相当显著。实际上,可以将目标的运动速度分解为径向和切向分量,因此可以认为总的相位差变化率是由目标的径向运动和切向运动组合作用的结果。

通过上述分析还可以看到:在同样的条件下,相位差变化率对目标的切向运动更加敏感,相比而言同样的径向运动引入的相位差变化率就要小得多。这可以通过式(5.86)得到解释,对式(5.86)进行进一步的变化,有

$$\begin{aligned}
\Phi'_{AB} &= \frac{2\pi f_T}{c}\left(1 - \frac{1 - \alpha\sin\theta}{\sqrt{(1 - 2\alpha\sin\theta + \alpha^2)}}\right)r' + \frac{2\pi f_T}{c}\frac{-\alpha\cos\theta}{\sqrt{(1 - 2\alpha\sin\theta + \alpha^2)}}r\theta' \\
&= \frac{2\pi f_T}{c}\left(1 - \frac{1 - \alpha\sin\theta}{\sqrt{(1 - 2\alpha\sin\theta + \alpha^2)}}\right)v_n + \frac{2\pi f_T}{c}\frac{-\alpha\cos\theta}{\sqrt{(1 - 2\alpha\sin\theta + \alpha^2)}}v_T \\
&= \frac{2\pi f_T}{c}\left(\frac{\alpha^2\cos^2\theta}{\sqrt{(1 - 2\alpha\sin\theta + \alpha^2)}\left(\sqrt{(1 - 2\alpha\sin\theta + \alpha^2)} + 1 - \alpha\sin\theta\right)}\right)v_n + \\
&\quad \frac{2\pi f_T}{c}\frac{-\alpha\cos\theta}{\sqrt{(1 - 2\alpha\sin\theta + \alpha^2)}}v_T
\end{aligned}$$

(5.87)

式中:$\alpha = d_{AB}/r$,通常 $\alpha \ll 1$,v_n、v_T 分别为目标速度的径向和切向分量。式(5.87)可以近似为

$$\Phi'_{AB} \approx \frac{2\pi f_T}{c}(\alpha^2 v_n \cos^2\theta - \alpha v_T \cos\theta) \tag{5.88}$$

通过式(5.87)和式(5.88),可以给出相位差变化率对目标的径向运动相对不敏感的理论解释。

通过前面的分析以及式(5.88)可以清楚地看到,当目标相对于基线只有径向运动时,即使基线长度比较长,其相位差变化率仍然不显著,不同目标之间的相位差变化率差异就更加不明显。因此,对于这种特殊的情况,单条长基线将无法解决相位差变化率的有效提取问题,此时可以利用多条基线或者是增加一个站点的方式来解决这个问题。例如,通过增加一个站点 C,构建两条有一定夹角的基线来解决。

基线的长度对相位差的分辨有着重要的影响。假设共有 5 架飞机,雷达信号频率为 10GHz,目标全部位于基线正前方 100km,目标之间间距 1km,以同样的速度 $v_x = 260\text{m/s}$、$v_y = 100\text{m/s}$ 飞行(亚声速飞行),如图 5.40 所示。

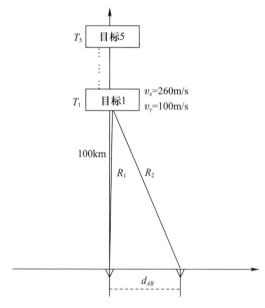

图 5.40 目标示意图

若基线长度为 300m,此时不同目标信号之间相位差变化率将会非常显著,如图 5.41 所示。

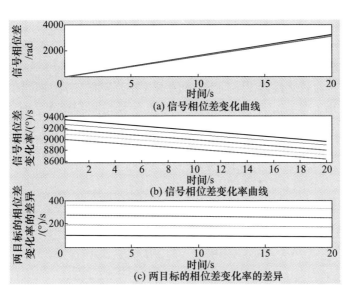

图 5.41 信号相位差和相位差变化率曲线(一)

可以看到,各个目标相位差变化率非常显著(达到了 9000(°)/s),它们之间的差异也比较明显(100(°)/s 以上),显然这么大的变化差异将有助于实现目标的分辨。但是,如果选取基线长度为 10m,此时信号的相位差、相位差变化率以及目标之间相位差变化率的差异曲线如图 5.42 所示。

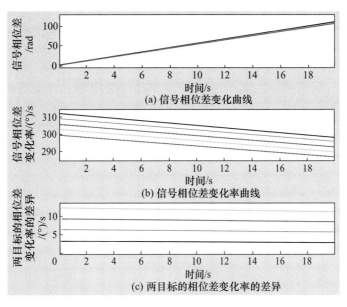

图 5.42 信号相位差和相位差变化率曲线(二)

可以看到,此时各个目标由于运动所引起的相位差变化率比较显著(300(°)/s),但是相位差变化率的差异并不明显(最大只有10(°)/s左右),显然这样的变化量必须要经过较长时间的积累才有可能实现对目标的有效分辨。

当然,即使在长基线情况下,相位差的变化率在不同距离、不同角度上仍会有一定差异,并非所有的情况下都可以获得明显的相位差变化率。对于300m长的基线,若两个运动目标在其正前方100km和101km处以5m/s的切向速度运动(假设信号频率10GHz),此时能够观测到两个目标明显的相位差变化率,如图5.43所示。

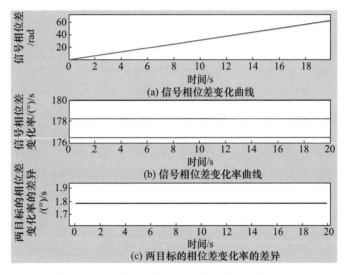

图5.43　信号相位差和相位差变化率曲线(三)

可以看到,虽然两个目标的相位差变化率都很明显,但是由于其相位差变化率的差异并不显著,实际上仍然会导致无法实现目标的有效分辨。因此,必须要求不同目标之间由于运动带来的变化率要有比较明显的差异才能够实现目标分辨。

从上述分析可以看到,如果两个基线的长度越大,这种相位差变化率将越为明显,因此目标的分辨能力越强。通常这个基线长度会达到数百米甚至数千米量级,显然用无线的信号转发模式则功率衰减很大、信噪比会严重恶化且受到地形和大气传输条件的影响;如果用有线的传输方式,可用的传输介质也仅有电缆和光缆两种手段。而这么远距离的传输,电缆的传输损耗和相位抖动是难以接受的,且在宽带工作时还会产生严重的色散和频响波动等问题;因此人们提出了通过光纤来实现长基线宽带信号的远距传输的方法。不过,光纤受温度、振动等外界环境的影响会导致微波信号的相位发生变化,因此在该类系统中需要采用延时测量技术获得准确的延时变化,必要时采取一定的补偿措施。本节重点对基于主动参考信号进行延时测量和补偿的方法进行了分析。

5.4.2 长基线微波光子传输中的相位抖动补偿机理

如图 5.44 所示的仿真实验中,在 400m 的光纤长度下,分别测试输入频率为 2GHz、6GHz、12GHz 和 18GHz 时的相位稳定性能。由于光纤延时变换正比于环境温度变换,因此仿真中直接在光纤传输中加入一个低频正弦信号控制的可调延时线来模拟环境因素引起的相位抖动效应。一般地,温度变化频率仅为 2×10^{-5}Hz。仿真中若设置如此低的频率,就需要相当长的仿真时间和资源。因此,在仿真中适当提高了温度变化的频率,以缩减仿真时间和仿真点数。例如,将相位抖动频率(温度变换频率)设为 90MHz,仿真循环次数为 100 次。

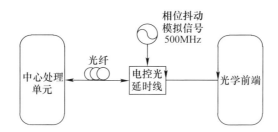

图 5.44 延迟抖动补偿仿真测试方案

当不作延时抖动补偿时,各频率信号经过光纤传输后的输出波形如图 5.45 和图 5.46 所示,其中图(a)和(b)分别表示输入信号的波形图;图(c)和(d)表示经过光纤传输后的波形图;图(e)和(f)分别是图(c)和(d)细节的放大。无论信号频率是 2GHz 还是 18GHz,信号相位都会随着外界环境的变化产生明显的抖动。在相同的环境变化中,2GHz、6GHz、12GHz 和 18GHz 信号经过光纤传输后所引入的相位抖动分别是 14.4°、43.2°、86.4° 和 129.6°,但是其延时抖动相同,都为 20ps。

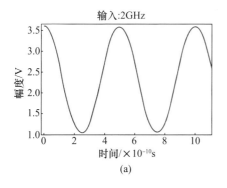
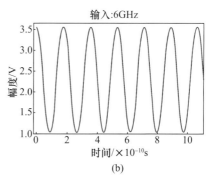

(a)   (b)

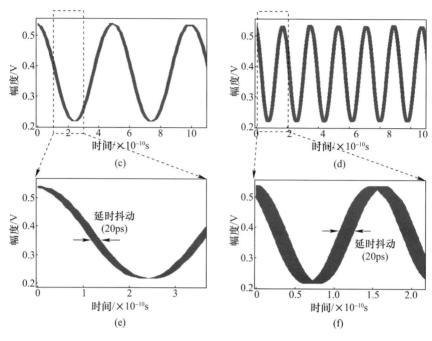

图 5.45 输入频率为 2GHz 和 6GHz 的信号传输延时抖动仿真结果

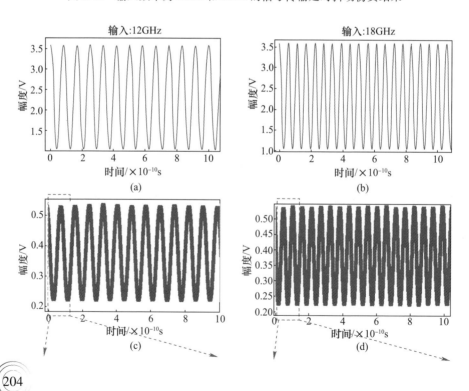

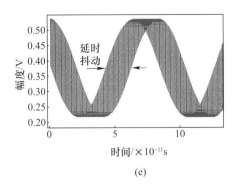
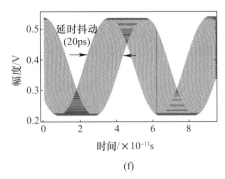

(e)   (f)

图 5.46　输入频率为 12GHz 和 18GHz 的信号传输相位抖动仿真结果

进一步测量了稳相前后信号稳定度的变化趋势。以频率为 193.2THz 的通道为例，在同样长的仿真时间里，不补偿链路延时，信号延时变化的峰峰值为 20ps（图 5.47），这部分延时变化主要是由模拟的环境温度的变化引起的。

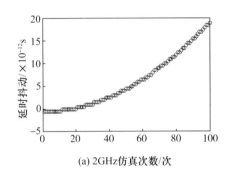
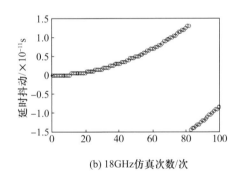

(a) 2GHz 仿真次数/次   (b) 18GHz 仿真次数/次

图 5.47　输入信号频率为 2GHz 和 18GHz 时的相位稳定度

当链路的延时抖动被稳定后，各频率信号的波形图如图 5.48 和图 5.49(a)~(d)所示，对比图 5.45 和图 5.46 的波形图，延时抖动得到了很好的抑制。由图 5.49(e)和(f)可以看出，补偿后延时抖动的峰峰值被抑制在了 5ps 以内。在实际应用中，即使补偿光纤链路的延时抖动后，信号会依然存在残余的延时抖动，这部分抖动是补偿环路外部的光和电子器件受环境温度变化和振动等因素引起的。而在本仿真中，残余的相位抖动主要是由于滤波器相位设计不完善导致的。

由此可见，如果能够及时精确地测量到相位抖动的大小，就可以通过延迟补偿技术将其进行精确的补偿，误差可以远小于信号的波长范围，而且微波光子补偿方法对于带宽内所有微波信号都是相同的，具有很好的宽带性和一致性。这也就为本书讨论的相位变化率测量提供了实现的可能,并为未来向更高频段扩展、传输距离上千米的长距离光纤延时补偿技术奠定了良好的基础。

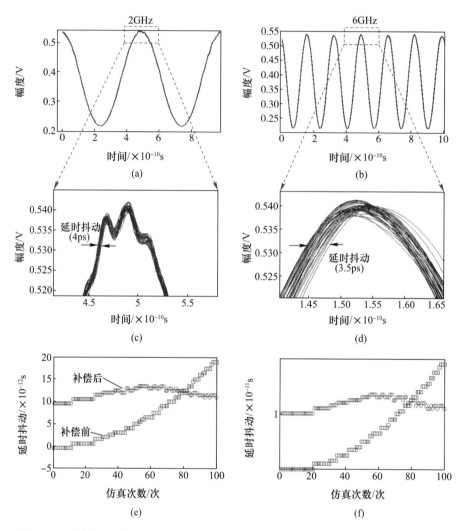

图5.48　输入频率为2GHz和6GHz时的信号波形和相位稳定度((a)和(b)分别表示相位抖动补偿后的波形图;(c)和(d)分别是图(a)和图(b)细节的放大;(e)和(f)表示相位稳定度)(见彩图)

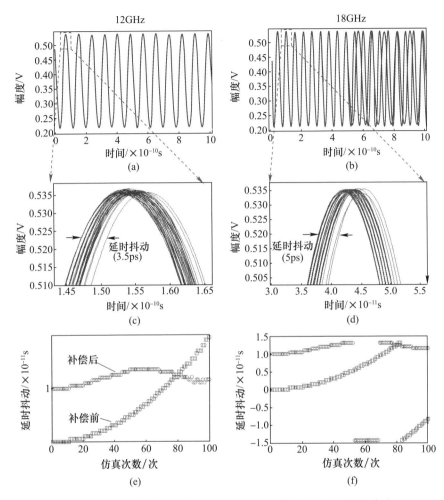

图 5.49 输入频率为 12GHz 和 18GHz 时的信号波形和相位稳定度
((a)和(b)分别表示相位抖动补偿后的波形图;(c)和(d)分别是
图(a)和图(b)细节的放大;(e)和(f)表示相位稳定度)(见彩图)

5.4.3 基于往返传输的微波光子相位校正技术

如果将光纤传输介质的非互易性和非线性忽略,则在同一段光纤链路中相向传输的光信号是相互独立的,经历了相同的相位抖动。如果将需要分配的信号经同一光路传输至远端后反射至本地端,则此时接收的信号将经历两倍的相位抖动,因此反射回的信号可以表征微波信号在单程传输中的相位变化[34-37]。

往返传输校正方案框图如图 5.50 所示,假设待传的微波信号相位为 φ_{ref},频率

为 ω_{ref},则经过相位预补偿后的信号相位变为

$$\varphi_D(t) = \varphi_{ref}(t) + \varphi_{cor}(t) \tag{5.89}$$

式中:φ_{cor} 为相位预补偿模块所引入的相移。

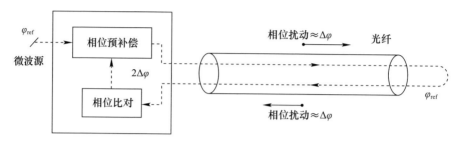

图 5.50 往返传输校正方案框图

经过初步相位校正后,信号进入光纤进行往返传输。假设光纤中单向传输引入的相位抖动为 $\Delta\varphi$,那么当信号返回到发射端时的相位变为

$$\varphi_{reflect}(t) = \varphi_{ref}(t) + \varphi_{cor}(t) + 2\phi_\tau(t) + 2\Delta\varphi(t) \tag{5.90}$$

式中:$\phi_\tau(t)$ 为光纤固定延时引起的相位变化,即 $\phi_\tau(t) = -\omega_{ref} \cdot \tau_F$,而 τ_F 是光纤的固定延时。

最后,相位对比单元将上式与初始相位进行误差提取,并以此控制相位预补偿的相移值。其中,相位误差可以表示为

$$\varphi_{error}(t) = \varphi_{cor}(t) + 2\phi_\tau(t) + 2\Delta\varphi(t) \tag{5.91}$$

当 $\varphi_{error}(t)$ 为一常数 C 时,单程传递后在远端接收的信号相位可以认为与原始相位 φ_{ref} 相同,从而实现对光纤传递过程中引入的相位噪声的实时补偿。此时,补偿条件为

$$\varphi_{cor}(t) = C - 2\Delta\varphi(t) \tag{5.92}$$

由于 $\phi_\tau(t)$ 是光纤传输引起的固定相移,因此式(5.92)将其忽略。

图 5.51 给出了基于往返传输的多通道微波光子链路的相位校正方案[37]。在中心处理单元,一个参考 RF 信号(称为导频)被马赫 – 曾德尔调制器(MZM1)调制到波长为 λ_1 的光载波上。接着,导频信号分为两个支路,并分别通过环形器(CIR1~CIR4)、可调光延迟线(VODL1~VODL4)以及单模光纤(SMF1~SMF4)传输到对应的远端。在远端,天线阵列放置在两个不同的地点,每个地点包括两个天线。4 个微波信号调制在不同的光载波上,波长为 $\lambda_2 \sim \lambda_5$。接下来,输入信号与导频信号通过 WDM 进行合路,并通过同样距离的光纤返回中心处理单元。所有的调制器工作于线性区间。这样,远端接收的雷达信号仅仅进行了一次传输,而导频

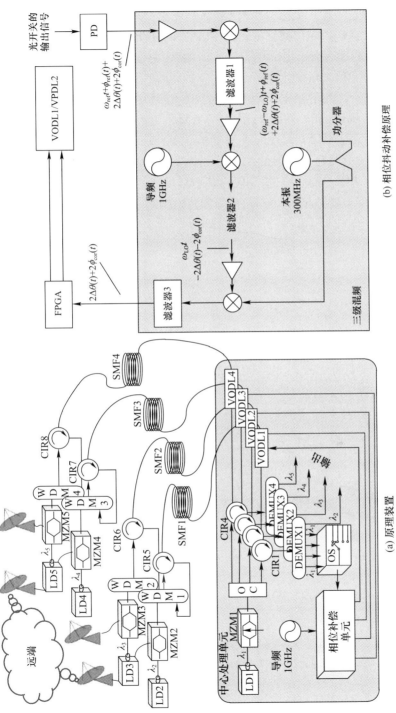

图 5.51 基于往返传输的多通道微波光子链路的相位校正方案

信号进行的是往返传输。最后,导频信号通过光波分解复用器(DEMUX)滤出后经过光开关的扫描送入相位补偿单元就可以实现相位的稳定传输。由于光开关和VODL的调节速度远远高于相位抖动的变化,因此在分布式系统中的中心处理单元只需使用一个相位补偿单元即可。

为了评估下行链路的稳定度性能,文献[37]将环境温度设定为30～10℃之间线性变化,变化时间为2h。图5.52给出了不同频率微波信号补偿前和补偿后的相位变化情况。不同频率信号的相位抖动值在补偿前分别高达100°和360°。而补偿后,对应的抖动值抑制在3.6°和8.4°以内。值得注意的是,补偿前信号相位变化呈现一条较为平滑的曲线,这是因为环境温度线性地下降。残留的相位抖动是由于电子器件(主要是VODL)对机械力和热敏感造成。

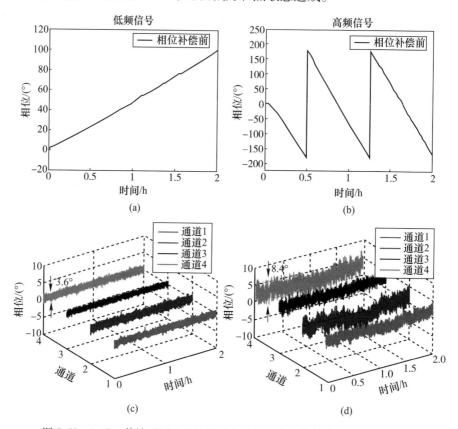

图5.52 0.5km传输后测量的补偿前和补偿后的相位抖动((a)和(b)表示不同频率信号补偿前的相位抖动;(c)和(d)表示不同频率信号补偿后的相位抖动)(见彩图)

Allan 方差通常用来衡量链路传输的相位稳定度,其测量结果如图 5.53 所示。当测量时间为 1s 时,相位稳定度可达 10^{-12}。这个结果表明本方案可以在 1s 内就达到较为稳定的通道性能,这一速度远远大于室温变化的速度。因此,基于光开关扫描的方法,使用一个稳相单元就能实现多路通道的稳定传输。

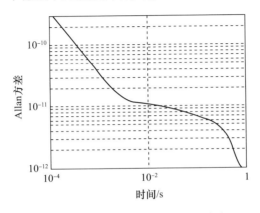

图 5.53 传输 0.5km 后的相位稳定度

需要说明的是,往返相位补偿是建立在环境噪声引起的多普勒频移效应对往返信号基本相同的前提下。然而有些噪声效应却不具备这种对称性,如 PMD 效应。

按照图 3.39 所示的微波光子混合链路搭建实验系统,在射频信号为 9GHz 时,将信号源输出的信号功分后输入两套传输距离相差 300m 的混合链路,经过光纤传输后测量两路信号的相位差变化情况如图 5.54 所示。

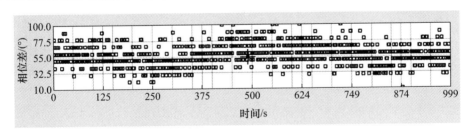

图 5.54 信号经过微波光链路传输后的相位差变化

图 5.54 中纵轴表示信号功分后经过两套微波光链路后的相位差变化(单位:(°))。可以看到,即使在常温情况下,由于光纤的折射率、热胀冷缩等性能会随着环境因素的变化而波动,甚至会造成高达几十度的相位差;如果外界环境变化加剧其相位差还会进一步增加,因此需要根据图 5.54 对链路相位差进行控制。利用改进后的链路在室内测试 20min 左右,图 5.55 就是采用校准信号对微波链路的相位

差波动进行校正后的部分测量结果。

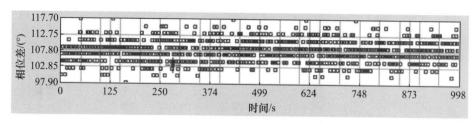

(a) 信号频率8.4GHz

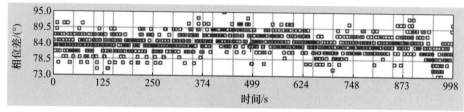

(b) 信号频率9GHz

图 5.55 控制后的相位差曲线

信号频率9GHz,功率0。此时链路带来的信号相位差波动最大范围可以控制在±15°以内,由于采用了实时校准的措施,即使对于变化更为显著的室外环境其相位差应该也能够精确控制;可以有效支撑系统对相位差变化率的提取。通过上述分析和实验验证表明,利用微波光链路实现射频信号的长距离保相传输是切实可行的。

5.5 本章小结

本章首先推演了目标源近场和远场的界定,明确了近场效应下相位差与目标距离紧密相关,而远场条件下相位差与目标距离无关。在此基础上分析了光控波束形成技术,以线性调频信号为例阐述了基于微波光子方法的超宽带信号保真处理能力,并就不同的微波光子波束形成方法进行了详细讨论。进一步地,利用微波光子长距离传输的优势,分析了基于长基线的高精度时差测向能力;分析了长基线下的相位差变化率测量技术,该技术能够用于分辨同一方向上的多个目标。最后,探讨了微波光子传输中的相位抖动补偿机理和相位校正技术。

参考文献

[1] 刘国红. 远近场混合源定位参量估计算法研究[D]. 长春:吉林大学,2015.

[2] 张蕾,陈玲,邓大松,等.光子技术在雷达中的应用及潜在优势[J].电子工程信息,2017,1:1-18.

[3] Paul D K,Razdan R,Goldman A M. True time - delay photonic beamforming with fine steerability and frequency - agility for spaceborne phased - arrays:a proof - of - concept demonstration [J]. Proceedings of SPIE - The International Society for Optical Engineering,1996,2811:278-288.

[4] Corral J L. IST - OBANET:optical smart antennas for mm - wave broadband wireless access networks[C]//International Topical Meeting on Microwave Photonics. IEEE,2003.

[5] 蒋国锋.光控相控阵天线的关键技术[J].现代雷达,2014,8(36):57-59.

[6] Mengual T,Vidal B,Stoltidou C,et al. Optical beam forming network with multibeam capability based on a spatial light modulator[C]//OFC/NFOEC 2008,2008:JThA71.

[7] 张旭锴.60GHz光载无线通信系统关键技术的研究[D].北京:北京邮电大学,2014.

[8] Chang W S. RF photonic technology in optical fiber links[M]. Cambridge:Cambridge University Press,2002.

[9] 周涛,范保华,陈吉欣.光学波束形成技术对超宽带信号的传输特性分析[J].半导体光电,2010,31(3):451-458.

[10] Raz O,Rotman R,Tur M. Wavelength - controlled photonic true time delay for wide - band applications[J]. Photonics Technology Letters,2005,5(17):1076-1078.

[11] Raz O,Barzilay S,Rotman R,et al. Submicrosecond scan - angle switching photonic beamformer with flat RF response in the C and X bands[J]. Journal of Lightwave Technology,2008,26(15):2774-2781.

[12] Esman R D,Frankel M Y. Fiber optic prism true time delay antenna feed[J]. IEEE Photonics Technology Letters,1993,5(11):1347-1349.

[13] 李冬文.色散补偿光纤在光控相控阵雷达中的应用[D].南京:东南大学,2006.

[14] Frankel M Y,Esman R D. True time delay fiber optic control of an ultrawideband array transmitter/receiver with multibeam capability[J]. IEEE Transactions on microwave theory and techniques,1995,43(9):2387-2394.

[15] 官伟.光控相控阵天线系统[D].哈尔滨:哈尔滨工程大学,2005.

[16] Cao Z,Ma Q,Smolders A B,et al.,Advanced integration techniques on broadband millimeter - wave beam steering for 5G wireless networks and beyond[J]. IEEE Journal of quantum electronics,2016,52(1):0600620.

[17] Cao Z,Zhao X,Koonen A M J. A broadband beam - steered fiber mm - Wave link with high energy - spectral - spatial efficiency for 5G coverage[C]//Optical Fiber Communications Conference & Exhibition. IEEE,2017.

[18] Zhuang L,Roeloffzen C G H,Meijerink A,et al. Novel ring resonator - based integrated photonic beamformer for broadband phased array receive antennas - Part II:Experimental protype [J]. Journal of lightwave technology,2010,28(1):19-31.

[19] Zhuang L. RF - to - RF characterization of a phased array receive antenna steering system using

a novel ring resonator based integrated photonic beamformer[C]//2009 International Topical Meeting on Microwave Photonics,1-4,2009.

[20] 隆仲莹.射频信号光学方法处理[D].成都:电子科技大学,2007.

[21] 隆仲莹,周涛,熊彩东.相干光学多波束形成的原理及其理论分析[J].半导体光电,2007, 28(1):131-138.

[22] Schlottau F,Wagner K H,Bregman J,et al. Sparse antenna array multiple beamforming and spectral analysis using spatial-spectral holography[C]//Microwave Photonics,2003. MWP 2003 Proceedings. International Topical Meeting on. IEEE,2003.

[23] 张艳,吴丽莹,张健.电寻址空间光调制器相位调制特性的研究[J].红外与激光工程, 2007,36(3):316-318.

[24] 蔡冬梅,薛丽霞,凌宁,等.液晶空间光调制器相位调制特性研究[J].光电工程,2007,34 (11):19-23.

[25] Fetterman H R,Chang Y,Scott D C,et al. Optically controlled phased array radar receiver using SLM switched real time delays[J]. Microwave and Guided Wave Letters,IEEE[see also IEEE Microwave and Wireless Components Letters],1995,5(11):414-416.

[26] Sumiyoshi H,Nagase M,Iguchi T,et al. Optically controlled phased array antenna using spatial light modulator[C]//2010 IEEE International Symposium on Phased Array Systems and Technology,2010.

[27] Wilson R A,Sample P,Johnstone A,et al. Phased array antenna beamforming using a micromachined silicon spatial light modulator[C]//International Topical Meeting on Microwave Photonics. IEEE,2000.

[28] 赵波.甚长基线干涉时延估计算法研究[D].成都:电子科技大学,2013.

[29] 胡来招.无源定位[M].北京:国防工业出版社,2014.

[30] 王帅.宽带雷达的声光相关后端信号处理研究[D].成都:电子科技大学,2016.

[31] 周涛,陈吉欣,黄禾,等.声光频谱分析器的衍射理论解析[J].半导体光电,2010,31(4): 608-611.

[32] 程乃平,江修富,邵定蓉.声光信号处理及应用[M].北京:国防工业出版社,2004.

[33] Dorrer C. statistical analysis of Incoherent pulse shaping[J]. Optics express,2009,17(5): 3341-3352.

[34] Park Y,Azaña J. Optical signal processors based on a time-spectrum convolution. Optics letters,2010,35(6):796-798.

[35] Foreman S M,Ludlow A D,de Miranda M H G,et al. Coherent optical phase transfer over a 32-km fiber with 1-s instability at 10^{-17}[J]. Phys. Rev. Lett. 2007,99(15):153601.

[36] 孟森.超稳长距光纤微频率传递[D].西安:西安石油大学.2015.

[37] Chen Z Y,Zhou T,Zhong X,et al. Stable downlinks for wideband radio frequencies in distributed noncooperative system[J]. IEEE J. Lightwave Technol. 2018,36(19):4514-4518.

第 6 章

频域微波光子信号处理

频域微波光子信号处理是微波光子领域里的重要研究内容之一。本章首先介绍微波光子滤波的基本原理,以及法布里-珀罗腔、回音壁和光纤光栅等典型的光子滤波介质;接着,基于直接调制和外调制两种链路阐明了微波光子变频机理,特别地,对于分布式、大阵列的应用需求,介绍了基于光梳的多通道微波光子同时变频方案;随后,重点阐述了非相干体制和相干体制的微波光子信道化处理方案,并介绍了部分国内外的重要工作;最后,围绕微波光子测频技术,分别从微波功率映射、光功率映射和时域映射3个方面介绍了其原理,并分别讨论了其各自的优势和典型的实现结构。

6.1 微波光子滤波

微波光子滤波器是多种微波光子系统的关键环节。例如,在光电振荡器中需要通过窄带 RF 滤波选出振荡模,从而实现高纯度微波信号产生。得益于微波光子技术在宽带、高频信号处理上的先天优势,微波光子滤波器在微波光子技术发展的早期就得到了广泛的关注。发展至今,其理论研究已经成熟,以多种材料、多种方式制备的微波光子滤波器件得到了广泛应用,并逐渐向可重构、小型化等方向发展。

6.1.1 微波光子滤波的基本原理

微波光子滤波器的基本结构如图 6.1 所示[1]。首先,连续波光源通过调制器将待滤波的 RF 信号转换成多路光载微波信号;然后,输入的 RF 信号进入光阵列处理单元进行各通道的处理(如延迟、加权、采样等);最后,输出信号通过接收机中的光电探测器再次转换成 RF 信号,即可完成滤波。

以 M 个抽头为例,接收机前的光信号可以表示为[2]:

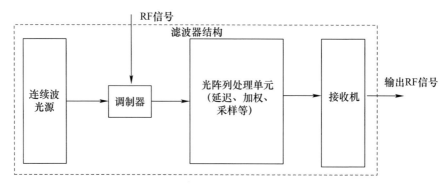

图 6.1 M 抽头微波光子滤波器基本结构示意图

$$E_0(t) = \sum_{m=0}^{M} [a_m S_{RF}(t-mT)]^{1/2} \exp\{j[\omega(t-mT) + \varphi(t-mT)]\} \quad (6.1)$$

式中:ω 和 φ 为载波的频率和相位;$S_{RF}(t)$ 为射频信号;a_m 为第 m 个抽头的权重。

则该信号通过光电探测器后的光电流可表示为

$$\begin{aligned} I_0(t) &= r_d \langle |E_0(t)|^2 \rangle \\ &= r_d \sum_{m=0}^{M} [a_m S_{RF}(t-mT)] + r_d \sum_{m=0}^{M} \sum_{u \neq m} [a_m S_{RF}(t-mT)]^{1/2} \cdot [a_m S_{RF}(t-uT)]^{1/2} \\ &\quad \langle \exp[j\omega(u-m)T + \varphi(t-mT) - \varphi(t-uT)] \rangle \end{aligned} \quad (6.2)$$

式中:r_d 为探测器的响应度;符号 $\langle \ \rangle$ 表示对时间取平均值;式中的第一项为非相干光对光电流的贡献。

借助于互相关函数运算,式(6.2)对时间求平均的项(记为 G_{mn}),有

$$G_{mn} \propto \exp\left[\frac{-|(m-u)T|}{t_{coh}}\right] \quad (6.3)$$

式中:t_{coh} 为光源的相干时间。

如果要滤波器工作在非相干条件下,只需光源的相干时间 t_{coh} 远远小于基本延迟时间差 T,此时 $G_{mn} \approx 0$,即非相干条件下光电流的表达式为

$$I_0(t) = r_d \sum_{m=0}^{M} [a_m S_{RF}(t-mT)] \quad (6.4)$$

因此,滤波器的冲击响应可以表示为

$$h(t) = \sum_{m=0}^{M} [a_m \delta(t-mT)] \quad (6.5)$$

对式(6.5)作傅里叶变换,可得到微波信号的频率响应函数:

$$H(\omega) = \sum_{m=0}^{M} [a_m \exp(-jm\omega T)] \qquad (6.6)$$

从式(6.6)可以看出,滤波器的性能由滤波器级数 M(实现 Q 值和带宽的改变)、加权系数 a_m(实现重构、滤波器的形状系数的改变)以及延迟时间 T(实现中心频率和 FSR 改变)决定。

图 6.1 中的微波光子滤波器的核心是光阵列处理单元。一般来讲,法布里-珀罗(FP)腔、回音壁以及光纤光栅是常用的器件。下面将重点介绍这 3 种器件的原理。

6.1.2 法布里-珀罗干涉型滤波器

法布里-珀罗(FP)干涉型滤波器已经广泛应用于科研的各个领域,如精密测试仪器,传感应用,密集波分复用光纤通信系统等。FP 干涉型滤波器可分为金属-介质型薄膜光片型、全介质型滤光片型、多腔薄膜滤光片型以及全光纤等类型。FP 滤波器具有的最大优势在于其具有其他光学滤波器不能比拟的窄线宽。现代一般的光学滤波器的滤波带宽约为 GHz 级,而 FP 滤波器的滤波带宽可以窄达百 MHz。除此之外,FP 滤波器的周期性滤波特性也广泛应用于密集波分系统中。

6.1.2.1 FP 干涉型滤波器基本原理

FP 干涉型滤波器原理如图 6.2 所示[3]。当入射光进入滤波器后将在两个平行高反射率的反射镜之间多次反射,而相邻的反射光之间存在固定的相位差,因此通过 FP 干涉型滤波器的光得到周期性的调制,形成周期性透射谱。假设光束入射到 FP 滤波器的角度为 θ,两个平行反射镜的厚度为 d,反射镜的反射率为 R_{FP},入射光波的振幅为 A_0,入射光通过 FP 干涉型滤波器的第二块反射镜后的振幅为

$$B_m = (1 - R_{FP}) \cdot R_{FP}^{m-1} \cdot A_0 \qquad (6.7)$$

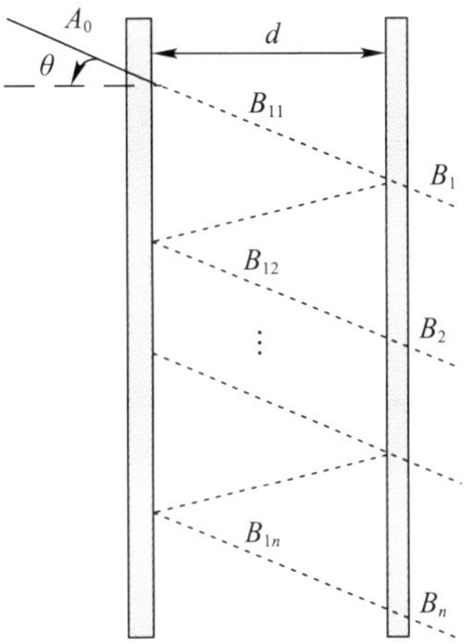

通过第二块反射镜后光束的固定相位差为

$$\Delta\varphi = 2kd\cos\theta \qquad (6.8)$$

式中:光波波矢 $k = 2\pi/\lambda_0$,λ_0 为入射光波长。

图 6.2 FP 滤波器原理示意图

因此,不同光束之间通过干涉可得到总输出光强表达式为

$$I = I_0 \frac{(1-R_{FP})^2}{(1-R_{FP})^2 + 4R_{FP}\sin^2(\Delta\varphi/2)} \tag{6.9}$$

当相位差满足

$$\Delta\varphi = 2m\pi \tag{6.10}$$

时,FP 干涉型滤波器有峰值透射光强。

FP 干涉型滤波器的透射谱特性可以用多个特征参量来描述,如 FSR、精细度 F、半高全宽(FWHM)和插入损耗等。其中图 6.3 的 FSR 为两个相邻极大透射值的间距,在相位域中 FSR 为 2π;当入射角 $\theta = 0$,即正入射时,在频域和波长域中的 FSR 分别为

$$\mathrm{FSR}_f = c/(2nd) \tag{6.11}$$

$$\mathrm{FSR}_\lambda = \lambda_0^2/(2nd) \tag{6.12}$$

可见,FSR 始终与谐振腔的厚度 d 成反比,即 FSR 越大,要求谐振腔的厚度越小。FWHM 指透射谱线中两侧强度降低为极大值一半时两点之间的间隔,精细度、半宽度都和 FSR 密切相关,即

$$\mathrm{FWHM} = \mathrm{FSR}/F \tag{6.13}$$

$$F = \pi\sqrt{R_{FP}}/(1-R_{FP}) \tag{6.14}$$

插入损耗反映了入射光经 FP 滤波器后的衰减程度,如设入射光波 λ_0 的峰值光强为 I_0,峰值透射率定义为

$$T_m = I_{\max}/I_0 \tag{6.15}$$

则用 dB 表示的插入损耗为 $10\lg(T_m)$。

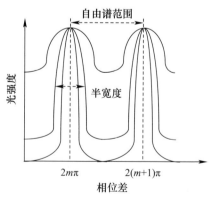

图 6.3 FP 干涉型滤波器的滤波曲线

图 6.3 描述的理想 FP 干涉型滤波器透射率中没有插入损耗,但实际上几乎所有 FP 干涉型滤波器都存在如镀膜材料的吸收损耗、谐振腔的衍射损耗等多种损耗,从而影响透射峰的最大峰值。当考虑插入损耗时,上述有关特征参量将会发生变化。设单位长度的损耗因子为 α_p,即单程损耗为 $\alpha_p d$ 时,FP 干涉型滤波器遵守能量关系式

$$R_{FP} + T_{FP} + \alpha_p d = 1 \tag{6.16}$$

当 $\alpha_p d \ll 1$ 且 $R_{FP} \to 1$ 时,谐振峰上的峰值透射率为[3]

$$T = \frac{T_{FP}^2 (1-\alpha_p d)^2}{[1-R_{FP}(1-\alpha_p d)]^2} \approx \frac{1}{(1+\alpha_p d/T_{FP})^2} \tag{6.17}$$

相应的精细度修正为

$$F = \frac{\pi \sqrt{R_{FP}(1-\alpha_p d)}}{1-R_{FP}(1-\alpha_p d)} \approx \frac{\pi}{T_{FP}+\alpha_p d} \tag{6.18}$$

由此可见,插入损耗的增加将使峰值透射率和精细度都下降,即高精细度的干涉型滤波器除了要求反射率较高以外,其插入损耗也要求非常低。

6.1.2.2 光纤 FP 滤波器

图 6.4 为光纤 FP 干涉型滤波器的两种典型结构[4],该方案在光纤末端的包层或芯层至少有一个凹面镜。这类结构的可调谐 FP 滤波器既可以限制谐振模场半径以减小耦合损耗,又可以减小腔内衍射损耗,能最大限度地减少空气隙腔型可调谐滤波器的插入损耗,同时 FSR 可以设计成任意值。

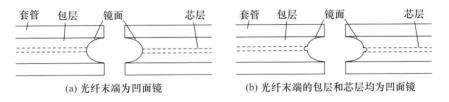

图 6.4 凹面镜式光纤 FP 干涉型滤波器

凹面镜式光纤 FP 滤波器可采用 CO_2 激光器加工,并通过精密控制光纤端面曲率半径来实现,如图 6.5(a)所示。其精细度大于 130000[5],大大提高了滤波器的性能。同时,将两个光纤放到压电陶瓷上,如图 6.5(b)所示,当调节压电陶瓷上加载的电压时,就可以改变光纤之间的间隔,从而实现滤波器 FSR 的调谐。

当然,利用啁啾光纤布拉格光栅(CFBG)也能够形成有效的 FP 干涉型滤波器[6]。一般地,利用一个 244nm 的 Ar^+ 扫描激光器将两个独立的 CFBG 在光纤内部的同一个位置进行内嵌。由于两个 CFBG 中的两个光栅之间有小纵向位移,这

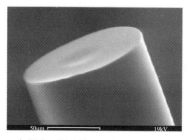
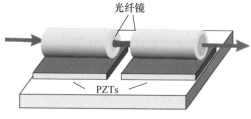

(a) 扫描电子显微镜下的光纤端面成像图　　　(b) FSR调节原理

图6.5　光纤FP滤波器的结果及原理

样在光纤内部就会形成分布式的FP干涉效应而构成滤波器。同时,再配合一个机械控制的悬梁臂,通过改变悬梁臂的相对位置来控制CFBG的长度也可以实现FSR的连续可调,其结构如图6.6所示。一般来讲,全光纤FP滤波器的自由光谱范围为40GHz左右,可以通过温控进行精细调控,3dB带宽可达400MHz。

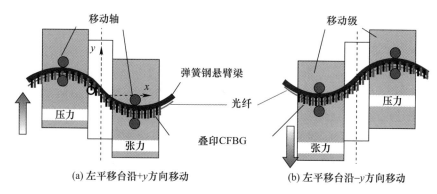

(a) 左平移台沿+y方向移动　　　(b) 左平移台沿-y方向移动

图6.6　基于CFBG的全光纤FP滤波器FSR调节示意图(见彩图)

6.1.2.3　薄膜FP滤波器

薄膜FP滤波器实际上是多层膜结构,经常用来实现窄带的光滤波。图6.7给出了基于SiN_x的薄膜FP滤波器结构[7],该结构通过等离子体增强化学的气相沉积法加工而成。其中,SiN_x材料会形成一个具有4个类似悬挂臂的薄膜结构,该薄膜上放置一个镜子。当在薄膜上施加一个电场时,就会产生静电力。而这个镜子可以在静电力的作用下上下移动,从而构成一个可调谐的薄膜FP滤波器。

6.1.2.4　液晶FP滤波器

另一种重要的FP滤波器是液晶型,它具有诸多优点,包括结构简单、低压驱动、成本低和良好的光学性能。液晶FP滤波器的基本结构如图6.8所示,液晶层的两边分别为定向层、电介质反射镜和氧化铟锡(ITO)导电层,最外层为玻璃基

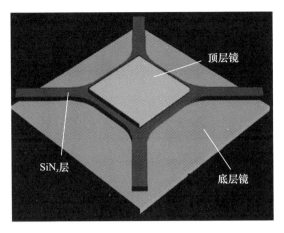

图 6.7　SiN_x 薄膜 FP 滤波器基本结构（见彩图）

板,这里氧化铟锡导电层必须置于腔外,因为在光通信应用的红外波段氧化铟锡材料有一定的吸收损耗。实际使用的器件还要在玻璃基板的最外层镀上增透膜以减少光的损耗。当对导电层施加一定的电压时,根据电控双折射效应,液晶的光轴将在电场的驱动下,沿电场的方向重新排列发生倾斜,且光轴的倾斜角随调制电压的不同而变化,如图 6.8 所示。这样随着所加电压的不同,液晶的有效折射率将不同,实际液晶 FP 腔的腔厚将发生变化,从而实现对透射波长的选择,如图 6.8 中的波长从未加电压时的 λ_1 向 λ_2 移动。

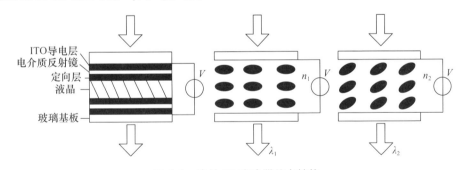

图 6.8　液晶 FP 滤波器基本结构

图 6.9 和图 6.10 给出了顶部平坦的带通滤波器结构框图和滤波特性的仿真结果[8]。该方案利用上述结构构成了耦合的 FP 腔。为了减小两个耦合 FP 腔之间的影响,第二个 FP 腔的反射需要尽量小,或者尽可能增加两个腔之间的距离,使其超过相干长度。在图 6.9 所给出的结构中,反射镜由 6 个交替层构成,交替层之间具有一定的折射率差,其中硅(Si)用作高折射率材料,而 SiO_2 用作低折射率材

料。将这种耦合的 FP 滤波器进行级联就可以得到顶部平坦的带通滤波特性,如图 6.10 所示。当使用 3 个双耦合 FP 腔级联时(可表示为 3×2 系统),其滤波特性如蓝色线条所示,平坦度明显优于 2 个双耦合 FP 腔的级联(可表示为 2×2 系统);而当只是用 1 个 6 耦合 FP 滤波器时,虽然顶部带宽增加,但是平坦度却降低。

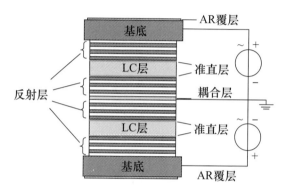

图 6.9 基于液晶材料的耦合 FP 滤波器结构[8](见彩图)

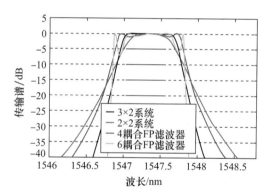

图 6.10 图 6.9 的仿真结果[8](见彩图)

6.1.3 回音壁高 Q 值滤波器

回音壁模式(WGM)是一类特殊的光学环形介质谐振腔,它通过腔内全内反射,将光子长时间禁锢在腔内,从而形成一种稳定的振荡模式[9]。由于全内反射的损耗非常小,材料的吸收也可以做得很小,因此这种模式可以达到极高的品质因数 Q。同时,回音壁模式又具有小体积、超窄线宽以及极高的能量密度,在众多领域都有广泛的用途。

6.1.3.1 回音壁滤波器基本原理

以光学单谐振腔回音壁滤波器为例,如图 6.11 所示[10-11],A_1、B_2 分别为微光纤中输入、输出光波,B_4 表示微光纤耦合进入微环谐振腔中的光波,A_3 表示在微环内传播的光波,A_2、A_4、B_1 和 B_3 分别表示后向反射光波。那么,在耦合区域,光波的输入与输出用传输矩阵法可表示为

$$\begin{bmatrix} B_1 \\ B_2 \\ B_3 \\ B_4 \end{bmatrix} = \begin{bmatrix} 0 & (1-\kappa^2)^{1/2} & 0 & j\kappa \\ (1-\kappa^2)^{1/2} & 0 & j\kappa & 0 \\ 0 & j\kappa & 0 & (1-\kappa^2)^{1/2} \\ j\kappa & 0 & (1-\kappa^2)^{1/2} & 0 \end{bmatrix} \begin{bmatrix} A_1 \\ A_2 \\ A_3 \\ A_4 \end{bmatrix} \quad (6.19)$$

式中:κ 为微光纤与微环谐振腔的幅度耦合系数。

忽略后向反射光波的情况下,即 $A_2 = A_4 = B_1 = B_3 = 0$,则

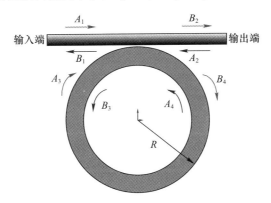

图 6.11 光学单谐振腔回音壁滤波器结构示意图

$$B_2 = (1-\kappa^2)^{1/2} A_1 + j\kappa \quad (6.20)$$

$$B_4 = (1-\kappa^2)^{1/2} A_3 + j\kappa \quad (6.21)$$

微环腔内的传输光波为

$$A_3 = B_4 e^{-(\alpha_T + j\varphi)} \quad (6.22)$$

式中:$\alpha_T = L\alpha_0$ 为光在微环内传播一周的损耗,$L = 2\pi R$ 为光在微环中传播一周的长度,α_0 为光在谐振腔中的损耗系数;$\varphi = 2\pi n_{\text{eff}} L / \lambda_0$ 为传播一周后的相位变化,n_{eff} 为微环谐振腔的有效折射率,λ_0 为光的波长。

将式(6.22)代入式(6.20)中,得到

$$B_2 = \frac{(1-\kappa^2)^{1/2} - e^{-(\alpha_T + j\varphi)}}{1 - (1-\kappa^2)^{1/2} e^{-(\alpha_T + j\varphi)}} A_1 \quad (6.23)$$

当 $\varphi = 2\pi m$,其中 m 为整数时,微环谐振腔中的光波便发生谐振,表达式为

$$B_2 = \frac{(1-\kappa^2)^{1/2} - e^{-\alpha_T}}{1 - (1-\kappa^2)^{1/2} e^{-\alpha_T}} A_1 \tag{6.24}$$

由式(6.24)可知,输出光波与微光纤的直径、微环半径、耦合距离、耦合长度、损耗系数等有着密切的关系。则回音壁的传输函数可以表示为

$$T = \left[\frac{B_2}{A_1}\right]^2 = \left[\frac{\xi - e^{-\alpha_T}}{1 - \xi e^{-\alpha_T}}\right]^2 \tag{6.25}$$

式中:$\xi = \sqrt{1-\kappa^2}$,表示没有耦合进谐振腔而沿着光纤向前的光波分量;$e^{-\alpha_T}$ 为光在腔内传播一周的损耗。

式(6.25)表示,微光纤的透过率仅由耦合强度与腔内损耗的相对大小决定。当微光纤与微环的相位不匹配或距离太远时,$\xi > e^{-\alpha_T}$,这时候谐振腔处于欠耦合状态,大部分的光波保留在微光纤中而没有耦合到谐振腔中,所以微光纤的透过率较大;当微光纤与微环的距离相隔太近,甚至直接接触时,光波耦合进入谐振腔后又很快地耦合进入微光纤,微光纤造成的损耗太大,$\xi < e^{-\alpha_T}$,微光纤的透过率较大;当微光纤与谐振腔的距离在某一特定值,且相位匹配时,光纤耦合进入谐振腔的效率和微腔的本征损耗相等,$\xi = e^{-\alpha_T}$,微光纤中所有的光全部耦合进入微环中,透过率等于0,这时整个系统处于临界耦合状态。

回音壁滤波器的透射谱特性可以用多个特征参量来描述,如谐振波长、谐振频率、FSR 和品质因数 Q 等。微光纤中的光波耦合进入微环谐振腔,当耦合进腔内的光波和腔体的本征谐振频率相同时,腔内的光波将不断地进行全反射,发生全反射的光波便是微环的谐振波长 λ_{res},其满足

$$2\pi R n_{eff} = m\lambda_{res} \tag{6.26}$$

$$n_{eff} = \beta/k_0 \tag{6.27}$$

式中:R 为微环谐振腔的半径;n_{eff} 为谐振腔的有效折射率;m 为谐振腔不同的谐振模式,是非零正整数;β 为光在腔内的传播常数;$k_0 = 2\pi/\lambda_{res}$ 为波数。

因此,谐振频率可表示为

$$f = \frac{mc}{2\pi R n_{eff}} \tag{6.28}$$

回音壁(光子)滤波器的 FSR 为两个相邻谐振模式所对应的谐振峰之间的间隔,如图 6.12 所示。根据式(6.26)可知,自由频谱范围可表示为

$$FSR(\lambda) = \lambda_{res1} - \lambda_{res2} = \frac{\lambda^2}{2\pi R n_g(\lambda)} \tag{6.29}$$

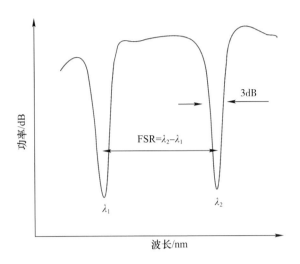

图 6.12 谐振波长的 FSR 和 3dB 带宽示意图

式中：$n_g(\lambda)$ 为微环谐振腔的有效群折射率，可表示为

$$n_g(\lambda) = n_{\text{eff2}} - \lambda_2 \left(\frac{n_{\text{eff1}} - n_{\text{eff2}}}{\lambda_{\text{res1}} - \lambda_{\text{res2}}} \right) \tag{6.30}$$

式中：n_{eff1} 和 n_{eff2} 分别表示微环谐振腔的第 m 和第 $m+1$ 阶谐振模式的有效折射率。

微环谐振腔的 Q 值表示谐振腔能量存储的能力，同样是衡量谐振腔性能的重要参数。一般地，回音壁滤波器的 Q 值可以表示为

$$Q = \frac{\omega_0}{\Delta \omega} = \omega_0 \tau \tag{6.31}$$

式中：$\Delta\omega$ 为谐振峰的 3dB 带宽；τ 为揩振模式的光子寿命。

由于回音壁滤波器具有体积小、线宽窄以及极高的品质因数等优点，是微波光子频域处理的主要研究内容之一，因此本书将重点介绍 3 种典型的回音壁滤波器。

6.1.3.2 基于微环的回音壁滤波

图 6.11 所示的微环滤波器只有一个输出端，除周期性出现的谐振波长外，其余波长在理想状态下可以无损输出，这种滤波结构称为全通结构。在全通结构的基础上，如果环形波导上下各有一路直波导，如图 6.13 所示[12]，则称为上下话路型结构。由于这种结构增加了下载端和加载端，所以可以将谐振波长和其余波长通过不同端口分离输出。以对波分复用信号的处理为例，输入光为多波长复用信号，其中，需要下载的波长 λ_d 和微环的谐振波长相匹配，因此只有波长为 λ_d 的光信

号耦合进微环并通过下载端输出。同时,另一路需要上载的波长 λ_a 通过加载端进入微环,然后并入其他非谐振波长形成新的多波长复用光信号,最后通过直通端输出。

图 6.13　上下话路型微环滤波器

典型的微环谐振器在临界耦合状态具有窄带陷波特性,而在其他状态保持平坦的幅度响应;但是单个谐振环的频谱响应为洛仑兹型,不能实现平顶通带的效果,而且带外抑制比有限。在不同应用场景下,通过将多个微环串联或者并联,可以获得更高的频率选择能力、更高 Q 值或者更大的滤波带宽。

图 6.14(a)为串联耦合微环结构,这种结构相对容易设计,但只能实现全极点滤波。当对通带形状因子和带外抑制比要求较高时,往往需要级联数十个微环,这时设计复杂度和滤波器插损都很大。图 6.14(b)中每个微环只与上下直波导存在

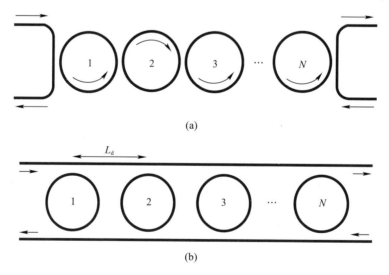

图 6.14　串联耦合微环结构(a)和并联耦合微环结构(b)

耦合,微环与微环之间距离较宽,因此没有直接耦合。并联耦合结构类似于分布式反馈光栅,其中每个微环对应一个光栅中的反射单元。由于存在传输零点,通过这种方式能够实现陡峭的平顶滤波效果。

6.1.3.3 基于微盘的回音壁滤波

图6.15给出了基于微盘的回音壁谐振腔示意图[13]。与微环回音壁类似,微盘回音壁中的光学模式沿圆周传播并沿切向输出。但是,由于微盘回音壁不需要中间镂空,因此其制作环节和制作工艺与微环有所不同。一般地,微盘回音壁通过融合光学制版、湿式氧化刻蚀和干式硅刻蚀技术,可制造出直径为 $120\mu m$、厚度为 $2\mu m$ 的微盘。该微盘通过绝热的光纤拉锥与光纤耦合,如图6.15所示。通过这个接头,光信号就可以通过光纤耦合到微盘中进行传输,反之亦然。

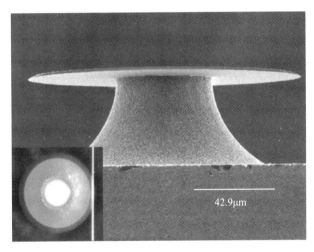

图6.15 基于微盘的回音壁谐振腔示意图

当信号接近微盘时,微盘与光纤耦合处可迅速激发出回音壁模式,其效率和附加损耗与结式热耦的比值直接相关。图6.16给出该微盘随耦合距离(微盘与光纤间的距离)变化的典型传输特性曲线,反射率可以达到28%。经测试,该微盘的品质因数可达到 10^6。

6.1.3.4 基于微球的回音壁滤波

微球是另一个常用的回音壁结构,微球通过熔融光纤头即可实现,因此制备较为简单。尽管微球腔内存在径向、轴向和角向的三维分量,但是由于微球为三维点对称结构,因此可以通过分离变量法进行理论求解得出腔内的光场分布。微球腔的品质因子可以达到 $10^8 \sim 10^9$。

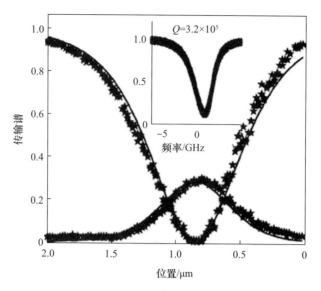

图 6.16 微盘典型传输特性

图 6.17 给出了微球谐振腔的实物图和模场分布示意图[14],谐振腔内回音壁模式的形成源于球内电磁场多光束干涉,形成稳定的电磁场分布,只有满足谐振条件的波长方能形成对应的模式,模式分布可通过求解介质中麦克斯韦方程获得,方法包括解析法和数值方法,这里不再赘述。

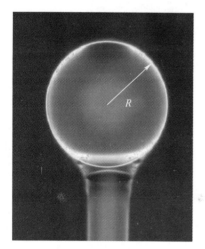
(a) 微球实物图

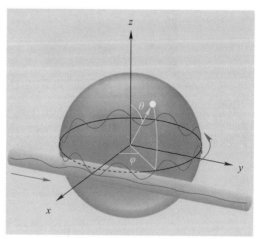
(b) 微球内部模场分布示意图

图 6.17 微球的实物图和模场分布示意图(见彩图)

使用锥形光纤锥区和束腰区周围的消逝场进行能量的转移,可实现微球谐振腔回音壁模式的高效激励。锥形光纤与微球谐振腔耦合过程中的模式变化如图 6.18 所示[15]。

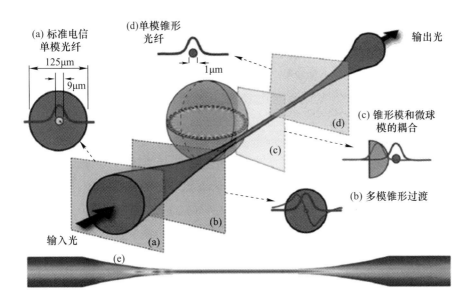

图 6.18 锥形光纤与微球谐振腔耦合过程中的模式变化示意图(见彩图)

一般情况下,基于单模光纤制作的锥形光纤,耦合进光纤的激光以基模传输;当光波传输到锥形光纤下行锥区时,基模与高阶模式之间发生耦合作用,即单模转变为多个模式共同传输;在束腰区,光纤直径继续减小,重新满足单模传输条件,此时可以高效地、选择性地激发谐振腔内回音壁模式,并且保持较高的耦合效率。谐振腔中的能量又通过束腰耦合进光纤的基模继续传输,和光纤中原来的能量一起被探测。另外,若锥形光纤满足绝热条件即锥形区域角度很小,光波在传输过程中不发生模式耦合,此时光波始终以基模传输。激励不同尺寸微球谐振腔的锥形光纤束腰半径不同,因此绝热光纤可高效地激励更多尺寸的谐振腔,且绝热光纤损耗小,可提高能量利用率。

图 6.19 给出了微球谐振腔、锥形光纤传播常数与尺寸之间的关系。一般地,谐振腔与锥形光纤之间的耦合效率取决于锥形光纤束腰区消逝场的穿透深度,以及锥形光纤内模式的传播常数 β 与谐振腔内传播常数 β_{WGM} 的匹配程度。因此,根据图 6.19 中的实线所示,控制锥形光纤束腰半径可以对传播常数 β 进行调节,当 β 与 β_{WGM} 相匹配时,可以实现回音壁模式的有效激励。

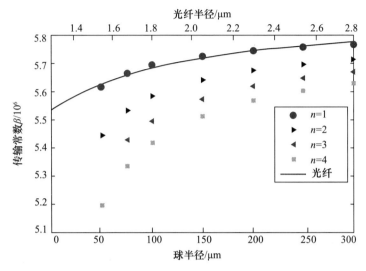

图 6.19 微球谐振腔、锥形光纤传播常数与尺寸之间的关系(实验采用微球半径 20~150μm,对应锥形光纤半径约为 1~2μm)

6.1.4 光纤光栅滤波器

光纤光栅是利用光纤材料的光敏性,通过紫外光曝光的方法将入射光的相干场图样写入纤芯,在纤芯内产生沿纤芯轴向的折射率的周期性变化[16],并通过这种光纤纤芯折射率调制(或折射率微扰)来实现反射和透射滤波。

6.1.4.1 光纤光栅滤波器基本原理

图 6.20 描绘了典型光纤光栅折射率调制分布,周期性的折射率调制将导致微弱、大量的分布式反馈,最终由反馈形成滤波效应。

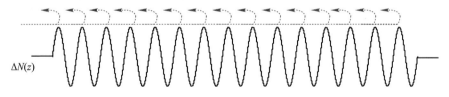

图 6.20 光纤光栅的折射率调制示意图及滤波原理

由于光栅的本质仍然是光纤,因此光在其中的传播遵循麦克斯韦方程组,其复数形式的电矢量频域波动方程为[16-17]

$$\nabla^2 \boldsymbol{E} + k_0^2 n^2 \boldsymbol{E} + \varepsilon_0 \nabla(\boldsymbol{E} \cdot \nabla \lg n^2) = 0 \quad (6.32)$$

式中:$\boldsymbol{E}$ 为光波场的电矢量;ε_0 为真空介电常数;n 为介质的相对折射率;k_0 为真空

中的波矢量或传播矢量的大小。

在光纤光栅中,认为$\nabla n = 0$,此时式(6.32)可简化为

$$\nabla^2 \boldsymbol{E} + \boldsymbol{k}_0^2 n^2 \boldsymbol{E} = 0 \qquad (6.33)$$

对于光纤布拉格光栅,通常导波模的折射率变化可表示为

$$\Delta n_{\text{eff}}(z) = \Delta \bar{n}_{\text{eff}}(z) \left\{ 1 + s \cos\left[\frac{2\pi z}{\Lambda} + \varphi(z)\right] \right\} \qquad (6.34)$$

式中:$n_{\text{eff}}(z)$为光纤的有效折射率,在折射率均匀调制的单模光纤光栅中略小于纤芯的折射率n_1;$\Delta \bar{n}_{\text{eff}}(z)$为光纤光栅一个周期内的平均折射率变化,又称为光栅的慢变包络,通常为$10^{-5} \sim 10^{-3}$量级;s为与折射率调制有关的条纹可见度,通常视光栅的反射率强弱在$0.5 \sim 1$之间取值;Λ为光纤光栅的周期(决定滤波中心频率);$\varphi(z)$在此处为光栅周期的啁啾或者相移。不同形式的$\varphi(z)$和$\Delta n_{\text{eff}}(z)$可用来描述各种光纤光栅。上述参数共同决定了光纤光栅滤波器的滤波响应特性。

在理想光纤波导中,光场的横向模场可以表示为

$$\boldsymbol{E}^{\text{T}}(x,y,z,t) = \sum_m \left[A_m(z) \mathrm{e}^{\mathrm{j}\beta_m z} + B_m(z) \mathrm{e}^{-\mathrm{j}\beta_m z} \right] \boldsymbol{e}_m^{\text{T}}(x,y) \mathrm{e}^{-\mathrm{j}\omega t} \qquad (6.35)$$

式中:$A_m(z)$和$B_m(z)$分别为沿z和$-z$方向传播的第m个模式的慢变振幅。

横向模场$\boldsymbol{e}_m^{\text{T}}(x,y)$可描述纤芯束缚模、辐射模或者包层模。在理想波导下,这些模式是正交的,不能进行能量交换,但是由于光栅中周期性介电微扰的引入,导致了模式之间也有耦合产生,此时,$A_m(z)$和$B_m(z)$可表示为

$$\begin{cases} \dfrac{\mathrm{d}A_m}{\mathrm{d}z} = \mathrm{j} \sum_q A_q (C_{qm}^{\text{T}} + C_{qm}^{\text{L}}) \mathrm{e}^{\mathrm{j}(\beta_q - \beta_m)z} + \mathrm{j} \sum_q B_q (C_{qm}^{\text{T}} - C_{qm}^{\text{L}}) \mathrm{e}^{-\mathrm{j}(\beta_q + \beta_m)z} \\ \dfrac{\mathrm{d}B_m}{\mathrm{d}z} = -\mathrm{j} \sum_q A_q (C_{qm}^{\text{T}} - C_{qm}^{\text{L}}) \mathrm{e}^{\mathrm{j}(\beta_q + \beta_m)z} - \mathrm{j} \sum_q B_q (C_{qm}^{\text{T}} + C_{qm}^{\text{L}}) \mathrm{e}^{-\mathrm{j}(\beta_q - \beta_m)z} \end{cases} \qquad (6.36)$$

式中:$C_{qm}^{\text{L}}(z)$和$C_{qm}^{\text{T}}(z)$分别为第m和q模之间的纵向和横向耦合系数。

在光纤中,纵向耦合系数远小于横向耦合系数,可以忽略不计,而横向耦合系数即为总耦合系数,可由积分形式表示为

$$C_{qm}^{\text{T}}(z) = \frac{\omega}{4} \iint_{\infty} \Delta \varepsilon(x,y,z) \boldsymbol{e}_q^{\text{T}}(x,y) \boldsymbol{e}_m^{\text{T}*}(x,y) \mathrm{d}x \mathrm{d}y \qquad (6.37)$$

式中:$\Delta \varepsilon$为介电常数的微扰量,当Δn远小于n时,$\Delta \varepsilon(x,y,z)$约等于$2n\Delta n$。

分别定义单模布拉格光纤光栅的直流耦合系数(自耦合系数)ζ和交流耦合系数(互耦合系数)κ如下:

$$\begin{cases} \zeta = \dfrac{2\pi}{\lambda}\Delta \bar{n}_{\text{eff}} \\ \kappa = \kappa^{*} = \dfrac{s}{2}\zeta = \dfrac{\pi}{\lambda}s\Delta \bar{n}_{\text{eff}} \end{cases} \qquad (6.38)$$

将式(6.38)代入式(6.37)中,并结合式(6.33),可以得到

$$C_{qm}^{\text{T}}(z) = \zeta_{qm}(z) + 2\kappa_{qm}(z)\cos\left[\dfrac{2\pi}{\Lambda}z + \varphi(z)\right] \qquad (6.39)$$

由光栅方程进行推导可以得到熟悉的布拉格反射波长公式:

$$\lambda_{\text{B}} = 2n_{\text{eff}}\Lambda \qquad (6.40)$$

这里,定义一个与 z 无关的模式间的失谐量 δ_{d} 和直流自耦合系数 ζ^{+} 如下:

$$\delta_{\text{d}} = \beta - \dfrac{\pi}{\Lambda} = 2\pi n_{\text{eff}}\left[\dfrac{1}{\lambda} - \dfrac{1}{\lambda_{\text{B}}}\right] \qquad (6.41)$$

$$\zeta^{+} = \delta_{\text{d}} + \zeta - \dfrac{1}{2}\times\dfrac{\text{d}\varphi}{\text{d}z} \qquad (6.42)$$

对于光纤布拉格光栅,耦合主要发生在布拉格波长附近相同的两个正、反向传输模式之间,假设它们的振幅分别为 $A(z)$ 和 $B(z)$,为简化表达,令 $A^{+}(z) = A(z)\exp(\text{j}\delta_{\text{d}}z + \varphi/2)$、$B^{+}(z) = B(z)\exp(-\text{j}\delta_{\text{d}}z + \varphi/2)$,则式(6.36)可简化为

$$\begin{cases} \dfrac{\text{d}A^{+}}{\text{d}z} = \text{j}\zeta^{+}A^{+}(z) + \text{j}\kappa B^{+}(z) \\ \dfrac{\text{d}B^{+}}{\text{d}z} = -\text{j}\zeta^{+}B^{+}(z) - \text{j}\kappa^{*}A^{+}(z) \end{cases} \qquad (6.43)$$

对均匀周期光纤布拉格光栅,纵向分布均匀,不存在啁啾,因此 $\Delta \bar{n}_{\text{eff}}$ 为常数,且 $\text{d}\varphi/\text{d}z = 0$,将其代入式(6.38)和式(6.42)中,可知 κ、ζ 和 ζ^{+} 均为常数,所以式(6.43)即为一阶的常系数微分方程组。在光栅的起始区,前向波尚未与后向波发生耦合,因此 $A^{+}(-L/2) = 1$,$B^{+}(-L/2) = 0$。同理,在光栅的结束区,不存在折射率的微扰,即不能产生新的后向波,因此有 $B^{+}(L/2) = 0$。在边界条件已知的情况下,求解式(6.43)得到的反射率 R_{e} 可以表示为

$$R_{\text{e}} = \dfrac{\sinh^{2}\sqrt{(\kappa L)^{2} - (\zeta^{+}L)^{2}}}{-\dfrac{(\zeta^{+})^{2}}{\kappa^{2}} + \cosh^{2}\sqrt{(\kappa L)^{2} - (\zeta^{+}L)^{2}}} \qquad (6.44)$$

当 $\zeta^{+} = 0$ 时,布拉格光纤光栅的反射率最大,可表示为

$$R_{\text{e\_max}} = \tanh^{2}(\kappa L) \qquad (6.45)$$

此时,其波长为峰值波长,又称中心波长,可表示为

$$\lambda_{\max} = \left(1 + \dfrac{\Delta n_{\max}}{n_{\text{eff}}}\right)\lambda_{\text{B}} \qquad (6.46)$$

设光纤光栅的半峰值宽度为 $\Delta\lambda_{\text{H}}$,则光纤光栅的近似带宽公式为

$$\frac{\Delta\lambda_{\mathrm{H}}}{\lambda_{\max}} = \sqrt{\left(\frac{\Delta n_{\max}}{2n_{\mathrm{eff}}}\right)^2 + \left(\frac{\Lambda}{L}\right)^2} \tag{6.47}$$

图 6.21 为根据上述光纤光栅的耦合模理论得出的均匀光纤光栅透射谱特性仿真结果[18]，其参数设置为：长度 L 为 1cm，纤芯折射率 n_1 为 1.4568，光栅周期 Λ 为 534.5nm，条纹可见度 s 为 0.9，分段数 M 为 140，折射率调制量 Δn_{eff} 为 3×10^{-4}。由仿真可知，此时的布拉格中心波长为 1557.3nm。

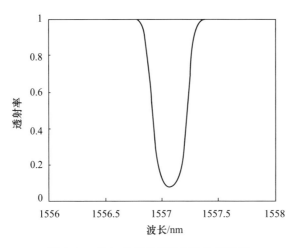

图 6.21 均匀光纤光栅透射谱仿真结果

当对光纤光栅施加一定的压力，或者改变周围环境的温度时，光栅内部的周期 Λ 也会随之而改变，从而实现光纤光栅滤波器的波长调谐。光纤光栅的这种波长选择特性和透射率分布特性适合作为延迟线应用在微波光子滤波器中，抽头权重可以由光栅的反射率有效控制，而采样周期可以通过适当控制光栅之间的间隔得到。下面将介绍3种常见的基于光纤光栅的微波光子滤波器。

6.1.4.2 基于级联均匀光纤光栅的有限冲击响应(FIR)微波光子滤波器

图 6.22 给出了基于光纤光栅的典型 FIR 微波光子滤波器基本原理图，网络分析仪输出射频信号由电光调制器调制到可调谐激光器的输出光信号上，经由光纤环行器进入光纤光栅阵列中。光纤光栅的反射率为 r_N，波长为 λ_N，相邻光纤光栅之间的间隔为 L。由于每个光栅的中心反射波长均不同，且相邻两个光栅之间的距离间隔是固定的，这样，经过调制的光信号进入光栅阵列后，根据波长的不同被切割成和光栅数目相同的光束，光束的宽度由光栅的反射带宽决定，而每束切割光因为反射点的不同，到达环行器入口时有一个时间差，即波长为 λ_1 附近的光信号

在第一个光栅处被反射,而波长远离 λ_1 的光信号则透过第一个光栅;在第二个光栅处,波长为 λ_2 的光被反射,以此类推,形成 N 个抽头。

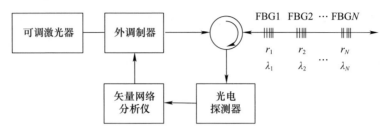

图 6.22　基于级联均匀光纤光栅的典型 FIR 微波光子滤波器结构

上述微波光子滤波器的权值由光栅的反射率决定,而单位延迟 τ 由光栅之间的距离 L 决定,其关系式可以表示为

$$\tau = \frac{2n_{\text{eff}}L}{c} \tag{6.48}$$

式中:n_{eff} 为光栅的有效折射率系数;c 为真空中的光速。

改变可调激光器的输出光波长,就会改变光栅的反射点,从而改变滤波器的延时,实现了可调谐特性。由于改变了光栅的反射点,不同反射点的反射率不同,也就改变了不同抽头的加权值,即实现了滤波器的可重构特性。如果增加光纤光栅的个数,就可以增加抽头的数量,即可以改善滤波器的品质因数。

6.1.4.3　基于掺铒光纤光栅环的无限长单位冲击响应微波光子滤波器

有限抽头响应型微波光子滤波器的抽头数量增大是以增加系统的成本为代价的,因此其品质因数受到系统复杂度的限制。目前,已经报道的高品质因数微波光子滤波器大都是无限抽头响应型结构。图 6.23 给出了基于掺铒光纤光栅环的无限长单位冲击响应微波光子滤波器基本结构[19],该方案利用光耦合器构成环形腔,让被射频信号调制过的光载波在腔内不断循环,并通过掺铒光纤放大器补偿光信号循环时的损耗,最终输出延迟间隔相等的多个光抽头,达到提高 Q 值的目的。

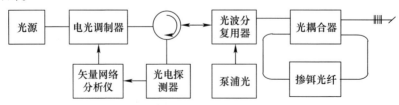

图 6.23　基于掺铒光纤光栅环的无限长单位冲击响应微波光子滤波器结构

后续对该方案的改进主要集中在两个方面。一是消除相干：通过在环中插入移频器件，使得光抽头在延迟的同时也产生移频，使得相邻光抽头间干涉产生的噪声落在通带之外，提高系统对环境的健壮度；二是进一步增大 Q 值：通过增加循环腔长不等的另一个环路，可以使得产生的通带频率增大为两个环路各自 FSR 的最小公倍数。

6.1.4.4 基于相移光纤光栅的微波光子滤波器

相移光纤光栅是指在光纤光栅的折射率调制函数中引入相位跳变 θ_i，理论上可实现超窄带的微波光子滤波。图 6.24 给出了一种多相移型光纤光栅的结构和

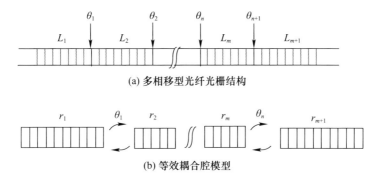

图 6.24　多相移型光纤光栅的结构图和等效耦合腔模型

等效耦合腔模型，从光纤光栅的折射率调制函数出发，按一定规律制作插入 m 个 π 相移量，将整个光栅分成 $m+1$ 段子光栅。

这个多相移光栅可以等效成多个耦合腔的串联，其滤波模型用传输矩阵理论表示如下：

$$\begin{bmatrix} 1/t(\lambda) \\ r(\lambda)/t(\lambda) \end{bmatrix} = \underbrace{\begin{bmatrix} 1/t_1 & (r_1/t_1)^* \\ r_1/t_1 & (1/t_1)^* \end{bmatrix}}_{L_1} \cdot \underbrace{\begin{bmatrix} e^{-j\theta_1/2} & 0 \\ 0 & e^{j\theta_1/2} \end{bmatrix}}_{\theta_1} \cdot \\ \underbrace{\begin{bmatrix} 1/t_2 & (r_2/t_2)^* \\ r_2/t_2 & (1/t_2)^* \end{bmatrix}}_{L_2} \cdot \underbrace{\begin{bmatrix} e^{-j\theta_2/2} & 0 \\ 0 & e^{j\theta_2/2} \end{bmatrix}}_{\theta_2} \cdot \cdots \cdot \\ \underbrace{\begin{bmatrix} 1/t_m & (r_m/t_m)^* \\ r_m/t_m & (1/t_m)^* \end{bmatrix}}_{L_m} \cdot \underbrace{\begin{bmatrix} e^{-j\theta_m/2} & 0 \\ 0 & e^{j\theta_m/2} \end{bmatrix}}_{\theta_m} \cdot \\ \underbrace{\begin{bmatrix} 1/t_{m+1} & (r_{m+1}/t_{m+1})^* \\ r_{m+1}/t_{m+1} & (1/t_{m+1})^* \end{bmatrix}}_{L_{m+1}} \cdot \begin{bmatrix} 1 \\ 0 \end{bmatrix} \quad (6.49)$$

$$r_i(\lambda) = \frac{-\frac{\pi}{\lambda}\Delta n\_ac(z_i) \cdot \cosh(\xi L_i)}{-\frac{2\pi}{\lambda}\Delta n\_dc(z_i) \cdot \sinh(\xi L_i) + j\xi\cosh(\xi L_i)} \quad (6.50)$$

$$\xi = \sqrt{\left[\frac{\pi}{\lambda}\Delta n\_ac(z_i)\right]^2 - \left[\frac{2\pi}{\lambda}\Delta n\_dc(z_i) + 2\pi n_{\text{eff}}\left(\frac{1}{\lambda} - \frac{1}{\lambda_B}\right)\right]^2} \quad (6.51)$$

式中：z_i 为相移插入位置；Δn_dc 和 Δn_ac 为直流折射率调制以及交流折射率调制；L_i、r_i 和 t_i 分别为子光栅的长度、反射以及透射系数；$(\cdot)^*$ 为共轭运算；n_{eff} 为光纤纤芯的有效折射率，λ_B 为光栅的布拉格波长。

由此，可以进一步推导得到多相移型光栅总的透射滤波响应 T、反射滤波响应 R 为

$$T(\lambda) = |t(\lambda)|^2, \quad R(\lambda) = |r(\lambda)|^2 \quad (6.52)$$

图 6.25(a) 给出了基于相移光纤光栅的微波光子滤波器的一种参数设计，其中的数字代表子光栅的长度（单位为 mm），切趾函数为高斯型，那么其按照上述理论所仿真出的滤波相应特性如图 6.25(b)(c) 所示，可得到 −3dB 带宽为 630MHz、隔离阻带为 30.4GHz、波纹为 0.8dB 的超窄滤波器。

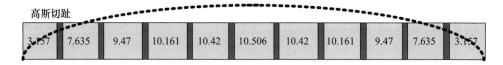

(a) 多相移型光纤光栅方案设计

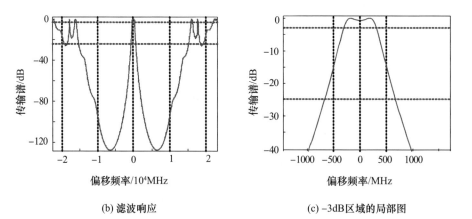

(b) 滤波响应 (c) −3dB 区域的局部图

图 6.25　多相移型光纤光栅方案设计及仿真结果

6.2 微波光子变频

频率变换是微波信号处理的一项基本功能。在信号发射时,往往需要将低频信号进行多级上变频,经微波天线向外辐射;对应地,在信号接收时又需要通过下变频解调出基带信号进行后续处理。然而,多级变频恶化了信号纯度,导致系统灵敏度下降。而基于微波光子技术的频率变换有望减少变频次数,提高变频后的信号质量,这种方法在处理毫米波、亚毫米波信号时的优势尤为明显。因此,微波光子变频技术具有较大的实用性和发展潜力,吸引着诸多研究者们不断进行实验研究,并设计出许多高性能的微波光子变频方案。在此,本节就以几种代表性的变频结构进行介绍。

6.2.1 基于直接调制的微波光子变频

基于直接调制和探测的变频方法是最早提出的微波光子变频技术,它与数字变频机理类似,就是利用器件的非线性效应,将一种频率的信号在另一种频率(如本振)信号作用下产生新的频率信号。在微波光子系统中,激光器和探测器是典型的非线性器件,因此经常用来作为变频的媒介。

典型的直接调制光子变频基本原理如图 6.26 所示,一个待变频信号 V_{mod} 和一个本振信号 V_{LO} 调制到光载波上后,经过耦合后进入一个光电探测器。其中,信号 V_{mod} 和 V_{LO} 可以表示为

$$V_{\text{mod}}(t) = V_{\text{mod}} \sin\omega_{\text{mod}} t \tag{6.53}$$

$$V_{\text{LO}}(t) = V_{\text{LO}} \sin\omega_{\text{LO}} t \tag{6.54}$$

式中: V_{mod}、ω_{mod}、V_{LO} 和 ω_{LO} 分别为待变频信号和本振信号的幅度和频率。

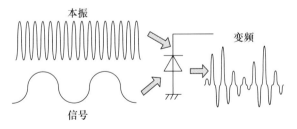

图 6.26 微波光子变频原理框图

图 6.26 中的光电探测器可以等效为一个普通二极管和一个恒流源并联(入射光强恒定时光电流也恒定,可以看作恒流源),利用理想二极管的特性方程可得伏安特性表达式:

$$I = I_0 \left[\exp\left(\frac{V}{V_T}\right) - 1 \right] - I_{opt} \qquad (6.55)$$

式中：V_T 为温度电压当量；V 为加载到光电探测器两端的电压，可表示为

$$V = V_{dc} + V_{LO} + V_{mod} \qquad (6.56)$$

式中：V_{dc} 为直流偏置电压。

那么，光电探测器产生的交流电流为 $I \cong F(V)$，并通过泰勒级数展开得到

$$I \cong F(V_{dc}) + \frac{dF(V)}{dV}\bigg|_{V_{dc}} \Delta V + \frac{1}{2} \frac{d^2 F(V)}{dV^2}\bigg|_{V_{dc}} \Delta V^2 + \cdots \qquad (6.57)$$

由式(6.57)可知信号光和本振光经过光电探测器后会产生一系列的频率成分，通过滤波，只取和频和差频成分，就可以达到滤波的目的。那么，从数学表达式上看，将式(6.56)代入式(6.57)中，并且只考虑二阶混频电流，可得

$$\Delta I \cong \frac{1}{2} \frac{d^2 F(V)}{dV^2}\bigg|_{V_{dc}} \cdot \Delta V^2 = \frac{1}{2} \frac{d^2 F(V)}{dV^2}\bigg|_{V_{dc}} \cdot (V_{LO} + V_{mod})^2$$

$$\xrightarrow{\text{混合积}} V_{LO} V_{mod} \frac{d^2 F(V)}{dV^2}\bigg|_{V_{dc}}$$

$$\rightarrow V_{LO} V_{mod} [\cos(\omega_{LO} + \omega_{mod})t - \cos(\omega_{LO} - \omega_{mod})t] \frac{d^2 F(V)}{dV^2}\bigg|_{V_{dc}} \qquad (6.58)$$

从式(6.58)可以看出利用光电探测器的非线性特性可以实现频率转换，该转换效率依赖于光电探测器的偏置电压、本振信号功率、调制信号功率和光载波功率。

基于该原理，图 6.27 给出了一种典型的直接调制光子变频方案[20]，系统接收的 RF 信号直接输入到直调半导体激光器，调制其输出功率。该方案不需要外部的本振信号源，而是利用激光器内部的自振荡器为系统提供本振信号。RF 信号直接调制激光器功率，将 RF 信号加载到光载波上后送入光纤进行传输，最后入射到光电探测器并通过其非线性传输特性来实现频率变换。光电探测器的容压非线性特性和流压非线性相关特性是该方案的主要理论基础。此外，RF 信号也可以通过雪崩光电探测器的增益区来实现。这种方法所需的器件很少，而且容易搭建。但是，该方案受限于直调激光器的性能，变频的带宽和动态等性能方面会受到一定的限制。

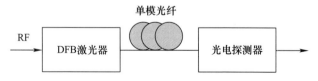

图 6.27 基于直调激光器的自本振光子变频结构框图

在此基础上,美国、英国和以色列的科研工作者联合研究推出了基于短腔分布布拉格反射激光器双频注入的微波光子变频方案,如图 6.28 所示[21]。该系统的不同之处在于,具有了独立的本振信号源,该信号与待变频信号分别被加载在激光器的布拉格光栅区和增益区,通过控制激光器的输出中心频率和增益谱的下降沿来实现强度调制,最后通过光电探测器进行拍频,从而实现频率变换。

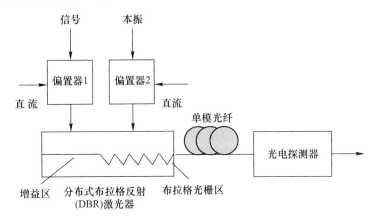

图 6.28　基于直调激光器的外部独立本振光子变频结构框图

基于直接调制的微波光子变频对激光器的性能要求较高,其处理带宽也直接受限于激光器的处理带宽。当微波频率较高时,往往选择基于外调制的变频方法。

6.2.2　基于外调制的微波光子变频

利用外部电光调制器的微波光子下变频系统是将电光调制过程从激光器中分离出来,这种方法结构灵活,性能良好,而且通常可处理高频信号。其中,铌酸锂强度调制器和相位调制器在光子变频中是最为常用的电光调制器件。

最为简单的外调制变频结构是将待变频信号和本振信号通过合束器一同加载到一个马赫-曾德尔强度调制器中,再结合光电探测器和电学滤波器将需要的混频成分提取出来,最终得到变频信号。由于这里的强度调制器工作于非线性状态,因此需要较大的信号输入功率。受限于单个电光调制器输入功率的限制,采用多个调制器级联的微波光子变频方案成了研究的热门。

6.2.2.1　基于级联强度调制器的微波光子变频

将强度调制器进行级联来实现变频是最为经典的方案之一,其原理如图 6.29 所示。微波 RF 信号通过马赫-曾德尔调制器 1(MZM1)加载到光载波上,其光场表达式为[22]

$$E_{\text{MZM1}}(t) = \sqrt{\frac{1}{2}} E_0 (e^{j\phi_1} + e^{j\phi_2}) \times e^{j\omega_c t} \tag{6.59}$$

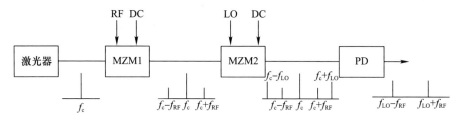

图 6.29　基于级联强度调制器的光子变频原理框图

式中：E_0 为光载波幅度；一般地，加载在调制器上下两臂的 RF 信号的幅度和频率相同，则

$$\phi_1(t) = \frac{\pi}{V_\pi} V_1(t), \phi_2(t) = \frac{\pi}{V_\pi} V_2(t) \tag{6.60}$$

$$V_1(t) = V_{\text{DC1}} + V_{\text{RF}} \sin(\omega_{\text{RF}} t + \phi_{\text{RF1}}) \tag{6.61}$$

$$V_2(t) = V_{\text{DC2}} + V_{\text{RF}} \sin(\omega_{\text{RF}} t + \phi_{\text{RF2}}) \tag{6.62}$$

其中：V_π 为调制器 1 的半波电压；V_{RF} 为强度调制器两臂的射频驱动电压；V_{DC1} 和 V_{DC2} 分别为强度调制器两臂的直流电压；ω_{RF} 是强度调制器两臂加载的射频频率；ϕ_{RF1} 和 ϕ_{RF2} 分别为强度调制器两臂加载的射频信号相位。

将式(6.60)~式(6.62)代入式(6.59)中，可得到简化后的调制器输出光场为

$$E_{\text{MZM1}}(t) = \sqrt{2} E_0 e^{j\omega_c t} \times \cos\left\{\frac{\pi}{2V_\pi}[V_1(t) - V_2(t)]\right\} e^{j\frac{\pi}{2V_\pi}[V_1(t) + V_2(t)]} \tag{6.63}$$

同理，经过马赫－曾德尔调制器 2（MZM2）后，信号的光场可表示为

$$E_{\text{MZM2}}(t) = \sqrt{2} E_{\text{MZM1}} \cos\left\{\frac{\pi}{2V'_\pi}[V'_1(t) - V'_2(t)]\right\} e^{j\frac{\pi}{2V'_\pi}[V'_1(t) + V'_2(t)]} \tag{6.64}$$

式中：V'_π 为调制器 2 的半波电压；$V'_1(t)$ 和 $V'_2(t)$ 为本振信号的参数，此时加载在 MZM2 上下两臂的本振信号的幅度和频率也相同：

$$V'_1(t) = V'_{\text{DC1}} + V_{\text{LO}} \sin(\omega_{\text{LO}} t + \phi_{\text{LO1}}) \tag{6.65}$$

$$V'_2(t) = V'_{\text{DC2}} + V_{\text{LO}} \sin(\omega_{\text{LO}} t + \phi_{\text{LO2}}) \tag{6.66}$$

当 $V_{\text{DC1}} - V_{\text{DC2}} = V_{\pi/2}$，$\phi_{\text{RF2}} - \phi_{\text{RF1}} = \pi$，$V'_{\text{DC1}} - V'_{\text{DC2}} = V'_\pi/2$，$\phi_{\text{LO2}} - \phi_{\text{LO1}} = \pi$ 时，通过光电探测器进行拍频，可得到光电流为

$$\begin{aligned}
I(t) &= r_d E_{MZM2} \cdot E_{MZM2}^* \\
&= 4r_d E_0^2 \cos^2\left\{\frac{\pi}{2V_\pi'}[V_1'(t)-V_2'(t)]\right\}\cos^2\left\{\frac{\pi}{2V_\pi}[V_1(t)-V_2(t)]\right\} \\
&= r_d E_0^2 \left\{\begin{array}{l} 1-\sin\left[\dfrac{2\pi V_{RF}}{V_\pi}\sin(\omega_{RF}t+\phi_{RF1})\right]-\sin\left[\dfrac{2\pi V_{LO}}{V_\pi'}\sin(\omega_{LO}t+\phi_{LO1})\right] \\ +\sin\left[\dfrac{2\pi V_{RF}}{V_\pi}\sin(\omega_{RF}t+\phi_{RF1})\right]\sin\left[\dfrac{2\pi V_{LO}}{V_\pi'}\sin(\omega_{LO}t+\phi_{LO1})\right]\end{array}\right\}
\end{aligned}$$

(6.67)

使用贝塞尔公式将式(6.67)的最后一项展开,最终得到的变频结果将包含以下频率项:

$$\cos[(\omega_{RF}-\omega_{LO})t+(\phi_{RF1}-\phi_{LO1})]+\cos[(\omega_{RF}+\omega_{LO})t+(\phi_{RF1}+\phi_{LO1})]$$

(6.68)

式中:第一项表示下变频量;第二项表示上变频量。

6.2.2.2 基于级联相位调制器的微波光子变频

强度调制的偏置电压漂移在工程应用中是一个无法回避的问题,直接提高了变频系统的成本、复杂度也增加了系统的不稳定性。为了避免这一问题,基于级联相位调制器的光子变频技术迅速发展,其原理框图如图 6.30 所示[23]。激光器输出的光载波先后经过两个级联的相位调制器,分别被 RF 信号和本振信号进行相位调制之后,利用光纤光栅将光载波滤掉,最后通过直接探测的方式解调信号。

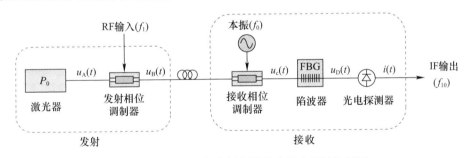

图 6.30 基于级联相位调制器的光子变频结构框图

在该结构中,级联相位调制器之后的光场表达式为

$$u_c(t) = \sqrt{P_0}\,e^{j\omega_0 t}\,e^{j\eta_1\sin\Omega_1 t}\,e^{j\eta_0\sin\Omega_0 t}$$

(6.69)

式中:P_0 为激光器载波功率;ω_0 为载波频率;η_1 和 η_0 分别为待变频信号和本振信号的调制深度;Ω_1 和 Ω_0 分别为待变频信号和本振信号的频率。

式(6.69)通过雅克比展开得到

$$u_c(t) = \sqrt{P_0}\,e^{j\omega_0 t}\sum_l\sum_m J_l(\eta_1)J_m(\eta_0)e^{j(l\Omega_1+m\Omega_0)t} \quad (6.70)$$

光滤波器是用来将载波滤除,那么其数学表达式可以表示为对式(6.70)添加一个限制条件,即 $l+m\neq 0$。因此,当经过 PD 探测之后,光电流为

$$i(t) = r_d P_0\sum_{l+m\neq 0}\sum_{u+p\neq 0} J_l(\eta_1)J_m(\eta_0)J_u(\eta_1)J_p(\eta_0)e^{j[(l-u)\Omega_1+(m-p)\Omega_0]t} \quad (6.71)$$

显然,当 $l-u=\pm 1$,且 $m-p=\mp 1$ 时,可得到下变频信号;而当 $l-u=\pm 1$,且 $m-p=\pm 1$ 时,可得到上变频信号。

6.2.2.3 基于双平行马赫-曾德尔调制器的微波光子变频

上述两种方案都是基于分离的调制器级联而成,往往导致整个变频系统链路长度过长、连接和插入损耗过大。同时,变频程受到严重限制。因此,集成的双平行马赫-曾德尔调制得到了越来越多的关注。

图 6.31 给出基于双平行马赫-曾德尔调制器(DPMZM)的光子变频原理框图[24],该调制器由 3 个 MZM 集成:具有相同结构特性和性能参数的两个子 MZM 分别嵌入在主 MZM 的两臂上,两个子 MZM 具有独立的射频信号输入口和直流偏压控制口。主 MZM 上具有直流偏置电压控制口,通过控制主 MZM 上的直流偏压口可以对两个子 MZM 输出的光信号引入相位差,并在输出口将两路光信号耦合。

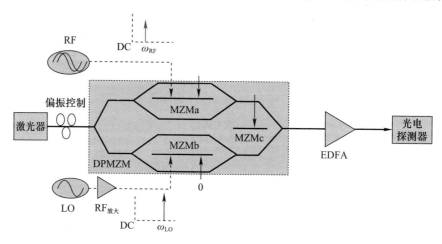

图 6.31 基于双平行马赫-曾德尔调制器的光子变频原理框图

基于 DPMZM 实现光混频的微波光子链路,结构简单,链路插损小,稳定性好。一个子调制器调制 RF 信号,另外子调制器在最大点调制本振信号,可实现本振信

号二倍频。两个子调制器输出信号在主调制器相干叠加，PD 检测后实现混频（上变频或下变频）。该混频器对本振带宽的需求降低了一半。

具体地，加载了 RF 信号的调制器 a 输出可以表示为

$$E_a(t) = \frac{\sqrt{2}}{4}E_0 e^{j\omega_0 t}\{e^{j[\eta_1 \sin(\omega_{RF}t) + \theta_1/2]} + e^{-j[\eta_1 \sin(\omega_{RF}t) + \theta_1/2]}\}$$

$$\approx \frac{E_0}{\sqrt{2}}e^{j\omega_0 t}\{j\sin\frac{\theta_1}{2}J_1(\eta_1)e^{j\omega_{RF}t} + J_0(\eta_1)\cos\frac{\theta_1}{2} - j\sin\frac{\theta_1}{2}J_1(\eta_1)e^{-j\omega_{RF}t}\}$$

(6.72)

式中：ω_0、ω_{RF} 和 ω_{LO} 分别为光载波、RF 信号和本振信号的频率；η_1 和 θ_1 分别为调制器的调制深度和附加相位。

同样地，加载了本振信号的调制器 b 输出与式（6.72）类似，考虑到要利用本振的二次谐波与 RF 混频以实现本振二倍频，因此 MZMb 应工作在最大点，即 $\theta_2 = 0$。则 MZMb 输出可以表示为

$$E_b(t) \approx \frac{E_0}{\sqrt{2}}e^{j\omega_0 t}\{J_0(\eta_2) + J_2(\eta_2)e^{-j2\omega_{LO}t} + J_2(\eta_2)e^{j2\omega_{LO}t}\}$$

(6.73)

两个子调制器相干耦合后，DPMZM 的输出信号为

$$E_{DPMZM}(t) = \frac{E_0}{\sqrt{2}}e^{j\omega_0 t}\begin{Bmatrix} J_0(\eta_1)\cos\frac{\theta_1}{2} + J_0(\eta_2)e^{j\theta_3} + j\sin\frac{\theta_1}{2}J_1(\eta_1)[e^{j\omega_{RF}t} - e^{-j\omega_{RF}t}] + \\ J_2(\eta_2)[e^{-j2\omega_{LO}t} + J_2(\eta_2)e^{j2\omega_{LO}t}]e^{j\theta_3} \end{Bmatrix}$$

(6.74)

由于光载波不参与变频，因此式（6.74）中的光载波分量可以被滤除，再经过光电转换后，变频信号的表达式为

$$I_{\omega_{RF}+2\omega_{LO}} \propto |E_{DPMZM}|^2 = E_0^2\sin^2\frac{\theta_1}{2}J_1^2(\eta_1) + E_0^2 J_1^2(\eta_2)$$

(6.75)

由式（6.75）可知，该方案的变频转换效率与调制器的附加相位以及调制深度有关。

6.2.3 基于光频梳的多通道微波光子变频

上述方案都只针对一个信号进行变频，而面向未来分布式、大阵列的应用，多通道光子变频将会是缩小体积、降低功耗、减小成本的重要路径之一。例如，在典型的微波光子系统中，要想覆盖更大的范围，一个中心站往往要与数量众多的基站相连接。这种情况下，每个通道单独变频，将会付出极大的代价。因此，多通道光子变频技术得到了广泛的关注。

图 6.32 给出了基于光频梳的多通道光子变频原理方案[25],该系统以光频梳作为多个通道的光载波信号,这样既保证了整个系统的相干性,又能显著减小成本代价。假设光频梳的频率间隔为 f_G,光载波的频率为 f_{ci},则其光场表达式为

$$E(t) = \sum_{i=1}^{n} A_i \exp(j2\pi f_{ci} t) \quad (6.76)$$

式中:$f_{ci} = f_{c1} + (i-1)f_G$;$n$ 为光频梳梳齿的个数。

光载波信号通过光纤链路传输到远端节点后,波分解复用器再将上述光频梳中的每个梳齿分配到对应的信道中,并进行独立的微波信号单边带调制。假设第 i 个信道的 RF 信号为 $V_{RFi}\cos(2\pi f_{RFi}t)$,其中 V_{RFi} 和 f_{RFi} 分别为各信道 RF 信号的幅度和频率。以抑制 RF 信号下边带的为例,光信号经调制后复用在一起的表达式可表示为

$$E_{SSB}(t) = \sum_{i=1}^{n} A_i \exp(j2\pi f_{ci}t) \left\{ \exp\left[j\left(\eta_i \cos 2\pi f_{RFi}t + \frac{\pi}{2}\right)\right] + \exp\left[j\eta_i \cos\left(2\pi f_{RFi}t + \frac{\pi}{2}\right)\right] \right\} \quad (6.77)$$

式中:$\eta_i = \pi V_{RFi}/V_\pi$($V_\pi$ 为半波电压),为调制深度;小信号调制下,贝塞尔函数的高阶分量远远小于一阶分量,所以可忽略二阶以上的边带。

对式(6.77)利用贝塞尔函数展开,可进一步将其简化为

$$E_{SSB}(t) = \sum_{i=1}^{n} \frac{A_i}{2}\left[\sqrt{2}J_0(\eta_i)\sin 2\pi f_{ci}t - \sqrt{2}J_1(\eta_i)\cos 2\pi(f_{ci}+f_{RFi})t\right] \quad (6.78)$$

式中:J_i 为 i 阶第一类贝塞尔函数。

随后,在远程节点各信道的信号经复用器耦合在一起,图 6.32(b)中的②和③分别给出了 $f_{RF} > f_G$ 和 $f_{RF} < f_G$ 两种情况下的光谱图。从式(6.78)中可以看出:右边第一项为光载波,第二项为调制后的单边带分量。这多个信道的信号经上行光纤链路传输到中心站,再利用阵列波导光栅将每个信道的信号边带和相邻载波滤出并进行光电转换,就可得到下变换的中频(IF)信号 $f_{IF} = f_{RF} - f_G$($f_{RF} > f_G$,f_{RF} 和 f_{IF} 分别为微波信号和中频信号的频率),或者 $f_{IF} = f_G - f_{RF}$($f_{RF} < f_G$)。

以图 6.32(b)中的②为例,当滤出第 i 个边带分量和第 $i+1$ 个载波时,滤波后光场表达式为

$$E_i(t) = \frac{A_{i+1}}{2}\sqrt{2}J_0(\eta_{i+1})\sin 2\pi f_{ci}t - \frac{A_i}{2}\sqrt{2}J_0(\eta_i)\cos 2\pi(f_{ci}+f_{RFi})t \quad (6.79)$$

然后进行光电检测,即可得到所需的第 i 个信道的信号频率为

$$f_{IFi} = f_{ci} + f_{RFi} - f_{c(i+1)} = f_{RFi} - f_G \quad (6.80)$$

此方案中下变频是通过一个信道的载波与相邻信道的单边带进行拍频来实

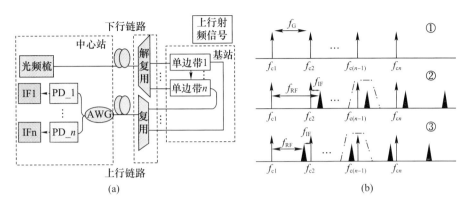

图 6.32 多通道光子变频原理框图(a)以及光谱演变过程(b)

现的。

进一步地,当梳齿间隔较窄时,可以滤出第 i 个 RF 信号的单边带和与其原始光载波间隔为 $mf_G(m=1,2,\cdots,n-1)$ 的第 $i+m$ 个光载波,最后进行拍频就可得到需要的 IF 信号,IF 信号的频率可表示为

$$\begin{cases} f_{IF}=f_{RFi}-mf_G & f_{RFi}>f_G \\ f_{IF}=mf_G-f_{RFi} & f_{RFi}<f_G \end{cases} \tag{6.81}$$

6.3 微波光子信道化

信道化是接收机技术中非常重要的一种体制,其基本原理是将一个大的接收频段划分为若干信道,每个信道都有独立且完整的接收能力。信道化接收技术的典型优势在于能够兼顾大带宽、大动态、高灵敏度,以及信号接收和实时响应等各方面的性能需求。但是,传统的射频信道化接收机一直都面临规模大、成本高、功耗大等问题,限制了其应用。

近年来,利用微波光子技术在宽带性、并行性和小型化方面的优势,以光子处理实现信道化接收的研究报道屡见不鲜,技术方案呈现多样化。下面介绍几种典型的光学信道化接收机方案,一般来讲它们可以分为非相干处理和相干处理两种。

6.3.1 非相干光学信道化处理

一般地,以非相干光学信道化体制构建的接收机只能实现频率的粗测,通常取决于滤波器的通带宽度。在发生响应的信道内,一般只含有与输入频率相关的光学调制边带,没有本振光。

6.3.1.1 连续分布信道的非相干光学信道化处理

连续分布信道的非相干光学信道化处理是最为简单直观的一种光学信道化接收机架构,其基本原理框图如图 6.33 所示。直流激光器进入调制器后将输入的微波信号转换成微波光子信号,并通过耦合器分成 N 路相同的通道。在每个通道

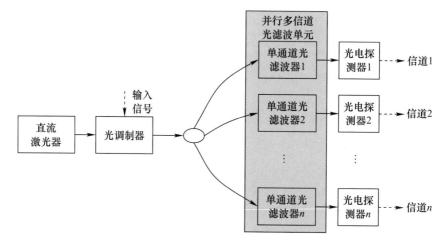

图 6.33　连续分布信道的非相干光学信道化接收机架构示意图

中,利用不同的滤波器进行频率选择,最后通过光电探测器转换成微波信号。这样,当调制后的信号边带落入某个滤波器的通带中时,该信道的光电探测器会输出光电流。

输出光场与输入光场的关系可表示为

$$\frac{E_{\text{out}}}{E_{\text{in}}} = \frac{r - a\text{e}^{\text{j}\phi}}{1 - ar\text{e}^{\text{j}\phi}} \tag{6.82}$$

上述过程中,各通道的滤波器是连续分布的,如图 6.34 所示,除了通带的中心波长不同之外,插入损耗、带宽等其他参数应尽量一致。

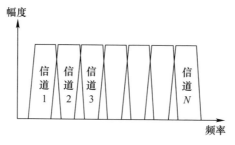

图 6.34　连续分布信道示意图

2005年,澳大利亚国防科技与技术组织根据上述原理报道了一项基于并联光纤光栅滤波器的光学信道化接收机工作,方案如图 6.35 所示[27]。输入的微波信号经过电光转换之后被功分为 16 路;在每个信道中,有一个独立的光纤光栅滤波器实现信道滤波;滤除之后的光信号分量直接作用于光电探测器上,并引起光电探测器的响应。

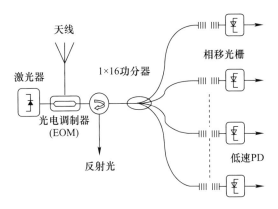

图 6.35　基于并联光纤光栅滤波器的光学信道化接收机方案示意图

该光学信道化接收机的频率分辨率为 2GHz,取决于滤波器的带宽。落在 2GHz 带宽内的信号将全部被认为是具有相同的频率,图 6.36(a)所示。较粗的频率测量能力将会限制该光学信道化接收机的应用场合,但其优点是架构简单,容易实现,且成本、体积、功耗等都较低。该接收机的单音动态范围经过测量之后约为 25dB,如图 6.36(b)所示。较低的动态范围与功分造成的高插损有关,因此这种方案不适合信道数量较多的场合。

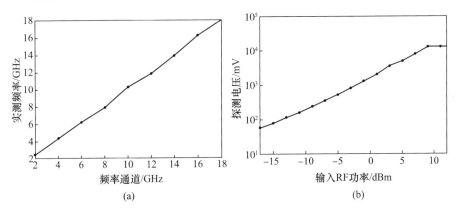

图 6.36　不同输入频率下信道化分辨率的测量结果(a)以及动态范围的测试结果(b)

6.3.1.2 离散分布信道的非相干光学信道化接收机

上述的光学信道化接收架构采用的是单光源和多个单通道滤波器。虽然每个单通道滤波器的设计和制造相对简单,但是要实现如图6.34所示的通带首尾衔接,就要求对滤波器的中心波长和带宽实现非常精确地控制,要配成这样的一组滤波器,除了需要对器件进行筛选外,还需要采用温度调谐等其他手段,因此总体效果的实现具有一定难度。并且,功分导致的功率插损是无法避免的。

而利用6.1.2节所介绍的FP干涉型滤波器,由于其天然具有梳状的周期性滤波通带,只需要一个器件就能实现理论上无限多个信道的滤波,并且自身的构造很简单,因此在光学信道化接收机的应用中引起了人们的重视。然而,FP干涉型滤波器的通带是离散的,使用单光源无法实现多个信道的衔接。为此,引入多个光源,每个光源与FP干涉型滤波器的一个通带配对,架构如图6.37所示[26]。

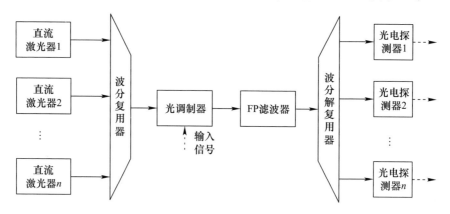

图6.37 基于FP干涉型滤波器的光学信道化接收机方案示意图[26]

为了让每个信道能够取出正确的频段,需要根据FP干涉型滤波器的通带中心频率来设计每个激光器的波长:一个激光波长对应FP干涉型滤波器的一个滤波通带;并且,激光波长与FP干涉滤波通带中心频率的间隔按照线性递增的关系有序排列。因此,当某个频率的微波信号同时调制激光器组的多个波长之后,只有某一个特定波长所产生的+1阶(或者-1阶)边带会落在FP干涉型滤波器的对应通带内,其他波长的调制边带则落在对应的滤波通带之外;而当微波频率发生变化时,满足频率匹配条件的信道也相应改变。频域处理原理可以用图6.38来表示。

从图6.38可以看出,虽然信道在绝对频率分布上是离散的,但是当与激光器的波长进行配对之后,从微波信号角度来看,各信道之间的相对关系依然是连续的。

采用FP干涉型滤波器实现并行光滤波的优点是滤波器的设计和实现更为简

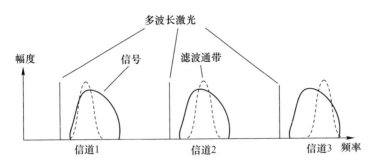

图 6.38　离散分布信道与多波长激光配对示意图

单,通道的一致性更加好;此外,波分复用器和解复用器引入的信道插损恒定,在信道数较多的情况下优于功分的方式。但该方案的缺点是 FP 干涉型滤波器的通带形状呈现洛伦兹型,带外抑制能力较差。

6.3.2　相干光学信道化处理

完全依靠光滤波器的通带特性进行频率分辨的精度低,不能确知信号的精确频率,这在很多场合无法满足要求。如果在每一个信道内都引入一束本振光,通过与落入该信道内的信号边带进行相干光学下变频,就可获得具有精确频率的微波信号。只要获得每个信道内本振光的频率,就能得到每个信道内信号边带的频率,最终获知输入微波信号的频率。不仅如此,在本振光的参与下,相干光学信道化的过程中还同时完成了信号的下变频,可以直接获得中频信号,不再需要独立的微波变频,有利于进一步简化接收机的架构。

6.3.2.1　连续分布信道的相干光学信道化处理

在图 6.33 所示的非相干架构中,将直流激光器输出的初始光信号分出一路,然后再功分给每个信道作为本振光,就可以实现具有相干接收功能的光学信道化接收,如图 6.39 所示。

相比于图 6.33 中的非相干接收来讲,图 6.39 中的方案增加了若干个功分器和耦合器。此时,每个信道输出的将是具有确切频率的微波信号,可以被精确地测定。

然而,这种方案下每个信道输出的微波信号的频率将严格等于输入频率,因此这是一种不具备变频功能的光学信道化接收方案,它只完成了信道划分的功能。在对接收信号进行数字处理之前,还需要通过微波变频将信号频率变换到中频段。后面将介绍在信道化处理的过程中同时完成信号变频的光学信道化接收方案,各信道的输出是统一的中频信号,可以直接进行数字处理,不需要进一步的微波

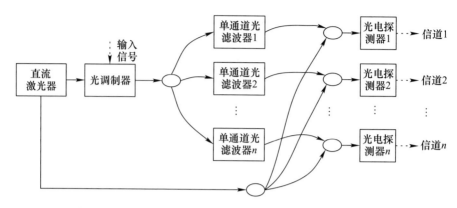

图 6.39　连续分布信道的相干光学信道化接收机架构示意图

变频。

6.3.2.2　离散分布信道的相干光学信道化处理

类似于图 6.39 的改进,将图 6.37 中波分复用器输出的多波长复用信号分出一路作为本振光,再与 FP 滤波器输出的对应信道的调制边带耦合到一起输入光电探测器,就可以实现具有离散分布信道的相干光学信道化接收机。请感兴趣的读者自行完成方案的变化,本书不再赘述。

6.3.3　具有变频功能的光学信道化处理

对于一个实际的接收系统来讲,信号最终一般都要被转换为数字形式,进而由信号转化为信息。但是,目前的模/数(A/D)转换器要求输入的模拟信号为窄带的中频信号。也就是说,很多场合下接收的微波信号必须经过变频才能被采样和量化。

上面介绍的两种相干光学信道化接收方案中,如果本振支路中的激光频率可以独立于信号支路中的载波而变化,则可以实现输出信号的变频。更进一步,如果能够在每个信道中根据输出中频的要求,独立地配置频率合适的本振光,则能够在信号变频的基础上进一步将各个信道输出的频率统一。图 6.40 给出的光学信道化接收方案就可以实现上述功能。

图 6.40 所示的方案是图 6.39 所示方案的进一步扩展,它在本振支路中引入了具有周期性光谱结构的光学频率梳(以下简称光梳)产生单元。光梳的若干根"梳齿"分别对应输入到每一个信道中,当"梳齿"的间隔刚好等于信道的间隔时,就可以令每个信道内的信号都被变频为具有相同频段的输出信号。频域上的处理过程原理如图 6.41 所示。

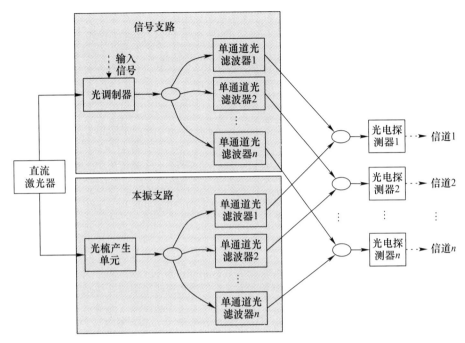

图 6.40　连续分布信道的变频相干光学信道化架构示意图

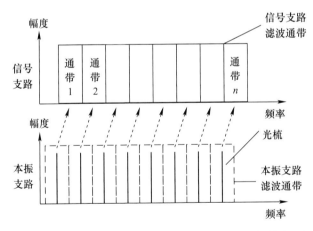

图 6.41　连续分布信道的变频相干光学信道化接收机频域处理原理图

需要指出的是,由于这种方案中的信道是连续分布的,因此信道之间的绝对间隔通常都较小,如在数百 MHz 至几 GHz 的量级,也就是说"梳齿"的间隔也是在这个量级上。另外,光梳的"梳齿"是共路径产生和传输的,要将各"梳齿"分离开,目前还没有波分解复用器能够实现如此高的精度或小的间隔,因此也只能通过先功分,再滤波的方式来将每一根"梳齿"单独取出。

对于离散分布的信道来讲,也可以扩展成为具有变频能力的相干接收方案,如图 6.42 所示。

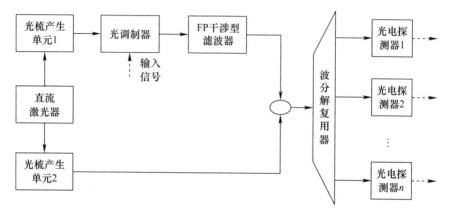

图 6.42　离散分布信道的变频相干光学信道化接收机频域处理原理图

根据 FP 干涉型滤波器的特性,当信道在绝对频率上是离散分布时,信号支路和本振支路各自需要一个光梳。而且,由于信道散得足够开,波分解复用器能够将各个波长分离开来。

2001 年,美国海军实验室报道了能够在 8～18GHz 的频段内实现可下变频的光学信道化接收机,该光学信道化接收机的架构如图 6.43 所示[28]。每个信道对应独立的激光器、信号支路、本振支路和光电探测器。本振支路是完全分离的,每个本振支路中都含有一个独立的相位调制器来加载本振信号。而信号支路的激光

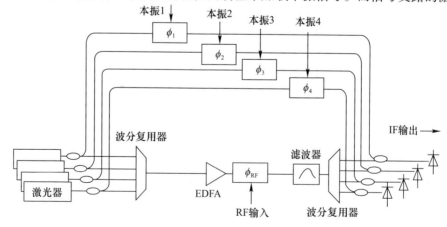

图 6.43　连续分布信道的相干光学信道化接收机架构示意图

先经过波分复用器合路之后,再经过一个相位调制器统一完成微波信号的调制;然后再在一个FP梳状滤波器中完成信道滤波,滤波之后的复合信号支路在一个相同的波分复用器作用下完成信道的解复用;最后每个信号支路与对应的本振支路合并到一起完成信号的相干下变频。

这个架构在实现8~18GHz宽带接收的同时,测量得到的SFDR为107dB·$Hz^{2/3}$,如图6.44所示。该方案的SFDR低于同类型相干体制的接收机动态范围,主要原因是信号损耗较高(光滤波器插损、光电探测器的光电流较低等因素),达到了35(低频端)~47dB(高频端),进而引起噪声系数较大(约为45~48dB),压缩了系统的SFDR。

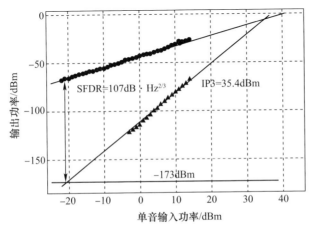

图6.44 光学信道化接收机的SFDR测量结果

6.4 微波光子瞬时测频

瞬时测频技术能够完成信号的频率测量,且提供大的瞬时带宽,并且响应速度快,在接收机体制中一直占据着重要的地位。近年来,关于利用微波光子技术实现瞬时测频的研究成为被广泛关注的热点。相比于微波体制的瞬时测频,光学瞬时测频能够提供更大的带宽,在高频段性能更好。目前,光学瞬时测频技术大体上可以分为:基于微波功率映射(频率-微波功率)、基于光功率映射(频率-光功率)以及基于时域映射(频率-时域)3类。

6.4.1 微波功率映射型微波光子测频

微波功率衰落效应是微波光子系统中常见且需要尽量避免的一个问题,它会导致接收端输出的微波信号功率随着传输距离和信号频率而改变。但是,从另一个角度来看,微波功率衰落效应建立起了频率与微波功率之间的映射关系,因此可以用来检测频率。

通常,微波信号经过电光调制之后,会转变成包含 0 阶光载波和 ±1 阶信号边带的光信号(假设高阶调制边带很弱,可以被忽略)。而由于这 3 个信号分量的频率不同,当它们同时在色散介质中传播时,将经历不同的相位变化关系,进而导致在输出端经过光电探测器转换之后的微波信号出现涨落现象,这就是微波功率的衰落效应,如下式和图 6.45 所示,即

$$P(f) \propto P_0 \cos^2\left(\frac{\pi \lambda_0^2 f_{RF}^2 \chi}{c}\right) \tag{6.83}$$

式(6.83)称为功率衰减函数。

式中:λ_0 为激光波长;f_{RF} 为微波信号频率;χ 为色散值;c 为色散介质中的光速;P_0 为激光器的功率。

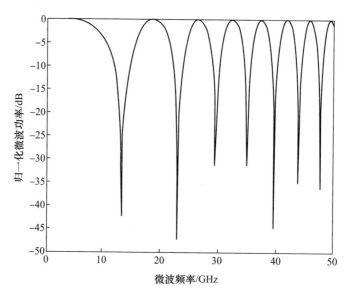

图 6.45 微波功率衰落效应的示意图

从图 6.45 可以看到,虽然微波的功率衰减效应在探测功率和微波频率之间建立起了联系,但由于其近似周期性的起伏,只有在图 6.45 中所示的若干个子区域中能够分别实现功率与频率的唯一对应,当信号频段跨越图 6.45 中的两个或者更多的区域时,则无法获得唯一的频率值。

如果只使用一路信号输出的绝对功率来进行频率的测定,则输出功率在激光

器功率起伏、调制器工作点漂移、环境变化等因素下将会不可避免存在随机性的波动,更关键的是,当输入信号的频率不变,而输入功率改变时,输出信号的功率也会发生变化,导致无法准确测量信号的频率。为了解决这个问题,可以同时引入两路光,加载相同的输入信号,然后再将各自输出的信号功率进行比对,得到幅度比较函数(ACF)。由于是功率的比值,ACF 的大小与输入的微波信号功率无关,且能够抵消环境变换等引起的功率波动。

根据上述原理,基于频率-幅度映射的瞬时测频接收机的架构示例如图 6.46 所示[29]。两个波长不同的激光器首先经过波分复用之后同时调制上输入的微波信号;然后这两个波长在色散介质中分别经历不同的色散量;最后经波分解复用分开和分别探测。

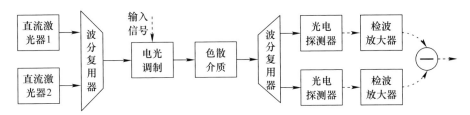

图 6.46　基于微波功率映射的瞬时测频接收机架构示意图[29]

假设两个激光器功率相等,ACF 的表达式如下式所示:

$$\mathrm{ACF}(f) = \frac{P_1(f)}{P_2(f)} = \frac{\cos^2\left(\dfrac{\pi \lambda_1^2 f_{\mathrm{RE}}^2 \chi_1}{c} + \varphi_1\right)}{\cos^2\left(\dfrac{\pi \lambda_2^2 f_{\mathrm{RE}}^2 \chi_2}{c} + \varphi_2\right)} \qquad (6.84)$$

式中:φ_1 和 φ_2 为两个支路中引入的不同相位量,它们的不同取值可以衍生出不同的细化方案。

6.4.2　光功率映射型微波光子测频

在微波功率映射型的光学瞬时测频方案中,光电探测器需要将微波信号还原出来,才能通过相位叠加实现微波频率向微波功率的映射。然而,如果微波信号的频率较高,使用大带宽高频光电探测器会使得接收机的成本高昂。

使用低速率光电探测器,配合具有梳状滤波特性的光滤波器,能够建立微波频率-光功率的映射关系,而光功率可以用成本更低的低速光电探测器转换为直流电信号,进而根据直流电信号的幅度关系可以得到信号的频率,方案如图 6.47 所示[30]。

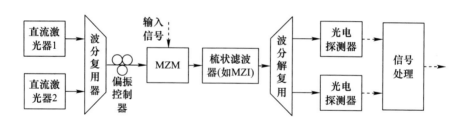

图 6.47 基于光功率映射的瞬时测频接收机架构示意图[30]

对比图 6.47 和图 6.46 可以发现它们具有较高的相似性,主要区别之处在于色散介质换成了梳状滤波器,光电探测器可以使用低速率的器件,其原理如下。

直流激光器 1 和直流激光器 2 的中心波长 λ_1 和 λ_2 分别对准梳状滤波器的波峰和波谷。通过控制 MZM 的偏置点,使其工作在小信号载波抑制调制的状态下,可以只得到 ±1 阶的调制边带(0 阶光载波被大幅抑制)。而两个不同波长的调制边带在经过梳状滤波器之后,光功率将会具有正交特性,如图 6.48 所示。利用低速的光电探测器将这两个正交光功率检测出来并相比,可以得到 ACF。

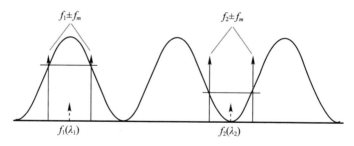

图 6.48 基于频率 – 光功率映射的瞬时测频的频域原理

下面以图 6.47 的 MZI 滤波器为例,分析基于频率 – 光功率映射的瞬时测频方案的 ACF。带有延迟差 τ 的 MZI 的典型结构如图 6.49 所示。

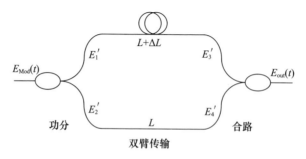

图 6.49 MZI 示意图

图 6.49 中所示的 MZI 总的来看是一个 1×1 的 2 端口器件,但可以分为 3 个环节:①功分,这是一个 1×2 的 3 端口环节;②双臂传输,这是一个 2×2 的 4 端口环节;③合路,这是一个 2×1 的 3 端口环节。

(1) 功分环节用传输矩阵可以写为

$$\begin{bmatrix} E'_1 \\ E'_2 \end{bmatrix} = \frac{\sqrt{2}}{2} \begin{bmatrix} 1 & j \\ j & 1 \end{bmatrix} \begin{bmatrix} E_{\text{Mod}}(t) \\ 0 \end{bmatrix} \tag{6.85}$$

(2) 双臂传输环节的传输矩阵可以写为

$$\begin{bmatrix} E'_3 \\ E'_4 \end{bmatrix} = \begin{bmatrix} \exp[j\beta(L+\Delta L)] & 0 \\ 0 & \exp(j\beta L) \end{bmatrix} \begin{bmatrix} E'_1 \\ E'_2 \end{bmatrix} \tag{6.86}$$

根据关系 $v = \dfrac{c}{n_{\text{eff}}} = \dfrac{\omega}{\beta}$,可以将式(6.86)改写为

$$\begin{bmatrix} E'_3 \\ E'_4 \end{bmatrix} = \exp(j\beta L) \begin{bmatrix} \exp(j\omega\tau) & 0 \\ 0 & 1 \end{bmatrix} \begin{bmatrix} E'_1 \\ E'_2 \end{bmatrix} \tag{6.87}$$

(3) 合路环节的传输矩阵可以写为

$$\begin{bmatrix} E_{\text{out}}(t) \\ 0 \end{bmatrix} = \frac{\sqrt{2}}{2} \begin{bmatrix} 1 & j \\ j & 1 \end{bmatrix} \begin{bmatrix} E'_3 \\ E'_4 \end{bmatrix} \tag{6.88}$$

结合式(6.85)、式(6.87)和式(6.88)可以得到 MZI 总的传输矩阵为

$$\begin{bmatrix} E_{\text{out}}(t) \\ 0 \end{bmatrix} = \frac{\sqrt{2}}{2} \begin{bmatrix} 1 & j \\ j & 1 \end{bmatrix} \exp(j\beta L) \begin{bmatrix} \exp(j\omega\tau) & 0 \\ 0 & 1 \end{bmatrix} \frac{\sqrt{2}}{2} \begin{bmatrix} 1 & j \\ j & 1 \end{bmatrix} \begin{bmatrix} E_{\text{Mod}}(t) \\ 0 \end{bmatrix} \tag{6.89}$$

将式(6.89)整理之后可以得到

$$\begin{bmatrix} E_{\text{out}}(t) \\ 0 \end{bmatrix} = \frac{1}{2} \exp(j\beta L) \begin{bmatrix} \exp(j\omega\tau)-1 & j\exp(j\omega\tau)+j \\ j\exp(j\omega\tau)+j & 1-\exp(j\omega\tau) \end{bmatrix} \begin{bmatrix} E_{\text{Mod}}(t) \\ 0 \end{bmatrix} \tag{6.90}$$

因此有

$$E_{\text{out}}(t) = \frac{1}{2} \exp(j\beta L) [\exp(j\omega\tau)-1] E_{\text{Mod}}(t) \tag{6.91}$$

从式(6.91)可以进一步得到输出功率的表达式为

$$P_{\text{out}}(t) = P_0 \sin^2(\pi f \tau) P_{\text{Mod}}(t) \tag{6.92}$$

因此，对于功率变化成正交关系的 λ_1 和 λ_2 来说，它们的输出功率满足如下关系：

$$\begin{cases} P_1(t) = P_0 \sin^2(\pi f \tau) P_{1-\text{Mod}}(t) \\ P_2(t) = P_0 \cos^2(\pi f \tau) P_{2-\text{Mod}}(t) \end{cases} \text{或} \begin{cases} P_1(t) = P_0 \cos^2(\pi f \tau) P_{1-\text{Mod}}(t) \\ P_2(t) = P_0 \sin^2(\pi f \tau) P_{2-\text{Mod}}(t) \end{cases}$$

(6.93)

由式(6.93)可以得到 ACF 为

$$\text{ACF} = \frac{P_1}{P_2} = \tan^2(\pi f \tau) \text{ 或 } \text{ACF} = \frac{P_1}{P_2} = \frac{1}{\tan^2(\pi f \tau)} \tag{6.94}$$

根据三角函数的特性可知，在 $0 < f < 1/\pi\tau$ 的范围内，ACF 随频率有单调的变化趋势，因此可实现瞬时测频。频率测量的范围与延时 τ 的设置有关，减小 τ 可获得更大的频率测量范围，但将会损失测频的精度。

6.4.3 时域映射型微波光子测频

色散效应应用于光学瞬时测频的一种更为直观的方法是建立频率－时域的映射关系，如图 6.50 所示[31-32]。其过程是首先将入射的微波信号通过载波抑制的双边带调制加载到高功率的连续激光器上；然后将产生的 ±1 阶调制边带输入到色散介质中。不同频率的调制边带由于色散效应，在通过色散介质之后产生了不同的延迟。在光信号进入色散介质之前，通过使用功能类似于光开关的步恢复操作来设置时间测量的参考点。最后，通过测量光电探测器所产生的微波信号时域波形的相对延迟时间来推测出微波信号的频率。

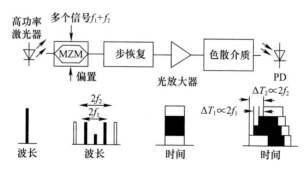

图 6.50　基于频率－时域映射的瞬时测频接收机架构示意图

该方案采用的器件更少，架构更简洁，非常利于小型化。更重要的是，这种方案能够用于同时信号的接收，实现多频点的同时测量。

6.5 本章小结

本章主要围绕频域微波光子信号处理的相关内容,从微波光子滤波、微波光子变频、微波光子信道化以及微波光子瞬时测频 4 个典型频域处理技术出发,介绍了其基本原理,并围绕每一个方面介绍了多个国内外的典型进展。

参考文献

[1] 刘思敏,许京军,郭儒. 相干光学原理及应用[M]. 天津:南开大学出版社,2001.

[2] 刘崇正,陈建国,周涛. 微波光子滤波技术[J]. 激光与光电子学进展,2008,45(10):32-38.

[3] 齐海兵. 可调谐光纤法布里-珀罗滤波器的理论与实验研究[D]. 武汉:华中科技大学. 2011.

[4] Bao Y F,Ferguson S K,Snyder D Q. Waferless fiber Fabry-Perot filters:USA,EP20030809111[P]. 2005-08-03.

[5] Hunger D,Steinmetz T,Colombe Y,et al. A fiber Fabry-Perot cavity with high finesse[J]. New Journal of Physics,2010,12(6):1-23.

[6] Han Y G,Dong X Y,Kim C S,et al. Flexible all fiber Fabry-Perot filters based on superimposed chirped fiber Bragg gratings with continuous FSR tunability and its application to a multiwavelength fiber laser[J]. Opt. Exp.,2007,15(6):2921-2926.

[7] Huang H,Winchester K,Liu Y,et al. Determination of mechanical properties of PECVD silicon nitride thin films for tunable MEMS Fabry-Pérot optical filters[J]. J. Micromechanics and Microengineering,2005,15(3):608-614.

[8] Alboon S A,Lindquist R G. Flat top liquid crystal tunable filter using coupled Fabry-Perot cavities[J]. Opt. Exp.,2008,16(1):231-236.

[9] Chiasera A,Dumeige Y,Feron P,et al. Spherical whispering-gallery-mode microresonators[J]. Laser & Photonics Reviews,2010,4(3):457-482.

[10] 曾敬. 可调谐光学回音壁模式微腔实验研究[D]. 重庆:重庆大学. 2015.

[11] Heebner J E,Wong V,Schweinsberg A,et al. Optical transmission characteristics of fiber ring resonators[J]. IEEE Journal of quantum electronics,2004,40(6):726-730.

[12] Masilamani A P. Advanced silicon microring resonator devices for optical signal processing[D]. Canada:University of Alberta,2012.

[13] Kippenberg T J,Spillane S M,Armani D K,et al. Fabrication and coupling to planar high-Q silica disk microcavities[J]. Applied Physics Lett.,2003,83(4):797-799.

[14] Arnold S,Khoshsima M,Teraoka I. Shift of whispering-gallery modes in microspheres by protein adsorption[J]. Opt. Lett.,2003,28(4):272-274.

[15] 王越. 光纤耦合回音壁模式光学谐振腔热非线性及模式耦合研究[D]. 北京:中国科学院大学,2016.

[16] 辛雨,余重秀,吴强,等. 光纤光栅的几种调谐方法[J]. 光通信研究,2012,5(113):51-54.

[17] Agrawal G. Nonlinear Fiber Optics[M]. 2nd ed. San Diego,CA,USA:Academic ,1995.

[18] 祁春慧. 基于光纤光栅的微波光子滤波器及发生器研究[D]. 北京:北京交通大学,2012.

[19] Chan E, Minasian R A. Reflective amplified recirculating delay line bandpass filter [J]. J. Lightw. Tech. ,2007,25(6):1441-1446.

[20] Hoshida T,Tsuchiya M. Broad-band millimeter-wave upconversion by nonlinear photodetection using a waveguide pin photodiode[J]. IEEE Photon. Technol. Lett. ,1998,70(6):860-862.

[21] Lasri J,Shtaif M,Eisenstein G. Optoelectronic mixing using a short cavity distributed Bragg reflector laser[J]. IEEE J. Lightw. Technol. ,1998,16(3):443-447.

[22] 梁栋. 基于级联强度调制器的微波光子变频技术研究[D]. 西安:西安电子科技大学,2013.

[23] Pagan V R, Haas B M, Murphy T E. Linearized electrooptic microwave downconversion using phase modulation and optical filter[J]. Opt. Exp. ,2011,19(2):883-895.

[24] 赵丽君. 基于电光调制器的线性调制和微波光子变频技术研究[D]. 西安:西安电子科技大学,2014.

[25] Zhang T,Pan W,Zou X,et al. High-spectral-efficiency photonic frequency down-conversion using optical frequency comb and SSB modulation[J]. Photon. J. ,2013,5(2):7200307-7200307.

[26] Volkening F A. Photonic channelized RF receiver employing dense wavelength division multiplexing:USA,10/647527[P]. 2007-07-17.

[27] Hunter D B, Edvell L G, Englund M A. Wideband microwave photonic channelised receiver [C]//2005Int. Topical Meeting on Microwave Photonic Tech. Dig. ,Seoul,Korea:249-252.

[28] Strutz S J,Williams K J. An 8-18-GHzall-optical microwave downconverter with channelization[J]. IEEE Trans. Micro. Theory and Techn. 2001,49(10):1992-1995.

[29] Nguyen L V T, Hunter D B. A photonic technique for microwave frequency measurement [J]. IEEE Photon. Technol. Lett. ,2006,18(9/12):1188-1190.

[30] Chi H,Zou X H, Yao J P. An approach to the measurement of microwave frequency based on optical power monitoring[J]. IEEE Photon. Tech. Lett. ,2008,20(14):1249-1251.

[31] Nguyen L V T. Microwave photonic technique for frequency measurement of simultaneous signals [J]. IEEE Photon. Technol. Lett. ,2009,21(10):642-644.

[32] 邹喜华,卢冰. 基于光子技术的微波频率测量研究进展[J]. 数据采集与处理,2014,29(6):885-894.

第 7 章

微波光子信号处理的系统应用

微波光子信号处理技术的发展与军用和民用领域的需求牵引密不可分。在 20 世纪 70 年代,早期的合成孔径雷达就借鉴了光学成像的原理对微波数据进行了成像。20 世纪 80 年代,雷达界广泛开展了光控相控阵技术的研究,以解决传统微波相控阵系统的宽带性问题。20 世纪 90 年代初期,由于光纤具有长距离高保真传输的优势,研究人员就在雷达回波模拟器中采用了光纤传输系统。而在电子战方面,乌克兰的"铠甲"电子侦察系统中采用的声光处理技术就是微波光子信号处理的典型范例,光纤拖曳式诱饵也成了机载自卫电子战系统的关键部分。近年来,随着 2006 年高性能光梳产生技术获得诺贝尔奖、2014 年《自然》杂志刊登了微波光子雷达的专题报道,国内外掀起了基于微波光子的各种技术及其应用的研究热潮。此外,微波光子信号处理技术对深空探测、信号分配与交换、时频基准产生与传递等领域的发展也产生了深远的影响。因此,本章分别以雷达、电子战和科学研究为例,概述微波光子信号处理技术在各种军民系统中的应用情况。

7.1 微波光子信号处理在雷达中的应用

7.1.1 雷达的基本原理及技术挑战

雷达无论是在军事领域还是在民用领域都是非常重要和普遍应用的传感器。雷达按用途分包括预警雷达、跟踪雷达、制导雷达、超视距雷达、气象雷达、测绘雷达、导航雷达、防撞雷达等;按技术体制可以分为单脉冲雷达、连续波雷达、脉冲多普勒雷达、合成孔径雷达(SAR)、逆合成孔径雷达(ISAR)等;按平台可以分为地基雷达、舰载雷达、机载雷达、天基雷达、弹载雷达等;按工作频段可以分为米波雷达、微波雷达、毫米波雷达等。但不管哪种雷达,其基本原理都是相似的,遇到的本质性问题也往往有相似性。详细的雷达工作原理已有大量专著进行深入讨论,本书不再赘述,而仅为了方便读者理解微波光子在雷达中的需求与应用,对相关的基本原理及问题挑战进行介绍。

雷达的典型工作原理均是通过辐射特定的雷达信号波形,然后接收被探测物体的回波,经过信号处理得到被探测物体的距离、方位、速度、航向或者成像分布等信息的过程。以地对空单基地雷达为例,其主要工作过程如图 7.1 所示。

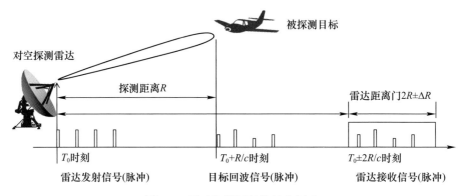

图 7.1　雷达探测目标的基本原理

图中,雷达会发射特定波形的信号,其波形通常为脉冲信号或脉冲信号组,脉冲内部通常为单载频信号或频率、相位调制信号。经过空间传播和扩散损耗后照射到被探测目标上,由于任何目标对电磁波都存在一定程度上的散射或吸收,其中被后向散射的部分将会反向传播到雷达接收口面上,成为雷达可接收和处理的回波信号。可见,雷达接收到的回波信号相对发射信号的延迟是其与目标距离 R 的 2 倍。由于在此过程中,其他距离的物体或者背景信号也会存在,因此雷达往往会设置一个距离门,只在该距离门内处理接收到的信号。

在讨论微波光子在雷达中的应用之前,先简要回顾一下雷达的主要性能参数及其影响因素:

7.1.1.1　雷达的作用距离

雷达的作用距离可以由雷达接收到的信号功率反向推导出,由雷达的工作过程可知,雷达接收到的信号功率 P_r 可以表述为

$$P_r = P_t G_t \frac{1}{4\pi r^2} \sigma \frac{1}{4\pi r^2} \alpha_L A_{\text{eff}} \tag{7.1}$$

式中: $P_t G_t$ 为雷达发射功率和发射天线增益的乘积,代表在雷达主瓣方向辐射出的信号功率强度;第一个 $1/(4\pi r^2)$ 代表雷达信号从发射机口面到目标位置的空间扩散损耗,代表的是目标处雷达信号波的功率强度;σ 为目标的散射面积,代表照射到目标上的雷达信号波有多少有效面积被反射;第二个 $1/(4\pi r^2)$ 代表雷达信号从

目标位置到雷达接收机口面的空间扩散损耗,代表目标反射信号到达雷达接收机口面时的功率强度;A_{eff}为雷达接收机天线孔径的有效口面,代表的是有多少信号进入了雷达接收机;α_L表示整个传播过程中,由于大气吸收等引入的额外损耗(通常和距离成正比)。

根据天线公式,A_{eff}也可以表示为接收机的天线增益 G_r 和波长 λ 的关系:

$$A_{\text{eff}} = \frac{G_r \lambda^2}{4\pi} \tag{7.2}$$

由此可见,雷达接收到的信号功率 P_r 完全取决于发射信号的功率、收发天线孔径的增益、目标的散射特性和探测距离。而进入雷达接收机的信号则成为典型的噪声背景下的信号检测问题,服从随机过程所约束的信号检测原理。一般来说,雷达在远距离工作的情况下空间传播损耗非常大,接收到的信号回波的功率都是远低于噪声电平的。

以 X 波段的雷达信号为例,100km 外的双程空间损耗共计约 −252dB,这意味着发射功率 10MW、接收增益 30dBi 的 X 波段雷达信号,接收到的信号功率仅为 −122dBm 左右,非常微弱。因此,通常会在脉冲内采用脉冲压缩技术、在脉冲间采用多普勒相参处理等方法来提高处理增益,降低最小可检测功率和提高探测距离。

7.1.1.2 雷达的测距精度

一般来说,目标回波的宽度和发射脉冲基本相同,两个相邻目标的最小可分辨距离就是测距精度。从雷达工作原理可知,雷达是通过测量回波信号与发射信号之间的时间差来测量距离的,因此,雷达的测距精度 ΔR 取决于对目标回波信号的测时精度 Δt:

$$\Delta r = \frac{c}{2} \Delta t \tag{7.3}$$

而从傅里叶变换理论可知,对于单载频信号的脉冲宽度反比于脉冲的带宽,对于脉宽比较大的宽带调制信号,经过脉冲压缩后的脉冲包络宽度也反比于其总的带宽。因此雷达的测距精度在相同的信噪比下主要取决于信号的带宽:

$$\Delta r = \frac{c\tau}{2} = \frac{c}{2B} \tag{7.4}$$

一般来说,对于搜索警戒雷达,其测距精度在百米量级,因此需要的带宽在 MHz 左右;对于成像雷达则可能扩展到百 MHz 甚至 GHz 以上,但成像雷达通常会采用去斜的处理方式,去斜后的信号带宽也在 MHz 量级。

7.1.1.3 雷达的测角精度

雷达测距仅能得到一个坐标维度,因此还需要测角来对目标定位。如果能测量水平方向的角度,则是二维平面定位,也称为两坐标雷达;如果还能够测量俯仰方向的角度,则能完成三维空间定位,也称为三坐标雷达。

不管是两坐标雷达还是三坐标雷达,测角精度基本上都主要取决于天线孔径 Ψ 和信号波长 λ。常规跟踪和搜索雷达的均方根测角误差可以由下式预计[1]:

$$\sigma_\theta = K_\theta K_B \lambda / \Psi \tag{7.5}$$

式中: K_θ 为由雷达对目标的测角形式和目标回波的信噪比所确定的系数; K_B 为与单元天线结构形式相关的系数;由此可见,波长孔径比 λ/Ψ 越小,或者同等孔径 Ψ 下波长越短、频率越高的雷达系统,测角精度越高。

7.1.1.4 雷达的测速精度

雷达的测速通常有两种方法,一种是基于距离的差分:

$$v = \frac{R_2 - R_1}{t_2 - t_1} \tag{7.6}$$

另一种是基于多普勒移频量来反推速度:

$$f_d = \frac{2v}{c}f \text{ 或 } v = \frac{f_d c}{2f} \tag{7.7}$$

式中: v 为目标相对于雷达的径向速度; f 为雷达信号的载频; f_d 为多普勒频移。

通常,多普勒测频方法的精度要高于距离差分法,且可以通过多普勒域的各种处理提高处理增益和干扰抑制能力,是工程中更常用的方法。

一般来说,雷达实际需要测量的多普勒范围比较小,这是因为绝大部分探测目标的速度都远小于光速。以马赫数3的超声速飞机或导弹为例,在 X 波段 10GHz 载频下的多普勒频移也仅为 60kHz。

从上述雷达的基本原理可知如下两点。

(1) 雷达的工作距离、测速和测角等能力均和工作频率有关,测距精度和带宽有关,间接也和工作频率有关。因此,实际工程中产生了多种不同频段的雷达,作用也大不相同。低频段的微波信号的波长大、传输损耗较小,高频段的微波信号往往大气损耗较大如毫米波频段。而从信号处理的基本理论可知,信号的测频精度和积累时间互为倒数关系,而积累时间往往会受到一些工程因素的影响。例如,火控雷达要达到引导导弹的要求,数据刷新率要求达到 10Hz 甚至 100Hz,这就意味着积累时间长度不能超过 10~100ms,因此多普勒速度的测量精度就受到限制。为了获得更高的测速精度,就需要提高雷达信号的载波频率。同时,相同孔径下高频雷达的波束宽度较窄,因此测向精度会比低频雷达高,这也就是应用高频雷达的原因。当然,高频雷达的大气吸收等损耗会增加,同等口面相控阵孔径的阵元数也会比低频多,工程中会在以上性能中寻求折中。

(2）绝大部分工作频率较高的雷达都需要变频。大部分雷达是工作在高射频、低中频和窄基带的情况下，所以从雷达基带信号到辐射的高频信号之间就需要频率的上下变换，这就是上下变频通道；且由于抑制杂散和镜频等的需要，这种变频往往需要多级才能实现。在此过程中，就需要多个变频本振，尤其是在捷变频时，还需要本振信号可以调谐或者切换，这就形成了频率综合器。射频信号可以通过相控阵进行信号分配、波束网络和孔径合成，基带信号则通常在发射时由数字直接频率合成器产生，在接收时通过模数转换器进行数字采集和数字信号处理。因此，射频天线孔径、中频变频通道、基带数字处理以及频率综合器就构成了雷达的主要结构，如图7.2所示。

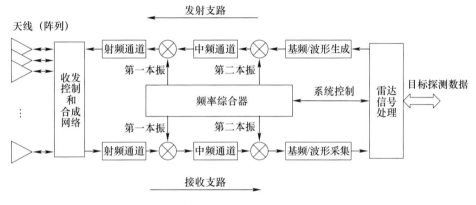

图 7.2 雷达的典型处理过程

由此可见，微波通道是雷达的核心组成部分之一，而如第 1 章中讨论的微波与光波的统一性和差异性可知，微波在宽带性、高速性、并行性、小型化等方面相比光波有一定差距。例如，跨倍频程和大瞬时带宽等问题，在微波域上是难以解决的，因此迫切需要微波光子信号处理等新的技术手段来解决，如下所述。

1）在宽频段多频点工作方面

雷达的特性和工作频段密切相关。低频的 L、S 波段雷达，工作频率相对较低，但大气损耗也相对较小，探测距离更远，空域搜索范围更大，主要用于远程搜索，进行广域和远距离的目标普查。例如，地面警戒雷达、预警机雷达通常都采用低频段。但同时低频段雷达的波束宽度较大，获得高精度测角能力需要的天线孔径更大，所以只适应于固定站或者舰船等大型的移动平台，且低频段易受到地面和海面的杂波影响，低空目标的探测能力较弱。而高频的 X、Ku 波段雷达，工作频率高、波长短，同等孔径情况下的波束更窄、测角精度更高，且受地面和海面杂波影响小，低空目标的探测能力较强，因此主要用于目标跟踪、照射和火控，以及进行目标详查。例如，战斗机火控雷达、地对空防空制导雷达都采用高频段工作。但是，因为高频空间损耗更大,因此探测距离较近;同等孔径规模下需要阵元数更多,成本代价较高。

因此,如果能够跨多个倍频程进行工作或者可根据需求在多个频段切换工作,无疑可以综合低频段和高频段雷达各自的优势,并具有更好的实用性。例如,美国"福特"级航空母舰上集成的 S 波段和 X 波段双波段雷达,把两种不同波段的有源相控阵雷达集成在一起,让它们以共用坐标的形式工作,从而实现优势互补,形成兼具远程搜索和火控制导的综合化雷达,且在地面和海面强杂波环境下具有更好的抗干扰能力,能够灵活应对多种威胁。

然而,从图 7.2 的原理图可知,受到微波技术的限制,双波段雷达通常很难通过一套天线孔径、变频通道来实现,且每个波段的工作带宽一般不能跨倍频程,因此双波段雷达的资源消耗量往往也是常规单波段雷达的 1 倍以上。如果是多波段工作,显然资源消耗量会更大,而跨倍频程进行宽带可调谐或工作模式切换无法实现。因此,人们开始追求通过其他技术手段实现多个频段超大工作带宽内任意可控的雷达工作方式,这就是微波光子雷达产生的重要原因之一,将在 7.1.2 节中详细讨论。

2)在高分辨成像方面

雷达的成像方法和光学非常不同,无论是合成孔径雷达还是逆合成孔径雷达,都是采用一组宽带调频的相参脉冲进行处理,其距离维分辨率主要取决于信号的带宽、其速度维的分辨率取决于与目标相对运动的角速度和多普勒分辨率。因此,如果想要提高雷达的成像分辨率,首先就需要提高雷达的信号带宽;如果要获得 1m 的成像精度,则带宽需要达到 300MHz 以上,此时可以满足大多数对于地形测绘的成像精度要求;如果要满足高精度测绘以及民航飞机等较大型目标的成像识别,则带宽就需要达到 1GHz 以上;如果要分辨长度在米量级的战斗机、导弹、无人机等小型目标,则成像分辨率精度需要达到 cm 量级,此时的带宽可能达到 10GHz 以上。显然,在微波域要达到这么大的带宽,为了避免跨倍频程引入的谐波等非线性问题,就一定需要提高雷达信号的中心频率,通常会达到 Ku 波段甚至 Ka 波段;此外,即使没有超过倍频程,最高频率和最低频率的差异也不能过大,否则会引起天线孔径增益、功放辐射效率、大气传播损耗等一系列频率相关效应上的失衡,使得本来等幅的超宽带线性调频信号产生严重的失真。而常规的微波信号产生技术,包括可调谐压控振荡器和频率综合器,都很难产生带宽数 GHz 和多倍频程的信号,更难以对这样的信号进行解调和处理。而用微波光子信号处理可以较好地解决这些问题,这就催生了微波光子成像雷达的出现,在本章 7.1.4 节中将会详细讨论。

3)在关键部件能力提升方面

微波光子技术不仅在系统方面可以提升雷达的成像精度和反辐射等能力,也能在雷达的关键部件能力提升和调试测试方面提供支撑。例如,多普勒雷达需要在强噪声环境下检测微弱的目标信号,产生的微波信号和本振信号的频谱纯度就直接影响了多普勒雷达的检测能力,尤其是在载频附近100Hz~1MHz的多普勒区。通常,载频信号的纯度在10kHz频偏处需要达到-130dBc/Hz量级甚至更高,而晶振等微波振荡器在1GHz以下低频时的噪声较低,但向高频倍频时噪声水平会严重恶化,在10kHz频偏处往往只有-90dBc/Hz左右。相比之下,基于微波光子的光电振荡器可以无须倍频、直接在高频产生微波信号,且可以获得比常规微波频率综合器低得多的相位噪声,能够显著改善多普勒雷达的工作距离、测量精度等性能。

此外,在测试方面,雷达在测试时原则上需要真实的探测对象来配合实验,但以对空探测雷达为例,就意味着需要飞行器等目标。这一方面代价比较昂贵;另一方面,真实飞行目标的运动特性、反射面积很难遍历各种实验情况,且难以构建复杂的多目标和杂波环境。此时,就需要一种能够模拟目标回波特性且灵活可控的配试方式,这就是雷达回波模拟器,通常也称为雷达转发器测试靶。传统的转发器测试靶是采用空间分置的角反射器来模拟,但需要放置在距离雷达几十千米的地方,以保证雷达获得足够的延时。由于传输介质是大气,而大气成分容易受到天气、季节等变化因素的影响,因此微波在大气中的传输不稳定,进而影响雷达系统性能测试的准确度。如果用光纤延迟线作为传输介质,不但能够保证雷达信号的稳定传输,而且可以将测试靶和雷达近距离放置,且延迟量可以通过改变光纤长度、功率的衰减量和多普勒调制等实现灵活的目标特性模拟,相关实验在室内的紧凑空间就可以完成。鉴于光电振荡器已经在4.1节中进行详细介绍,下面将在7.1.5节对雷达回波模拟器进行详细介绍。

7.1.2 微波光子探测雷达

在具体介绍微波光子雷达的系统原理之前,我们需要将微波光子雷达与激光雷达区分开来。激光雷达的历史由来已久,在测距、气象、自动驾驶等领域应用十分广泛。微波光子雷达与激光雷达最大的区别在于,激光雷达对外发射和接收的都是激光信号,而微波光子雷达对外发射和接收的都是微波信号,且在系统内部的部分环节使用了微波光子信号处理方法。

在第1章中,我们已经提到了2014年《自然》杂志报道的全光相参雷达[2],该系统之所以引人瞩目,是因为利用微波光子的方法实现了雷达系统中发射机和接收机的部分核心功能,不仅在架构上相对于常规的雷达系统有很大不同,而且在部分性能上也具有显著的优势,代表了雷达技术的未来发展方向之一。本节将以该系统为例,介绍其中微波光子处理的技术原理以及达到的效果。

全光相参雷达系统的架构如图 7.3 所示。概括地讲,该系统中使用了锁模激光器(MLL)作为发射和接收支路的本振信号,因此发射和接收支路的处理是同源相参的。

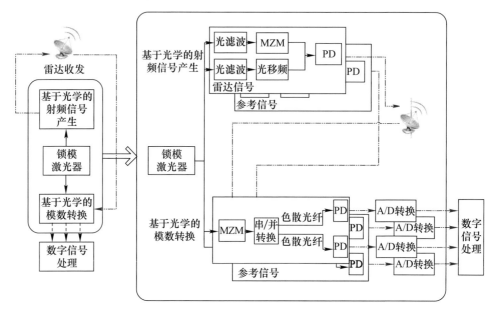

图 7.3　全光相参雷达系统的架构图

在发射支路中的主要处理过程如图 7.4 所示。

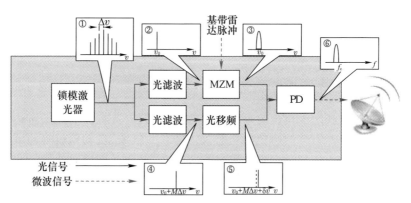

图 7.4　全光相干雷达系统发射机中的微波光子处理示意图

如图 7.4 中的插图①所示,锁模激光器输出具有均匀频率间隔 Δv 的多波长激光。由于这些多波长激光是同源的,因此相互之间具有很好的相干性,通过它们相互差拍得到的微波信号具有很好的质量。然后,多波长激光被分为两路,分别进行基带雷达脉冲信号的加载以及变频光本振的生成。在加载基带雷达脉冲信号的支路中:

首先使用光滤波器选择出其中的一个光波长,如图7.4中的插图②中的v_0;然后将其作为光载波调制上基带雷达脉冲,调制之后的信号就成为特定波形的光脉冲信号,而对应的频谱则呈现出一定的宽度,不再是单波长(点频)激光。在另一路产生光本振的支路中,同样也是先使用光滤波器选择出其中的一个光波长,具体选择哪一个波长是根据雷达系统对外发射的微波信号频率所决定的,如图7.4中的插图④中的$v_0 + M\Delta v$。进一步地,由于在全光雷达系统的接收机中,还需要使用锁模脉冲进行信号的采样,由采样理论可知,被采样信号的频率应当避免与采样脉冲的重频成整数倍关系。对于Δv重频的采样脉冲来讲,$M\Delta v$的被采样频率是不适当的,因此该支路中还加入了一个光移频功能,将$v_0 + M\Delta v$的光本振频率移开δv,如图7.4中的插图⑤中所示。最后,将中心频率为v_0的光载基带信号与频率为$v_0 + M\Delta v + \delta v$的光本振信号合路,在光电探测器中进行相干光学下变频处理,产生的微波信号频率就为$f_c = M\Delta v + \delta v$。不难看出,如果我们使用的光滤波器的参数是可以调整的,也就是可以在不同的波长中进行选择,就可以改变M的值,从而改变全光相参雷达发射机输出的射频信号频率,实现跳频功能。根据报道的数据,该全光相参雷达的微波频率可以在40GHz之内进行灵活的调谐。

文献[2]中将基于上述处理过程的全光相参雷达发射机与当前常规体制雷达的电子学发射机的部分性能进行对比,如表7.1所列。由表可以看到,光子处理的方案与现有电子学处理方案各有优势。其中,基于光子学处理方案的载波信号频率可以显著高于电子学方案,而信号频段的扩展能够使雷达满足更多的应用场景。此外,由于光子学方法产生微波信号是由高频率向下变频,一次性的相干光学拍频就可以实现,所以信号质量可以得到较好的保证。而电子学方法则是由射频参考向高频率倍频,多次倍频将使得信号质量受到恶化。

表 7.1 全光相干雷达系统发射机的主要性能以及与电子学方案的对比[2]

参数	基于光子处理的方案	现有电子学方案
	发射机	
载波频率	可灵活地直接产生高达40GHz的信号	2GHz下直接产生,大于2GHz需上转换
信号抖动	小于15fs,综合10kHz~10MHz	典型值大于20fs,综合10kHz~10MHz
信噪比	大于73dB·MHz^{-1}	大于80dB·MHz^{-1}
无杂散动态范围	大于70dBc	大于70dBc
瞬时带宽	200MHz,采用高重频的锁模激光器可扩展带宽	小于2GHz

在接收支路中的主要处理过程如图7.5所示。

在接收支路中,同样是以锁模激光器作为基础光源,与发射支路中主要使用锁模激光器在频域内的多波长特性有所区别,在接收支路中主要使用锁模激光器的

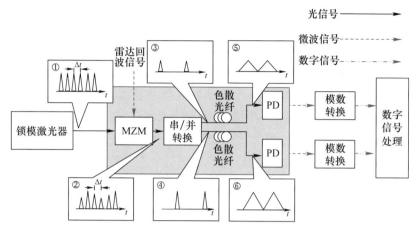

图 7.5 全光相干雷达系统接收机中的微波光子处理示意图[2]

时域脉冲特性,如图 7.5 中的插图①所示。锁模激光器输出的时域脉冲具有抖动低的优势,可用于对输入信号的光电采样,如图 7.5 中的插图②所示,光电采样之后,光脉冲串的幅度就带有了输入信号的特征。但是,由于锁模激光器的脉冲宽度通常都较窄,不利于进行模数转换,因此采用的办法是将光电采样之后的脉冲信号按照一定的顺序进行抽取,并分配到多个并行的支路中。这样一来,每个支路中的脉冲间隔就拉宽了,如图 7.5 中的插图③和④所示。接着,为了使脉冲的宽度匹配电子学的模数转换器的速率,还需要使用色散光纤将多个并行支路中的光脉冲展宽,如图 7.5 中的插图⑤和⑥所示。最后,使用光电探测器将展宽后的光脉冲转换为电脉冲,再进行模数转换及数字处理,从而得到目标的探测信息。

同样地,文献[2]中将基于上述处理过程的全光相参雷达接收机与当前常规体制雷达的电子学接收机的部分性能进行对比,如表 7.2 所列。目前,基于光电采样的接收方案在部分性能上还无法与电子学方案相比,但是在采样抖动这一项上,光电采样的性能则显著优于电子学方案。

表 7.2 全光相干雷达接收机的主要性能及与电子学方案的对比[2]

参数	基于光子处理的方案	现有电子学方案
	接收机	
输入载波频率	40GHz,直接 RF 欠采样	小于 2GHz,更高频率需下变频
瞬时带宽	200MHz,采用高重频的 MLL 可扩展带宽	小于 2GHz
采样抖动	小于 10fs,综合 10kHz~10MHz	典型值大于 100fs,综合 10kHz~10MHz
无杂散动态范围	50dB	大于 70dB
有效比特位	大于 7,载波频率可达 40GHz	载波频率小于 2GHz 时小于 8

总之,相比常规电子学体制的雷达系统,该全光相干雷达系统发挥了光子处理的工作频段更宽、信号抖动更低的优势。

在该全光相干雷达基础上,意大利的研究团队实现了基于微波光子的 S 和 X 双波段雷达[3]。如图 7.6 所示,在发射机部分,从锁模激光器产生的多根梳齿中滤出 3 根梳齿。这 3 个光频率物理分离,但是具有良好的相干性。第一根用于加载待发射的中频波形,另外两根分别作为 S 和 X 频段的本振信号。经光电探测器进行相干拍差,形成 S 和 X 两个频段的合路信号。受射频前端和天线阵带宽较窄的限制,S 和 X 频段的信号需要经单独的射频前端 1 和 2 进入对应的天线阵列向外发射。类似地,在接收机部分,经由两套天线阵及射频前端进入的 S 和 X 波段信号在合路后,通过电光调制器加载到锁模激光器产生的一根梳齿上,并与锁模激光器产生的另外两根梳齿合路进入光电探测器。通过合理地选择这两根梳齿的频率,能够直接将射频信号下变频到中频。该中频信号将通过基于微波光子的模数转换系统转化成数字信号,并进行后续处理。

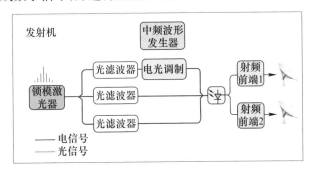

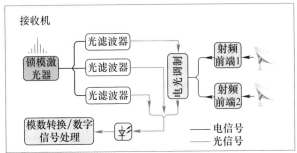

图 7.6 S 和 X 双波段微波光子雷达收发机的原理示意图[2-3]

可以看出,由于使用了锁模激光器作为初始光源,产生的光频率梳包含了几十根甚至上百根相干光频率梳,为雷达向双波段甚至更多波段的扩展提供了便利,使得在不大幅增加系统造价的情况下增加雷达覆盖频域成为可能。作为微波与光学的混合系统,未来微波光子雷达的扩展将主要受限于射频前端和天线阵列的宽带工作能力。

利用双波段雷达收发样机进行的目标速度探测实验如图7.7所示。两个波段测得的目标速度具有较好的符合度,其中的细微不同主要是由于不同波段的速度分辨率不同,X波段(载频9930MHz)的速度分辨率是0.08m/s,S频段(载频2530MHz)的速度分辨率是0.3m/s。

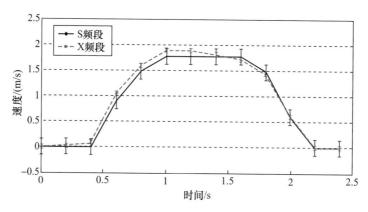

图7.7　两个波段分别测量的目标移动速度[3]

7.1.3　微波光子成像雷达

除了对目标的距离、位置、速度、航迹等信息进行探测之外,成像探测也是当今雷达的一项重要功能。本节主要介绍微波光子技术在成像探测中的主要处理方法及其优势,对于关于雷达成像的具体原理,感兴趣的读者可以自行查阅有关合成孔径雷达和逆合成孔径雷达的书籍或参考文献,本节只作简要介绍。

在前面我们已经提到,雷达的测距精度是与信号带宽成反比关系的,而当测距精度达到一定程度,能够反映出被探测目标上不同散射点的位置相对于雷达的距离关系时,就等于是实现了对目标在距离维度上的成像,距离像的分辨率就反比于信号带宽。而对于方位维来讲,分辨能力主要与波束宽度成正比,与天线尺寸成反比。由于单个雷达的天线孔径是有限的,因此是利用雷达相对于的径向运动(合成孔径)或者被探测目标相对于雷达的径向运动(逆合成孔径),将多次探测的信号进行融合处理,形成一个大的虚拟孔径来等效提升天线的尺寸,从而提升方位维的分辨率,这也就是逆合成孔径提法的由来。通过将距离像与方位像进行合成,就得到目标的二维图像。

由于信号的带宽越大,距离维成像的精度就越高,因此对于成像雷达来讲,总是想要通过增加信号带宽来提升距离维的成像分辨率。但是,信号的带宽越大,其产生与回波接收处理的难度也越大,常规电子学的方法受到器件性能的限制遇到了一定的瓶颈,而使用微波光子的方法能够有效地打破这些瓶颈。下面,我们简要介绍利用微波光子方法实现宽带 LFM 信号的产生和去斜接收的方法。首先给出这两种技术在微波光子成像雷达系统的处理过程示意图(图 7.8)。

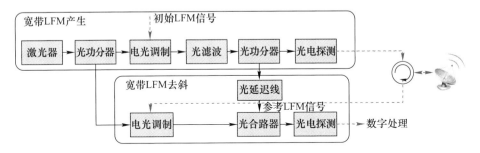

图 7.8　微波光子 LFM 信号产生与去斜接收在微波光子成像雷达系统中的处理过程示意图

7.1.3.1　宽带 LFM 信号的产生

宽带 LFM 信号是逆合成孔径雷达中常用的信号形式,目前使用电子学的方法,结合脉冲时宽等因素的限制,产生大概 2GHz 左右带宽的 LFM 信号是可行的。2GHz 带宽信号理论上能够实现的距离分辨率为 0.075m。而要进一步提升信号带宽,继续使用电子学的方法将存在很大难度,或者是代价非常昂贵。而微波光子可以通过特定的调制解调样式,将信号的带宽成倍提升。下面介绍一种基于高次谐波拍频的技术方案。

在第 2 章曾详细介绍电光调制器的原理,利用电光相位调制效应,通过特定的 Y 分支、双调制臂等结构,可以实现马赫 - 曾德尔调制结构,以及更加复杂的双平行马赫 - 曾德尔调制结构。相比图 7.9(a)中常规幅度调制中的双边带调制样式,马赫 - 曾德尔调制器可以通过控制偏置点来实现不同的调制样式;例如,奇次边带抑制的调制样式,如图 7.9(b)所示。

图 7.9　常规双边带调制(a)和奇次边带抑制调制(b)

进一步使用光滤波器对图 7.9(b)中的 0 阶载波进行带阻滤波,如图 7.10(a)所示,只保留 -2 阶和 +2 阶边带,然后将两个信号进行拍频,就可以实现输入信号的4倍频,如图7.10(b)所示。

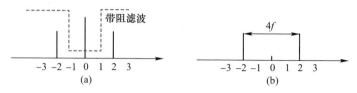

图7.10　对0阶载波进行带阻滤波(a)和±2阶边带拍频实现4倍频(b)

如果在雷达系统中已经使用电子学的方法产生了2GHz带宽的LFM信号,那么通过图7.9和图7.10的微波光子处理之后,输出的LFM信号的带宽就将变为8GHz,且信号的时间宽度不变,也就是说使得时间-带宽积提升了4倍,理论上可以在不影响其他性能的情况下,支撑成像雷达系统的距离分辨率提升4倍。

7.1.3.2　宽带LFM信号的回波接收处理

7.1.1节中提到了,成像雷达对于高达GHz带宽的回波信号,通常需要进行信号去斜,将带宽降低为MHz量级之后再处理。去斜的方法有多种,如在数字雷达系统中,是先将信号数字化之后,通过信号处理的方式完成去斜处理。但是,如果收到的是上面提到的高达8GHz带宽的LFM信号,那么模数转换器就存在速率和有效位难以兼顾的瓶颈问题,此外信号数字化之后的运算量也存在很大的困难。

而使用微波光子的方法,可以直接对模拟信号形式的宽带LFM信号进行去斜,其主要的处理过程包含参考信号的延时匹配,以及参考信号与回波信号的相干拍频,如图7.8中"宽带LFM去斜"部分所示。

参与去斜处理的信号有两个来源:一路是天线接收的回波信号,此信号被传输到去斜支路中,经过电光调制转换为光信号;另一路则来自"宽带LFM产生"分出的参考LFM信号,此信号经过光延迟线处理,在时间上与回波信号转换得到的光信号进行部分重合并实现相干光学拍频,拍频后的信号将具有固定的中频,不再是LFM信号,也就是其调频斜率被去除了。由于回波信号与参考信号本质上是同源的,均来自于激光器和初始的LFM信号,因此二者拍频后产生的中频信号的信号质量可以得到保障。并且,根据延时的不同,中频信号的频率值是可以调整的。

光子去斜的时频域处理原理如图7.11所示。图7.11(a)中的粗实线代表回波信号的频率随时间的变化关系,PW代表信号的脉冲时间宽度,粗虚线代表经过一定延时的参考信号的频率随时间变化的关系。可以看到,回波信号与参考信号具有相同的线性调频斜率,在时间上则是部分重合,而重合部分经过光学相干拍频之后,将产生固定频率f_{IF}的中频信号。当改变参考信号的延时τ时,参考信号和回波信号在同一时刻的频率之差也将随之发生变化,因此对去斜后的中频f_{IF}可以较为方便地进行调整。

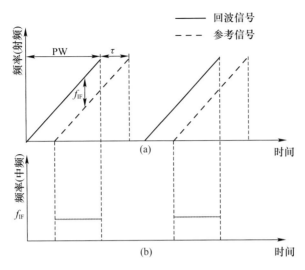

图 7.11 微波光子去斜接收的时频域处理原理示意图

运用上述微波光子处理技术，2017 年，南京航空航天大学报道了一套微波光子成像雷达系统[4]，如图 7.12 所示。在发射时，利用电学方法产生 4.5～6.5GHz 的线性调频信号，使用双平行电光调制器，通过稳定的偏置点控制实现抑制低阶边带、保留高阶边带的调制效果。经光电探测器后以 K 波段的线性调频信号向外辐射。在接收时，接收信号与参考的载波光信号进行光学混频去斜，通过进一步的数字信号处理后就能够对小目标实现高分辨率成像，成像精度优于 2cm。

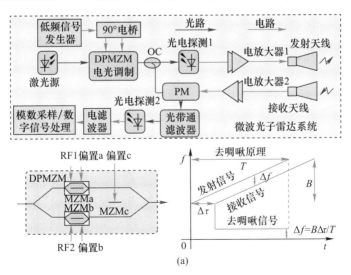

图7.12 南京航空航天大学微波光子成像雷达系统结构图(a)、
待成像物(b)和成像结果(c)~(e)(见彩图)

同期,中国科学院电子学研究所也开展了基于微波光子信号处理技术的SAR成像技术研究[5],如图7.13所示。在发射和接收端分别使用独立的激光器,在发射端,马赫-曾德尔调制器(MZM)工作在载波抑制双边带调制状态,用于加载中频信号并达到倍频效果。该倍频信号经光电探测及前端放大后通过发射天线辐射出去。在接收端使用一个双偏振-双平行马赫-曾德尔调制器(DP-DPMZM),该调制器由两个工作在不同偏振态的马赫-曾德尔调制器MZM1和MZM2组成,其中,MZM1用于调制从发射端的RF功分器传来的参考信号,而MZM2用于调制接收到的反射信号,这两路信号在DP-DPMZM中通过偏振合路器复用一根光纤通道,经EDFA放大后,该复用信号在具有极化解调能力的相干光电探测器中完成外差探测,进入后续的数字信号处理(DSP)环节。

外场试验表明,根据上述方法设计的雷达系统能够实现对大型非合作目标,如图7.14所示为对波音737飞机成像的效果。其中,图7.14(a)为用于重建目标距离剖面的距离FFT变换结果,通过使用包络对齐和交叉距离FFT,得到如图7.14(b)所示的波音737飞机逆SAR成像,可以看出,该成像结果与图7.14(c)所示的飞机照片吻合度较高。在试验中,目标飞机距离约为800m,最大多普勒频移为400Hz,

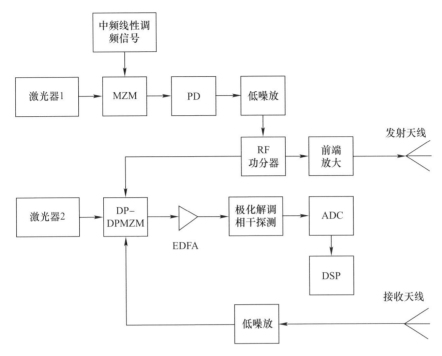

图 7.13　中国科学院电子学研究所的微波光子成像雷达系统框图

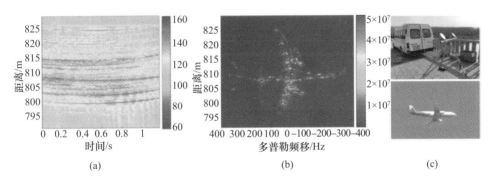

图 7.14　中国科学院电子学研究所波音 737 外场测试逆 SAR 成像结果（见彩图）

发射信号带宽为 600 MHz，对应成像分辨率为 25 cm。

清华大学提出了一种工作在 89～97GHz 的微波光子逆 SAR 成像系统[6]，如图 7.15 所示。系统采用级联调制器的方式产生光梳，梳齿间隔为 14.5 GHz，通过光任意波形发生器，选出 ±3 边带的两根梳齿，在梳齿上加载线性调频电信号，并通过窄带光滤波处理实现光域上变频，形成 W 波段信号向外辐射。目标反射信号被天线接收后，首先与信号发生器的倍频信号混频实现下变频，该下变频信号与参考线性调频信号一起加载到双平行调制器上实现去斜处理;然后经光电转换和放大滤波后进行数字信号处理。该系统的一大特点是使用了光学模数转换器,能够产生中心频率10GHz,带宽4GHz的线性调频信号,这进一步体现了微波光子技术在大时宽带宽积方面的优势。

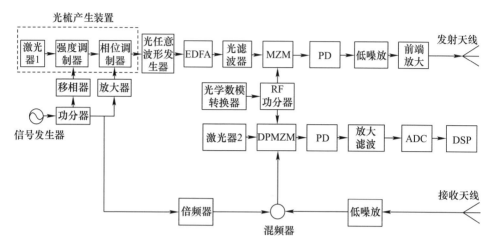

图 7.15　清华大学的微波光子成像雷达系统框图

7.1.4　分布式雷达系统的信号传输与定位

分布式雷达采用多基地的形式,雷达发射机和接收机在探测区域内广泛分布,并通过数据处理中心对接收数据进行融合处理从而获取目标信息。分布式雷达有诸多优点[7]:①更有效地接收目标的电磁散射信息,提升了系统的灵敏度,从而可以实现更远距离目标的探测;②可以接收到单基地雷达接收不到的目标电磁散射信息,从而在探测隐身目标上更有优势;③若采用收发分置的系统结构,则分布式雷达的接收机处于被动状态,电子战手段无法确定接收机的位置,从而有效地提高了雷达的生存能力;④由于各雷达单元的空间距离相隔较远,因此分布式雷达具有很长的基线,从而可以有效地提高对目标的定位精度;⑤可以接收到目标不同角度的散射信息,有助于提高雷达系统的目标识别能力。因此,雷达之间的信号传输和处理相比传统单基地雷达具有明显不同,而微波光子手段正是连接各个分布式站点雷达的有效技术之一。

1989年,Hughes公司首次在X频段尝试使用长距离光纤链路传输射频脉冲信号[8],实现了单个雷达信号的长距离拉远。该测试靶中集成了光纤延迟线,如图7.16所示。雷达系统包含一个激励单元,产生低噪声的相干连续射频信号,信号波形为脉冲压缩,以提供良好的雷达激励分辨率。在发射机中放大后按照一定的脉冲重复频率输出。环形器一方面将发射信号输出至天线阵元;另一方面接收反射信号,并提供收发隔离。

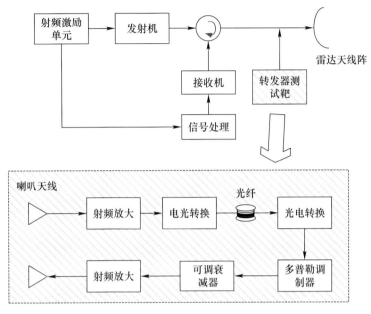

图 7.16 雷达系统及其转发器测试靶

在转发器测试靶链路中,输入端使用射频放大器将射频信号放大后转换为光信号。并通过一段 31.6km 的长距离光纤传输,对应延时量为 152μs。需要选用零色散光纤,以减小由于光纤传输带来的相位变化;并将光纤延迟线放置在专用的绝缘容器中,以降低温度和振动对相位的影响。

以当时的技术,31.6km 的光纤插入损耗为 11dB,等效的电学损耗为 22dB。光传输链路的等效电损耗(射频入射频出)为 60dB。图 7.17 为频率为 9.6GHz 的低噪声连续波信号源输入时,使用频谱仪观察 1GHz 频率范围内的信噪比曲线。结果表明,转发器输出信号的信噪比达到 113dBc/Hz(噪声带宽 1Hz),这对于大部分雷达测试已经足够。可以推断,使用长达 100km 的光纤链路也可以获得可用的雷达信噪比,此时延时量达到 500μs。

另外,分布式网络和传统阵列之间也有显著的差异。例如,传统的相控阵被永久地安装在固定地点,即阵元的位置是固定的。然而,分布式网络的子阵相对位置不是绝对不变的,这种拓扑结构相比等距阵列存在位置误差。因此,需要交叉定位和波束交接技术来提高监测精度,如图 7.18 所示。

一般来讲,系统定位误差主要体现在两个方面:①当移动目标受到两个或两个

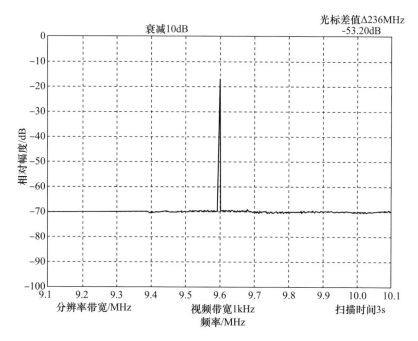

图 7.17　113dBc/Hz(53dBc/MHz)信噪比曲线(光纤长度 31.6km)

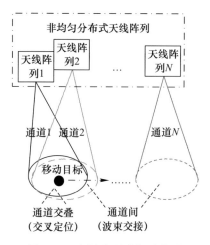

图 7.18　各波束通道相对关系

以上波束照射时,由于各波束的独立性会造成各自通道的信息交换不畅,从而对一个目标定位出两个或多个位置信息;②而当高速移动的目标从一个通道进入另一个通道时,由于各通道中波束的不同步造成监控信息无法畅通地传递下去,这时会出现目标丢失或者判断出错。

7.2 微波光子信号处理在电子战中的应用

7.2.1 电子战的基本原理及技术挑战

电子战是指使用电磁能和定向能控制电磁频谱或攻击的各种军事行动,其目的是从整体上瘫痪敌信息系统和武器控制与制导系统,从而降低或削弱敌方战斗力并确保己方电子装备正常工作。简单来说,就是对敌方雷达、通信、导航、成像等不同用频系统的侦察、干扰与打击[9]。

一般来说,电子战主要分为电子侦察和电子干扰。电子战的技术构成如图7.19所示。其中,电子侦察分为电子情报侦察(ELINT)、电子支援侦察和雷达威胁告警(RWR),电子情报侦察主要用于对敌方雷达等辐射源的战略普查和日常监视;电子支援侦察主要用于在作战过程中对战场的辐射源活动的实时侦察和连续监视,形成战场态势和服务于作战决策;而雷达威胁告警则用于作战平台对制导雷达等威胁的实时告警,进而进行平台自卫。电子干扰分为电子防护(EP)、电子支援(ES)干扰和电子攻击(EA),其中电子防护分为作战平台对自身的防护和对一个区域的防护,电子支援干扰则主要用于进攻作战中对作战单元的远距离防护,电子攻击包括能够瞄准敌方辐射源的反辐射引导武器,也包含高能微波武器等新的手段。

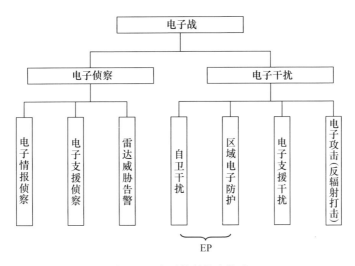

图7.19 电子战的技术构成

历次战争证明,电子战是军事作战中的关键力量之一。早在20世纪初无线电刚刚诞生和用于通信的时候,电子战就已经萌芽。在最早的无线电通信系统中,发射机发射的信号频谱范围很宽,特别是有些功率较大的发射机作用距离较远,随着发射机数量的增多,在发射电文时无意中发现,信号在各接收机中产生了相互干扰。例如,1904—1905年,电子战技术在日俄战争中得到首次应用。由于电子战技术的错误应用,使俄国的波罗的海舰队遭到日本海军的毁灭性打击。

第二次世界大战期间,电子战作为重要的作战辅助手段得到应用。其中,战争早期德国对英国的本土轰炸中占据显著优势,使得英国人民蒙受了巨大损失。由于英国使用了电子对抗手段,而德国飞机则缺乏电子战保护,因此到战争后期平均每炸死5个英国人就损失1架轰炸机、4名训练有素的机组人员。诺曼底登陆时,盟军更是大量应用了角反射器、雷达反射箔条等电子干扰手段,成功对德军起到了电子欺骗的作用,其直接效果是参加登陆的2127艘联军军舰,仅有6艘被击毁,这在世界战争史上写下了电子战光辉的一页。

越南战争中,在1967年一年里,越南平均每发射50枚导弹就能击落1架飞机。当美QRC–160–1A电子干扰吊舱(图7.20)被采用后,自1967年12月14日至1968年3月31日这3个半月时间里,每发射247枚导弹才能击落1架使用信标干扰吊舱的飞机。随着电子战装备的逐步采用,美军飞机的损失率从战争初期的14%下降到后期的1%左右,首次证明电子战已是不可或缺的作战手段。

图7.20 美军挂载的QRC–160–1A电子干扰吊舱

随后出现了专用电子战飞机EA–6B,如图7.21(a)所示。EA–6B成为美军战机在突防作战中应对敌方防空武器系统和保障战机生存的必要手段之一。因此,"No fly without EA–6B"(没有EA–6B护航就不飞行)成了美军一条重要的作战条例。如今又发展出了新一代的电子战飞机EA–18G,如图7.21(b)所示。

第 7 章 微波光子信号处理的系统应用

(a) EA-6B专用电子战飞机

(b) EA-18G新一代电子战飞机

图 7.21 美国的电子战飞机

目前,电子战已经发展到了覆盖陆海空等多个军兵种和众多作战平台,美空军还形成了包含情报侦察、战场监视、战机突防、随队干扰、远距离支援干扰等各种要素的体系化作战力量。

以作战飞机对敌突击时与防空制导雷达对抗的过程为例,其中,防空制导雷达发射并接收能够反映飞机存在与运动特征的电磁信号,就能预警飞机的存在并进行跟踪,进而引导导弹打下飞机。而飞机若能发现和识别雷达信号,就能对威胁进行告警,进而可以干扰压制雷达接收到的回波或者削弱其定位识别能力,防止自身被打击,甚至引导反辐射武器摧毁雷达,如图 7.22 所示。由此可见,电子战对雷达的作战能力的强弱可以直接决定平台的生死。

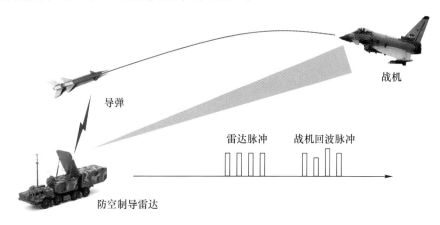

图 7.22 电子战的典型运用过程

从图 7.22 可见,电子战的技术特色是与雷达等作战对象密切相关的。由于雷达的种类很多,且工作参数多变,电子战往往面临多种技术困难,如下。

（1）未知的频率：雷达对象的工作频段从 0.38～40GHz 的常用频段皆有可能，且随着 3mm 波乃至 THz 等更高频段的雷达对象出现，频率还得进一步扩展。此外，虽然绝大多数雷达的工作带宽在 MHz 量级，但成像雷达的工作带宽却可以达到数百 MHz 甚至数 GHz，且很多先进雷达采用了宽带跳频的模式，这就要求电子战设备的工作频段要尽可能全覆盖，瞬时带宽至少要大于雷达的信号带宽。

（2）未知的方位：雷达对象的空间分布可以很广泛，特别是机动辐射源或新部署雷达，其方位是难以预知的。此外，由于电子战是被动接收雷达的信号，如果雷达保持静默而不辐射信号，电子战的侦察效果是非连续的。因此，电子战通常需要更宽的视角和瞬时空域覆盖能力，比如战斗机在空战格斗中，大机动情况下的威胁来自全方位，因此雷达威胁告警通常需要 360°全覆盖。

（3）未知的时间：对侦察系统而言，作为对象的雷达，其脉冲宽度、重复频率、开关机时间、波束扫描方式、扫描周期等时域参数不可预知，尤其是相控阵雷达等新体制雷达，其各种时域参数是动态可变的，这就意味着不能采用时分复用的方式来截获目标。

（4）未知的功率：现代体制的先进雷达，已经具备了一定的功率控制能力，可以在不同距离、不同扇区和探测不同目标时控制雷达的发射功率，同时雷达可以通过幅相加权等方式改变主副瓣比，甚至发射波束置零。加上不同雷达到电子战装备的距离不同，造成电子战难以预知雷达的功率强度。

（5）未知的波形：现代体制的雷达已普遍采用数字波形生成技术，不仅脉冲间隔可以组变调整，脉内也出现了越来越多的调制类型，如线性调频、频率分集、频率步进、相位编码等。而信号处理的最优匹配理论决定了对不同类型的波形最优匹配的信号模板是不同的，因此电子战接收机往往会面临信号处理失配的困难。

总体来说电子战是一个已知一定观测量和先验知识条件下的反演问题。对象数量越多、每个对象的描述参量越多、参量的可变范围越复杂，反演的难度就越大，而且呈级数增长。正是因为电子战遇到以上技术困难，常规的电子信号处理难以适应，才迫切需要微波光子信号处理等新的技术手段来解决。本章就其中部分典型的应用进行阐述。其中，7.2.2 节重点讨论面向全空域的宽带告警，7.2.3 节重点讨论基于微波光子的阵列波束合成，7.2.4 节重点讨论机载自卫干扰中的光纤拖曳式诱饵。

7.2.2　全向告警与分布式测向定位

在电子战系统中，为了保障对各个方位的威胁信号都能收到，需要多个象限放置接收天线，并传输到中央处理机进行信号处理。此外，为了获取高测向精度，电子战接收系统中也经常使用长基线测向技术。这都需要将两个以上间隔较远的天线进行宽带和保真的传输。而传统的微波电缆往往存在插入损耗大、体积和重量大等问题。若使用微波光子链路,则可充分利用光纤的低损耗特性支持天线的远距离分置,同时为系统的宽带高精度测向能力提供支撑。因此,使用微波光子链路在宽带电子侦察系统中进行信号传输具有很高的应用价值。

以机载电子战接收系统为例,图 7.23 为一个典型的电子战飞机,在机身 4 个端点分别放置天线阵列,4 个天线阵覆盖整个 360°空域。各天线阵接收到的宽带射频信号经射频放大和电光调制后,通过光纤远程传输到舱内的接收机进行统一处理,并通过长基线技术完成精确测向[10]。

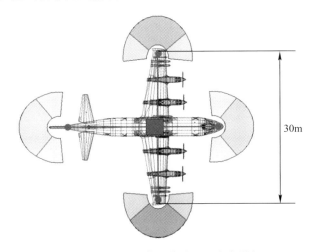

图 7.23 大飞机信号接收处理方案设想

传统的电学方案中,需要在远程天线位置完成信号的视频检波或下变频,而使用微波光子链路后,远端天线位置通常只包含射频放大器、激光器和电光调制器。甚至连调制器的偏置控制单元和供电信号均可以受舱内中心系统远程控制。远端系统的复杂度得到简化,使得分布式排布的方案更加灵活。

澳大利亚空军以及国防科学和技术组织成功将微波光子链路技术应用于 P-3C 猎户座海上巡逻机的 ALR-2001 型电子支援措施(ESM)设备中[11]。图 7.24(a)是微波光子链路在 ALR-2001 系统中替代传统微波电缆的两种方案,一种是仅用于将前端与宽带接收机或窄带接收机之间的长微波电缆用微波光子链路替代(选项1),另一种是在天线之后使用微波光子链路进行宽带信号传输(选项2),而前端被后移到靠近接收机或者集成到接收机内部,甚至由于微波光子链路具有宽带信号的传输能力,用于划分多个子频段的前端可以被省略,进而有效地简化系统架构和提升综合性能。测试结果表明,使用选项1后系统灵敏度受影响很小,但是动态范围有所减小;而使用选项2既能够提升灵敏度,也不会影响系统动态。

图7.24(b)是微波光子链路的结构。测试表明,使用微波光子链路进行信号传输,可以获得与微波电缆相当甚至更好的综合性能。

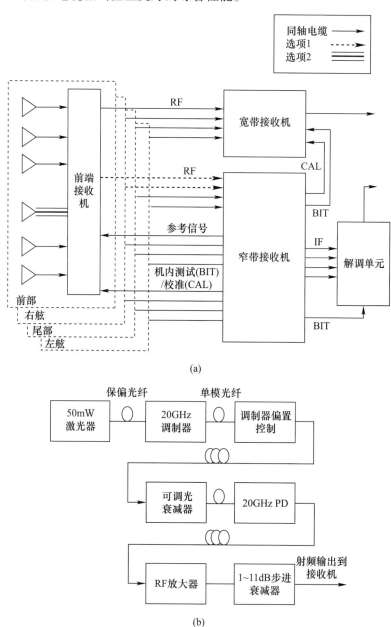

图7.24 ALR-2001系统中微波光子链路替代微波电缆的验证方案(a)和微波光子链路的结构(b)

除了信号传输之外,分布式无源定位同样重要。研究人员提出了基于波分复用技术的分布式信号源定位系统架构[7],如图 7.25 所示。该架构主要由一个中心站和若干传感节点组成。传感节点在空间上广泛分布,并由光纤连接成环形网络。

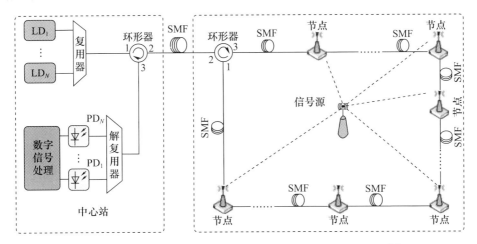

图 7.25 基于波分复用技术的分布式信号源定位系统原理图[7]

在中心站的阵列激光器产生对应于传感节点数量的光载波,光载波的波长不同并采用波分复用技术在光纤中进行传输。下行的光载波通过光环形器和传输光纤送到远处的探测区。传感器节点广泛分布在探测区内,接收探测区内的信号源发出的信号。每个传感节点包括一个天线,一个电光调制器和一个光分插复用器。传感节点的工作原理:首先用光分插复用器将分配给该节点的光载波单独分离出来;然后将接收到的信号通过电光调制器调制到该分离出的光载波上;最后通过光分插复用器将已调制了信号的光载波添加到波分复用光信号中并一起传输到下一个节点。波分复用光信号在由传感节点组成的环形网络中传输一圈后,所有的光载波上都调制了接收信号。在节点处不对信号做任何的处理,直接通过光环形器和传输光纤送到中心站。携带着接收信号的上行波分复用光信号在中心站经过光环形器后进行解复用,并通过光电探测器进行光电转换后得到电信号。由于每个节点都分配了一个光波长,在中心站很容易区分来自不同节点的接收信号。对接收到的信号进行采样和处理,利用时延估计算法求得信号源发出的信号到达不同节点之间的时间差,确定多个定位双曲线(面)方程,用定位算法求解该双曲线(面)方程组便能得到信号源的位置。

该系统的优点在于避免了各个传感节点之间精确的时间同步。由于系统中所有光纤的长度都是固定的,因此系统的时延通过校准便可以获得。同时,由于利用了光子技术的大带宽、低传输损耗等优点,如电光调制器的调制带宽可以高达

40GHz,光电探测器的工作带宽能到100GHz,光纤的传输损耗每千米只有0.2dB。因此该系统拥有很高的工作带宽,可以在很大的带宽范围内对电磁频谱进行监测并对信号源进行定位。由于传感节点对信号不做任何处理,并且通过波分复用技术直接传输回中心站,所以可适用于任意形式的信号。集中式的信号处理有助于在中心站采用更多的硬件资源来获得更高的定位精度,同时也降低了整个传感网络的能耗。

图7.26给出了该方法的定位精度。在测试中,一共有12个目标节点放置在不同位置,分布式雷达A、B和C的位置坐标分别为(0cm,163.1cm)、(5.45cm,0cm)以及(240.45cm,0cm)。通过波分复用定位技术,可以得到目标节点的位置估计如表7.3所列,证明了该系统的可行性。

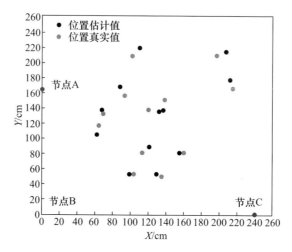

图7.26 测量点的估计位置和对应的真实位置分布图

表7.3 测量点的估计位置、真实位置和定位误差

序号	真实位置/cm	估计位置/cm	误差/cm
1	(104.28,52.68)	(99.93,52.18)	4.38
2	(135.43,49.26)	(129.52,52.64)	6.81
3	(160.46,81.22)	(155.97,80.69)	4.52
4	(113.21,81.31)	(121.07,88.53)	10.67
5	(64.73,116.82)	(62.74,104.63)	12.35
6	(69.66,132.24)	(68.44,137.55)	5.45
7	(93.53,156.97)	(88.60,168.21)	12.27
8	(120.63,138.32)	(136.83,137.66)	16.21

续表

序号	真实位置/cm	估计位置/cm	误差/cm
9	(102.52,208.51)	(110.22,219.81)	13.67
10	(138.43,150.72)	(132.13,136.16)	15.84
11	(197.12,209.57)	(207.80,214.36)	11.70
12	(215.71,166.17)	(212.50,177.80)	12.06

7.2.3 微波光子宽带阵列波束合成

电子战侦察系统需要截获非合作的雷达、通信等信号,由于不知道信号来自何处、处于什么频段,因此电子战侦察系统的接收能力需要覆盖足够大的空域和足够宽的频段,并通过阵列合成提供接收孔径的增益和侦察的灵敏度,这就需要波束合成技术。

常规的微波波束合成技术:一方面由于微波线缆的损耗比较大;另一方面移相器等微波元件的频率相关性比较严重,往往难以支持电子战装备多倍频程工作的要求。而光学波束形成技术用于电子战侦察系统能够产生同时多个不同空间指向的波束,进而实现同时的大空域覆盖。并且,由于光学波束形成采用了光学真延时技术,可以有效地解决常规相控阵系统存在的宽带宽角波束"指向偏斜"的问题,以及信号的孔径渡越时间问题。鉴于光学波束形成技术的以上优势,近年来国内外均开展了基于光学波束形成技术的电子战侦察系统研究工作。

2011年,BAE公司EWOCS(Electronic Warfare Optically Controlled Subsystem)项目报道了面向机载ESM应用的宽带光学多波束样机,如图7.27所示。

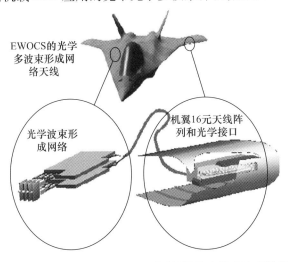

图7.27 BAE公司EWOCS项目的机载光学多波束样机

该系统主要包含两部分：一部分是机翼上的16元天线阵列以及对应的电光转换前端，将接收到的微波信号转换为16路并行的光载微波信号；另一部分是位于机舱中的光学波束网络分机，将接收到的16路并行光载微波信号进行延时加权，形成特定指向的同时多波束。这两个单元之间通过光缆进行连接，保证了信号传输的宽带性、高速性、低损耗和轻量化。

性能方面，该系统可以覆盖6~18GHz，具备4GHz的瞬时带宽、±45°的空域覆盖、4个同时波束、相邻波束的交叠深度为低于波峰3~8dB（低频端波束宽度大，交叠深度较浅；高频端波束宽度小，交叠深度较深），可实现大瞬时带宽、大空域覆盖和高精度比幅测向的电子侦察性能，并且其结构外形完全按照"阵风"战斗机的要求进行设计，已经初步具备安装在战机上的能力。

7.2.4　自卫干扰中的光纤拖曳式诱饵

现代电子战中，面向自卫干扰的拖曳式诱饵（TRAD）占据着非常重要的战略地位。如图7.28所示，TRAD主要用于机载平台保护，通过拖曳线与载机配置在一起，处于雷达导引头的瞬时波束范围内。它能逼真地模拟载机的航速、航向及雷达反射特征，使一般雷达和跟踪系统无法通过运动特性来区分载机和诱饵，形成对导引头的质心转移干扰。采用"舍卒保车"战术，诱饵利用与载体具备的相同运动特性能够成功地"欺骗"导引头雷达，提高载体在作战时的存活率。

图7.28　战斗机拖曳式主动雷达诱饵作战示意图

第7章 微波光子信号处理的系统应用

早在1987年,美国Raytheon公司就研制开发了第一代"转发式"诱饵AN/ALE-50。AN/ALE-50系统包含两个主要部分:一个是在诱饵投放之前容纳诱饵及在诱饵发射之后为诱饵提供电源的发射/控制子系统;另一个是包含无线电收发机、行波管放大器和调制器的独立工作子系统(电源除外)。该型诱饵主要由电缆拖引在载机后方,一旦诱饵接收到威胁雷达信号就放大并转发该信号。为了达到更加逼真的欺骗效果,除了转发信号之外,ALE-50还增加了一个小调制来模仿飞机引擎特征[12]。

图7.29是AN/ALE-50拖曳式诱饵及其外围装置的照片,从左至右依次为:①用于F/A-18的发射器;②用于B-1B的发射器;③AN/ALE-50拖曳式诱饵;④B-1B和F/A-18通用的发射控制器;⑤用于F-16的发射及控制器。AN/ALE-50作为第一代拖曳式有源诱饵,在1999年美国对南联盟的作战中得到验证,能够有效保护战机。当前,在EA-6B、F-15、P-3C、C-130E、U-2及"全球鹰"无人机等机型上都得到应用。

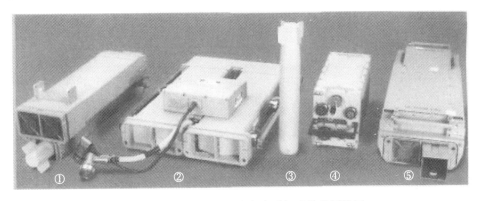

图7.29 AN/ALE-50拖曳式诱饵及其外围装置

AN/ALE-50虽然应用效果显著,但也存在不足:主要有诱饵本身含有收发器、调制器,不仅成本相对较高,而且体积和重量难以进一步降低;同时,诱饵本身的硬件资源有限,工作带宽较窄、频率较低。

随着光纤传输线的应用,第二代拖曳式诱饵以光纤作为传输介质。机载电子战设备对截获的高频段宽带雷达信号进行复杂的调制后,将干扰信号通过光纤传输给诱饵,并由诱饵进行转发。有了光纤的传输联接,使得飞机上的系统呈整体连接到拖曳诱饵上,使它比第一代独立应用的诱饵更加灵活和智能化,因此可将光纤拖曳式诱饵认为是一部延伸的发射机。并且,诱饵本身只含有发射设备,成本、重量、体积相比第一代均可以得到显著降低。

第二代光纤拖曳式诱饵系统结构如图7.30所示,在结构上一般把电路部件分成两部分。发射机这一小部分位于诱饵上,其他大部分电子部件(包括接收、处理控制和供电系统等)都放在载机内。这样可以减小诱饵的体积和重量,从而降低对载机运动的影响;同时,还极大地改善了收发隔离性能。

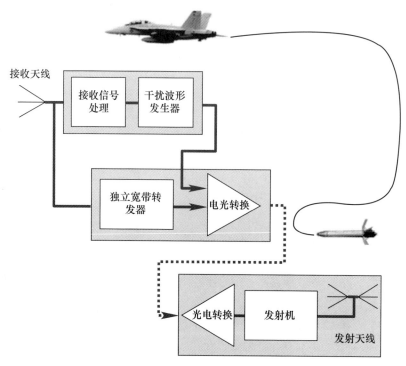

图 7.30　第二代光纤拖曳式诱饵系统结构

系统的工作流程为:接收天线截获的信号经信号处理系统进行参数分析后,输出相应信息去控制干扰波形发生器(包括射频源和干扰调制器)。在干扰波形发生器里包括数字射频存储器和威胁参数、干扰技术的可编程(软件)数据库,它能产生各种最佳的调频、调幅或调相调制的干扰波形以对付各种特定的威胁雷达。干扰波形通过电光转换形成微波光子信号,经光纤传输到诱饵上。在诱饵里,经光电转换把光信号转换成电学干扰信号,最后经发射机里的末级功率放大器放大后由发射天线辐射出去。这是一个应答式干扰处理过程。如果应答式处理发生故障,载机里的独立式宽带转发器就会开始工作,以一个简单的转发式干扰方式对雷达实施干扰。这样就构成了兼容应答式和转发式体制的复合型拖曳式诱饵[13]。

AN/ALE – 55 属于第二代光纤拖曳式有源诱饵,由 BAE 系统公司生产,图 7.31 为光纤拖曳式诱饵实物图。诱饵里只携带一个电源和发射天线,其余工作由载机完成,因此体积十分小巧。2001 年,该诱饵挂在 Lockheed Martin 公司的 F-16 战斗机上,进行了诱饵的耐受力和机动能力验证。

图 7.31　BAE 系统公司生产的 AN/ALE-55 光纤拖曳式诱饵及其外围设备

7.3　微波光子信号处理在科学研究中的应用

7.3.1　深空探测

20 世纪 70 年代,美国空气动力学实验室在美国洛杉矶北面的莫哈韦沙漠中建设了"深空网络",用于接收航天器向地面站发送的微弱信号,提高接收信号的质量。深空网络是最早的微波光子系统应用,它由数十个大型碟形天线组成天线阵列,如图 7.32 所示,这些天线之间的距离较远,采用电缆传输时插入损耗较大,为了以较低损耗解决时频同步问题,研究者们使用光纤传输 1.42GHz 的超稳定微波参考信号。

在分布式系统中,多个低噪声、相位稳定和费效比低的微波光子链路用于分配频率参考和时间参考信号。1999 年,DSN 系统中首次安装了光纤光分配装置,为 13 号深空站提供稳定的频率分配,接下来扩展到了 DSS-15。该装置的基本思想是测试任何长距离光纤引入的相位差,通过控制一盘 4km 光纤的温度来补偿相位变化。

图 7.33 为一个用于接收 X 和 Ka 频带信号的下行阵列链路[14],两个不同波长的大功率激光器合路后通过 1×M 功分器分配到 M 个通道,分别进入光调制器。天线接收到的 X、Ka 频段信号经射频前端放大后也进入调制器的射频端口。调制

图 7.32　建立光纤传输系统的天线集群

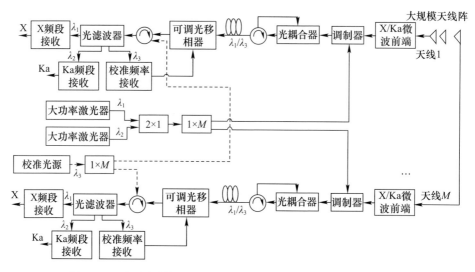

图 7.33　用于同时接收 X 和 Ka 频带信号的天线阵的微波光子链路

器的输出光通过一段单模光纤传输后,通过一个可调光移相器、一个光环行器和一个光滤波器到达 X 频段、Ka 频段和校准频率对应的接收机。X 频段接收机从波长 1 中恢复射频信号,并在控制中心作下一步处理。同样,Ka 频带信号从波长 2 中恢复后作进一步处理。

　　由于不同下行链路的光纤物理分离,光纤长度扰动或其他组件扰动需要及时得到补偿。相位补偿包括一个置于中心站的校准光源,由一个约 400MHz 的固定频率参考信号调制,输出波长 3 的校准光信号经长距离光纤传输至每个天线后返回。为了稳定系统,通过比较参考校准信号和返回的波长 3 解调 RF 信号之间的相位差,将鉴相器输出的误差信号控制可调光移相器,就可以补偿相位扰动。

类似地,在上行链路中,一个 X 频带的振荡器或频率合成器输出的射频信号调制在光载波上,一个 400MHz 的低频校准信号也调制在该载波上[14],如图 7.34 所示。在传输到天线前端之前,该信号经环行器和光移相器后由光电探测器接收,其中,X 频带的信号放大后发射出去,低频校准信号经长距离光纤原路返回,以实现环路稳定性反馈。

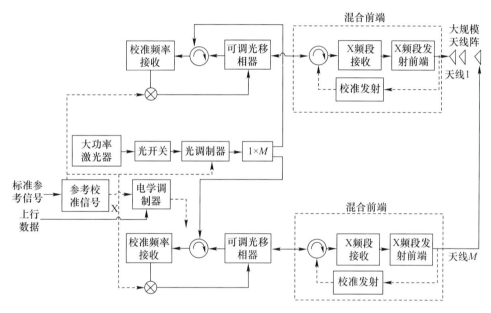

图 7.34 上行链路中的稳定微波光子系统(两个天线示意)

为了获得有关星系和星型演变的数据,寻找新天体以及探寻宇宙中是否存在能够进化成生命的物质,多个国家联合在智利北部的阿塔卡玛沙漠中建设了阿塔长马大型毫米波天线阵(ALMA)射电天文望远镜系统,如图 7.35 所示。该望远镜系统于 2013 年 3 月全部竣工并投入使用,共由 66 个天线构成,是当今世界最大的分布式射电天文望远镜系统。这 66 个天线接收到的信号通过一个超级计算机进行相干合成,其效果相当于一个碟形望远镜。

ALMA 是一个大型多天线干涉仪系统,最远的天线间距达到了 15km,传输的信号为毫米波和亚毫米波(31~950GHz)。为了在这样长的距离下传输如此高频

(a)

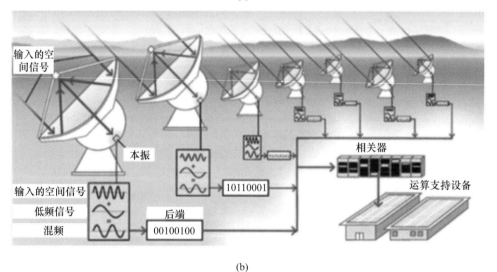

(b)

图 7.35 ALMA 天线照片及其后端相干合成工作示意图

的信号,同时还要保障各个天线接收的信号之间的相参性,只有采用微波光子方法。

ALMA 项目中采用了往返双程的相位校正方法实现稳相传输,如图 7.36 所示。首先通过将本振参考信号分配到各天线单元,接收返回的本振参考信号;然后通过相位补偿算法得到光学真延时的补偿量;最后控制可调光延迟线完成补偿,达到稳相传输的效果。ALMA 系统的稳相精度相当高,实现了在 27GHz 时的相位噪声低于 $3.3\times10^{-5}\text{rad}^2$,确保了亚毫米波信号在长达 15km 基线的传输情况下依然能够完成干涉仪功能。

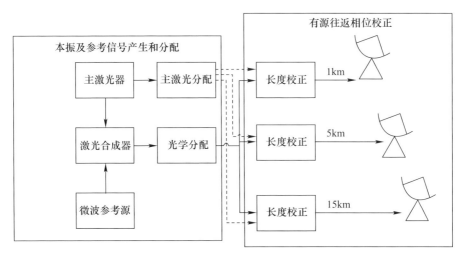

图7.36 ALMA望远镜系统的相位稳定方案示意图

7.3.2 信号分配与交换

现代化舰载、机载、星载等平台作战均对平台的多功能、高性能和互操作等能力提出了更高的要求。目前的雷达、电子战和通信系统在一个平台上各自独立工作,随着平台功能需求复杂化,子系统数量逐渐增加,需要的天线孔径也成比增加,同时,电磁干扰问题恶化、平台的雷达截面积增加。为了提高资源的整合度,迫切需要开发一种能够支持多功能作战的公共平台。

微波光子信号交换技术突破了射频开关矩阵在带宽和切换速度上的限制,成为平台内部资源切换的重要技术手段。2005年,美国海军研究办公室在其支撑的"先进多功能射频概念"项目中,提出使用光学交换网络的方法建立一种舰载公用平台。

一种射频交换子系统的方案设计如图7.37所示,各功能单元产生的射频信号分别通过马赫-曾德尔电光强度调制器转换成不同光波长的微波光子信号,并通过一个微电子机械系统(MEMS)光学开关矩阵,选通到一个指定的发射通道。4个功能单元中的任意一个都可以通过光交换矩阵同时发送到4个发射通道中的1路或4路[15]。

这种平台具有以下优势:

(1) 孔径天线数量锐减,从而减小雷达截面积和红外辐射。

(2) 可重构设计,不再为新增的需求增加新的孔径。

(3) 使用更先进的频率处理方案,有效解决电磁干扰和兼容问题。

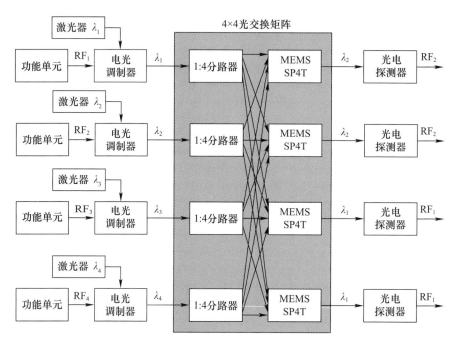

图 7.37 由光学开关组成的射频交换系统

(4) 减少特殊、少量需求的数量,大大降低生命周期成本。
(5) 功能性大量由软件定义,显著降低升级成本,系统易扩容。
(6) 动态配置系统资源以满足对频率、功率、带宽、极化等要求。

2012 年,欧洲空间局/法国 Thales 防务公司在全球微波光子学大会上发布了基于微波光子技术的新型卫星通信转发系统。欧洲空间局的 Eurostar 3000 卫星平台采用微波光子技术实现微波信号的上/下变频和传输处理,如图 7.38 所示。

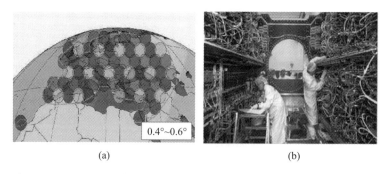

图 7.38 Eurostar3000 在欧洲的波束覆盖图及舱内光子转发系统(见彩图)

光纤在航空项目中最早用于点对点的数据传输,在军用战斗机和民用飞机中均有使用,如波音 777 飞机。基于光学的有源可重构信号分配系统在罗马实验室等地已经开展研究,由于微波光子信号处理在宽带性、高速性、并行性和小巧性等方面的巨大优势,各国研究机构对微波光子在空间和航天领域的应用均展开了研究。从 2002 年起,欧洲空间局致力于一项耗资数百万欧元的研发计划,用于全面深入研究光在宇宙飞船上的载荷应用和平台应用,涉及了通信、传感、信号处理等多个方面。这项计划最先由 ESA 的先进通信卫星研究组织投资,欧洲空间局的另外一个项目甚至开展了光在运载火箭上的应用研究。目前,DARPA 也在进行光传射频信号的研究。企图解决温度范围、振动容忍度、功耗降低、尺寸减小和信号延迟等关键问题。美国的 Lockheed Martin 公司的 Light MoverTM 等光纤总线技术项目从 2002 年启动,如图 7.39 所示,该项目目前还在推进[16]。在国际空间站上利用光纤数据链路已经在计划中,而利用可重构光网络将是最终目标。

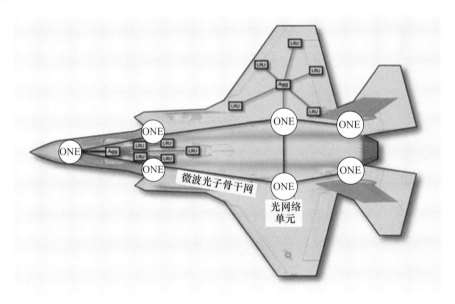

图 7.39 机载光学信号分配网络[16]

7.3.3 时频基准产生与传递

时间频率基准信号的产生与传递对于人类的科技发展和生活都具有重要影响。在 20 世纪 40 年代,研究人员就已经掌握了精确控制微波频率的方法,可使无线电波能够从相对低保真的振幅调制转换到高保真的频率调制。这进一步催生了许多先进的技术,例如无线通信、雷达、电子对抗以及精确计时等技术在今天依然是关键的军事技术。目前的光通信技术采用与20世纪40年代的振幅调制收音机相似的原理。由于光频率比微波高1000倍左右,难以精确地控制频率,但正因为其频率较高,光通信及相关应用也具有比微波通信带宽大1000倍的潜力。

中国科学院国家授时中心就在2006年将电力宽带(BPL)长波授时系统信号的传输由同轴电缆改为光纤。由于提供BPL长波授时信号的时频监控室与发射机之间相距1.2km,并且BPL属于大功率发射台,因此早期电缆传输的时频信号易受本地电台信号的干扰,同时插入损耗较大。后改为使用单模光纤传输BPL时频基准信号,有效降低了干扰和插损,并且信号传输的稳定性非常好。

BPL授时信号光纤传输性能可以通过高稳定度的标准正弦频率信号和秒脉冲信号来验证[17],如图7.40和图7.41所示。在文献[17]中,为了提高传输性能,光发射和接收都选用了集成光模块,秒脉冲模块的速率为2Mbit/s,正弦信号(10MHz和5MHz)模块的速率为622Mbit/s。

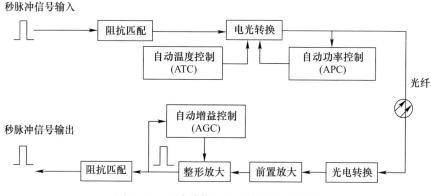

图7.40 秒脉冲信号光纤传输原理框图

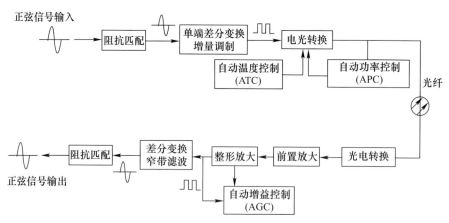

图7.41 标准正弦频率信号光纤传输原理框图

文献[17]将光纤链路对秒脉冲信号和标准正弦信号的传输相位抖动与标准同轴电缆的传输相位抖动进行了对比,如图7.42、图7.43和图7.44所示。

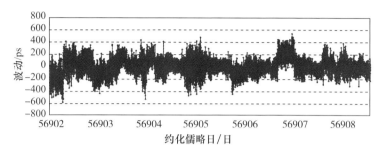

图7.42　2.4km 中同轴电缆传输秒脉冲信号的相位抖动曲线

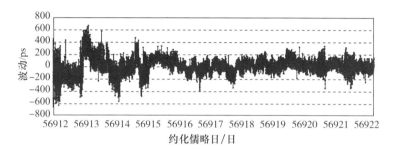

图7.43　2.4km 中同轴电缆传输频率信号的相位抖动曲线

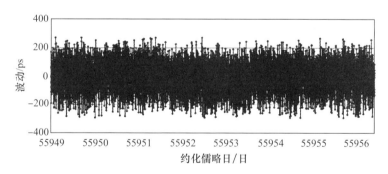

图7.44　2.4km 实现光纤线路传输秒脉冲信号的相位抖动曲线

对比图7.42和图7.44可以发现,利用2.4km的实际光纤线路传输1秒脉冲(PPS)信号时引入的相位抖动峰峰值为±300ps。而采用2.4km同轴电缆传输1PPS信号时的相位抖动峰峰值达到±600ps,因此利用微波光子链路传输时频基准信号能够有效降低相位波动,并且抗干扰能力强于传统微波链路。

7.4 本章小结

本章主要介绍了微波光子信号处理在雷达、电子战、民用通信和科研领域的应用。不难发现,在这些系统中,微波与光波优势互补,微波的作用主要是在空间中进行辐射,承担信息传递或目标探测的功能;光波则主要在系统内或系统间承担大带宽、高速率的信号传输和处理,从而达到降低传输损耗,提升处理带宽,降低系统体积、重量和功耗等目的。

微波光子学自诞生就与应用紧密结合,而随着应用需求的不断增长,对各类电子信息系统的能力要求还将不断提升。目前,微波光子学作为一个新兴的交叉学科处于方兴未艾的快速发展时期,各类新的融合处理技术还在快速涌现并实现应用;而且微波光子信号处理技术与光子集成、光电混合集成等技术的结合,又将催生出各种集成化、片上式的微波光子信号处理系统,从而再一次颠覆现阶段基于分立式器件的微波光子信号处理系统。

参考文献

[1] Barton D K. 雷达系统分析与建模[M]. 北京:电子工业出版社,2007.
[2] Ghelfi P,Laghezza F,Scotti F,et al. A fully photonics – based coherent radar system[J]. Nature, 2014,507(7492):341 – 345.
[3] Scotti F,Laghezza F,Ghelfi P,et al. Multi – band software – defined coherent radar based on a single photonic transceiver[J]. IEEE Transactions on Microwave Theory and Techniques,2015,63 (2):546 – 552.
[4] 潘时龙,张亚梅. 微波光子雷达及关键技术[J]. 科技导报,2017,35(20):36 – 52.
[5] Li R,Li W,Ding M,et al. Demonstration of a microwave photonic synthetic aperture radar based on photonic – assisted signal generation and stretch processing[J]. Optics Express,2017,25 (13):14334 – 14340.
[6] Peng S,Li S,Xue X,et al. High resolution W – band ISAR imaging system utilizing a logic – operation – based photonic digital – to – analog converter[J]. Optics Express,2018,26(2):1978 – 1987.
[7] 姚汀峰. 基于微波光子技术的分布式雷达研究[D]. 南京:南京航空航天大学,2015.
[8] Newberg I L,Gee C M,Thurmond G D,et al. Long microwave delay fiber – optic link for radar testing[C]//Microwave symposium digest,IEEE MTT – S international,1989:693 – 696.
[9] Adamy D. 电子战基础[M]. 北京:电子工业出版社,2009.
[10] Manka M E. Microwave photonics for electronic warfare applications[C]//International Topical Meeting on Microwave Photonics. IEEE,2008.

[11] Priest T S,Manka M E,Gupta K K. Demonstration of a microwave photonic link insertion into the ALR-2001 EW system[C]//Conference on Optical Fibre Technology/Australian Optical Society. IEEE,2006.

[12] 李朝伟. 拖曳式有源诱饵及相应对抗技术初探[J]. 电子对抗,2003(2):36-40.

[13] 崔旭. 拖曳式雷达有源诱饵干扰技术研究[D]. 成都:电子科技大学,2005.

[14] Calhoun M,Huang S,Tjoelker R L. Stable photonic links for frequency and time transfer in the deep-space network and antenna arrays[J]. Proceedings of the IEEE,2007,95(10):1931-1946.

[15] Tavik G C,Olin I D. The advanced multifunction RF concept[J]. IEEE Transactions on Microwave Theory & Techniques,2005,53(3):1009-1020.

[16] Stewart II W L,Blaylock J G. The challenge of transmitting super-high-frequency radio signals over short fiber-optic networks on aerospace platforms[C]//Digital Avionics Systems Conference. IEEE,2002.

[17] 魏孝锋,车爱霞,乔建武,等. 光纤传输高精度时频信号在长波授时中的应用[J]. 时间频率学报,2015,38(2):95-100.

主要缩略语

ACF	Amplitude Comparison Function	幅度比较函数
ALMA	Atacama Large Millimeter Array	阿塔卡马大型毫米波天线阵
AGC	Automatic Gain Control	自动增益控制
AMP	Amplifier	放大器
AOA	Angle-of-Arrival	来波方向
APC	Automatic Power Control	自动功率控制
AR	Antireflection	增透
ASE	Amplifier Spontaneous Emission Noise	自发辐射噪声
ATC	Automatic Temperature Control	自动温度控制
ATT	Attenuator	衰减器
AOM	Acousto-Optic Modulator	声光调制器
AWG	Array Waveguide Grating	阵列波导光栅
BCB	Benzocyclobutene	苯并环丁烯
BIT	Built-in Test	机内测试
BPD	Balanced Photodetector	平衡光探测器
BPL	Broadband Power Line	电力宽带
CAL	Calibration	校准
CCD	Charge Coupled Device	电荷耦合器件
CD	Chromatic Dispersion	色度色散
CFBG	Chirped Fiber Bragg Grating	啁啾光纤布拉格光栅
CIR	Circulator	环行器
CMOS	Complementary Metal Oxide Semiconductor	互补金属氧化物半导体
CPU	Central Processing Unit	中央处理器
CPW	Co-Planar Waveguide	共面波导
CW	Continuous Wave	连续波
DARPA	Defense Advanced Research Projects Agency	美国国防部高级研究计划局
DBR	Distributed Bragg Reflection	分布式布拉格反射
DC	Direct Current	直流
DCF	Dispersion Compensating Fiber	色散补偿光纤
DEMUX	De-multiplexer	波分解复用器

DFB	Distributed-Feedback	分布反馈
DGD	Differential-Group-Delay	差分群延时
DL	Delay line	延时线
DLN-MZI	Dual-arm LiNbO$_3$ Mach-Zehnder Interferometer Modulator	双臂铌酸锂马赫-曾德尔干涉型调制器
DML	Directly Modulated Laser	直接调制激光器
DODOS	Direct On-chip Digital Optical Synthesizer	芯片式直接数字光学频率综合器
DPMZM	Dual Parallel Mach-Zehnder Modulator	双平行马赫-曾德尔调制器
DP-DPMZM	Dual-Polarization Dual Parallel Mach-Zehnder Modulator	双偏振-双平行马赫-曾德尔调制器
DSN	Deep Space Network	深空网络
DSP	Digital Signal Processing	数字信号处理
EA	Electricity Absorb	电吸收
	Electronic Attack	电子攻击
ECL	Error Cancellation Loop	误差消除环路
ES	Electronic Support	电子支援
EDFA	Erbium-Doped Fiber Amplifier	掺铒光纤放大器
EDL	Electrical Delay Line	电延时线
ELINT	Electronic Intelligence	电子情报侦察
E/O	Electrical-to-Optical	电到光
EOM	Electro-Optic Modulator	电光调制器
EP	Electronic Protection	电子防护
ESA	Electrical Spectrum Analyzer	电谱分析仪
ESM	Electronic Support Measure	电子支援措施
FBG	Fiber Bragg Grating	光纤布拉格光栅
FFT	Fast Fourier Transform	快速傅里叶变换
FIR	FInite Impulse Response	有限冲击响应
FP	Fabry-Perot	法布里-珀罗
FPGA	Field Programmable Gate Array	现场可编程门阵列
FSI	Free Space Isolator	自由空间隔离器
FSR	Free Spectrum Range	自由频谱范围
FWHM	Full-Width Half Maximum	半高全宽
HF	High Frequency	高频
HNLF	Highly Non-Linear Fiber	高非线性光纤
HR	High-Reflection	高反射
IC	Integrated Circuit	集成电路
ICP	Inductive Coupled Plasma	电感耦合等离子体

IF	Intermediate Frequency	中频
IFFT	Inverse Fast Fourier Transform	快速傅里叶逆变换
IL	Interleaver	梳状滤波器
IM	Intensity Modulation	强度调制
IMD3	Third – order Intermodulation Distortion	三阶交调失真
IMDD	Intensity Modulation Direct – Detection	强度调制 – 直接探测
IP3	Third – order Intercept Point	三阶截交点
ITO	Indium Tin Oxide	氧化铟锡
LCP	Liquid Crystal Polymer	液晶高分子聚合物
LD	Laser Diode	激光二极管
LFM	Linear Frequency Modulation	线性调频
LTCC	Low Temperature Co – fired Ceramic	低温共烧陶瓷
MAC	Multiply and Accumulate	乘累加
MEMS	Micro – Electro – Mechanical System	微电子机械系统
MLL	Mode – Locked Laser	锁模激光器
MMI	Multi – Mode Interference	多模干涉
MRR	Micro Ring Resonator	微环谐振器
M – Z	Mach – Zehnder	马赫 – 曾德尔
MZM	Mach – Zehnder Modulator	马赫 – 曾德尔调制器
MZI	Mach – Zehnder Interferometer	马赫 – 曾德尔干涉仪
NEP	Noise Equivalent Power	噪声等效功率
NF	Noise Figure	噪声系数
OC	Optical Coupler	光耦合器
OCT	Optical Coherent Transient	光学相干瞬态
O/E	Optical – to – Electrical	光到电
OEO	Optoelectronic Oscillator	光电振荡器
OIPn	nth – Order Output Intercept Point	n 阶输出截交点
ONE	Optical Network Element	光网络单元
OPLL	Optical Phase – Locked Loop	光学锁相环
OS	Optical Switch	光开关
ORR	Optical Ring Resonators	光环形谐振器
PBS	Polarization Beam Splitter	偏振分束器
PC	Polarization Controller	偏振控制器
PCB	Printed Circuit Boards	印制电路板
PD	Photodetector	光电探测器
PHODIR	Photonic – based Full Digital Radar	基于光学的全数字雷达
PIN	Positive Intrinsic Negative	P 型 – 本征 – N 型半导体
PIN – PD	Positive Intrinsic Negative – Photodetector	PIN 光电探测器

PM	Phase Modulation	相位调制
PMD	Polarization Mode Dispersion	偏振模色散
PolM	Polarization Modulator	偏振调制器
PPLN	Periodically Poled Lithium – Niobate	周期极化铌酸锂晶体
PPS	Pulse Per Second	秒脉冲
PS	Phase Shifter	移相器
QAM	Quadrature Amplitude Modulation	正交振幅调制
RF	Radio Frequency	射频
RIE	Reactive Ion Etching	反应离子刻蚀
RIN	Relative Intensity Noise	相对强度噪声
RWR	Radar Warning Receiver	雷达威胁告警
RX	Receive	接收
SAR	Synthesis Aperture Radar	合成孔径雷达
SCL	Signal Cancellation Loop	信号消除环路
SFDR	Spurious – Free Dynamic Range	无杂散动态范围
SMF	Single – Mode Fiber	单模光纤
SNR	Signal – to – Noise Ratio	信噪比
SOA	Semiconductor Optical Amplifier	半导体光放大器
SOI	Silicon on Insulator	绝缘体上硅
SSH	Space Spectrum Holography	空间光谱全息
TE	Transverse Electric(Mode)	横电(模)
TEC	Thermo Electric Cooler	半导体制冷器
TM	Transverse Magnetic(Mode)	横磁(模)
TEM	Transverse Electromagnetic Mode	横电磁模
TOC	Tunable Optical Coupler	可调谐光耦合器
T/R	Transmit/Receive	收/发
TRAD	Towed Radar Active Decoy	拖曳式诱饵
TTD	True Time Delay	真延时
TWPD	Traveling – Wave Photodiodes	行波光电二极管
UTC	Uni – Traveling – Carrier	单行载流子
UV	Ultraviolet Rays(glue)	紫外光(固化胶)
VCSEL	Vertical – Cavity Surface – Emitting Laser	垂直腔面发射激光器
VOA	Variable Optical Attenuator	可调光衰减器
VODL	Variable Optical Delay Line	可调光延迟线
VPD	Vertically Illuminated Photodetector	垂直入射式光电探测器
WDM	Wavelength Division Multiplexing	波分复用器
WGM	Whispering Gallery Mode	回音壁模式
WGPD	Waveguide Photodetector	波导光电(探测器)

内 容 简 介

微波光子信号处理技术是将微波信号调制到光域,通过对调制光信号进行处理和控制,从而改变微波信号关键的电学特征。围绕着其概念内涵、器件组成、基本原理和技术应用,本书分 7 章进行系统探讨,系统论述了微波与光学的发展和交融过程,以及微波光子学的概念演变;总结了微波光子信号处理过程中的典型微波光子器件;归纳了微波光子处理基础链路的关键特性和信息映射方式;分别从时、空、频域阐述了微波光子信号处理的原理及方法;探讨了微波光子信号处理技术在雷达电子战和科学研究中的应用情况。

本书适合从事光载无线通信、微波光子学、电子信息处理等领域的工程技术人员和研究人员学习和参考。

Abstract

With microwave photonic signal processing technology, the microwave signal is modulated on optical wave. By coping with the modulated optical wave, key characteristics of microwave signal are changed. The book is composed of 7 chapters to discuss the conception, components, principle and application of microwave photonic signal processing. Chapter 1 introduces the development and fusion of microwave and optical wave first, then the production of microwave photonics. In chapter 2, typical microwave photonic devices are summarized. In chapter 3, main characteristics of microwave photonic link are presented, followed by different information mapping methods. The principles of microwave photonic signal processing are analyzed from time, spatial and frequency aspect in chapter 4, 5 and 6, respectively. The applications of microwave photonics in radar, electronic warfare and scientific research are summarized in chapter 7.

The book is recommended to engineers and researchers who devoted to the study of radio over fiber communications, microwave photonics and electronic information processing.

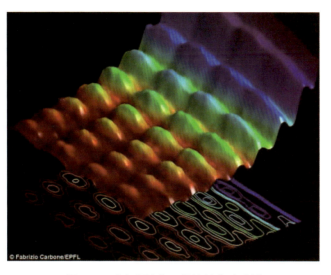

图 1.5 对光的波粒二象性的实验观测

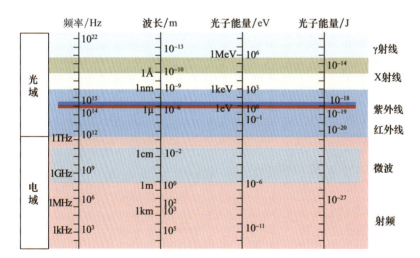

图 1.8 电磁波频谱的分布

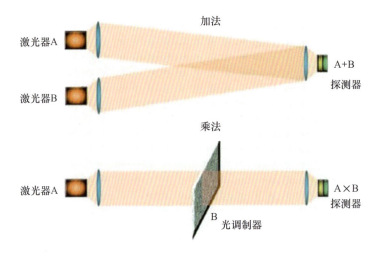

图1.9 光的空间矩阵信号处理

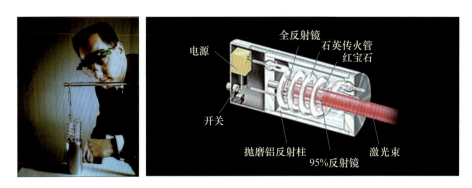

图1.19 梅曼和世界上第一台红宝石激光器的组成

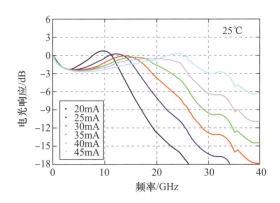

图2.4 不同电流下激光器小信号响应曲线

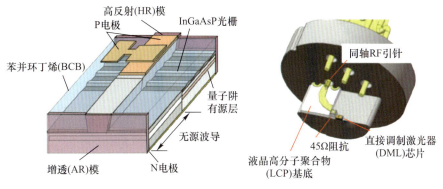

(a) 芯片示意图　　　　(b) TO封装示意图

图 2.5　日本 NTT 实验室 DML 激光器

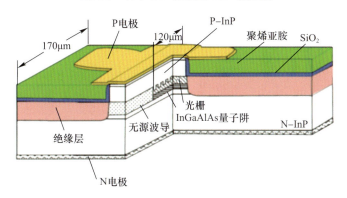

图 2.6　RS – BH DFB 激光器结构示意图

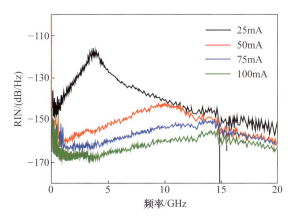

图 2.8　不同电流下激光器相对强度噪声

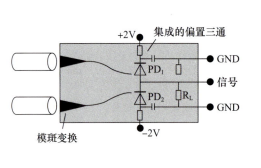
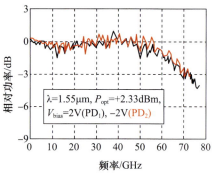

(a) 芯片电路图　　　　　　　(b) 单个光电探测器的频率响应曲线

图 2.22　单片集成平衡探测器

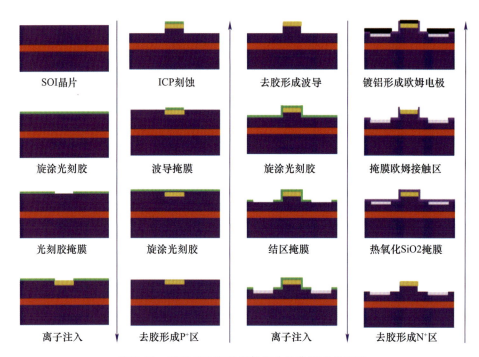

图 2.26　硅基 SOI 有源器件芯片的典型工艺流程

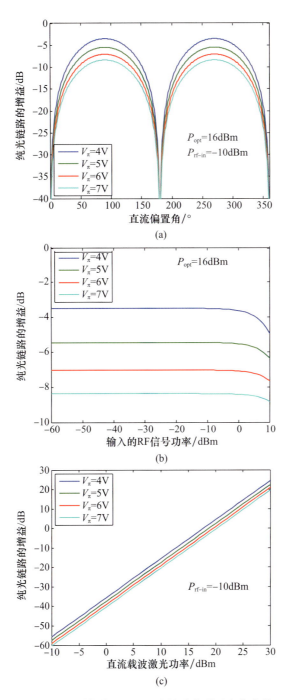

图 3.1 不同半波电压下纯光链路的增益变化曲线

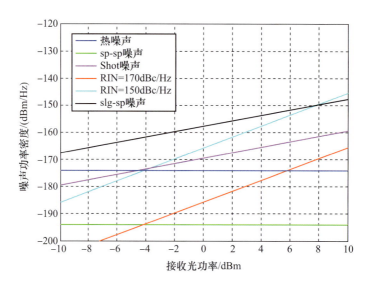

图 3.2 输出噪声功率谱密度随接收光功率的变化关系[3]

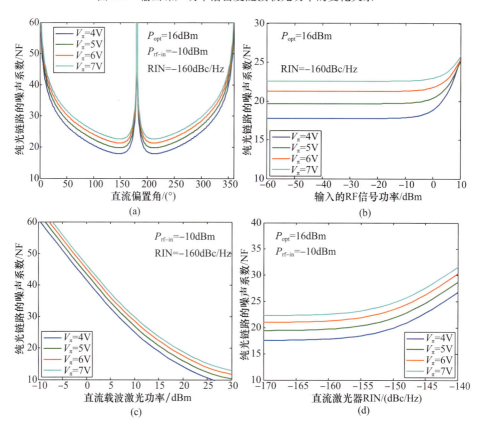

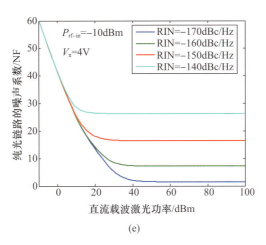

(e)

图3.3 不同条件下光链路NF的变化曲线

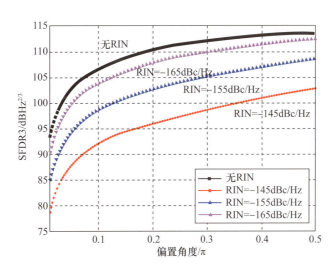

图3.18 无杂散动态范围随偏置角度的变化关系

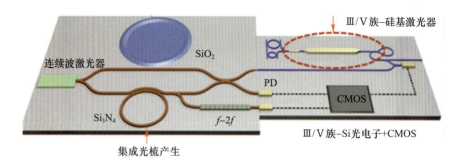

图 4.7 集成光学频率合成芯片及主要组成单元

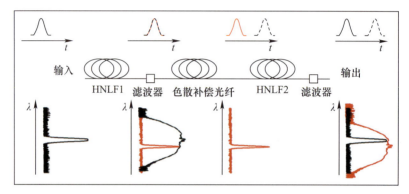

HNLF—高非线性光纤。

图 4.16 基于自相位调制和色散的可调延迟结构框图

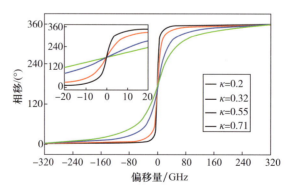

图 4.18 不同 κ 因子下相移与频率的关系

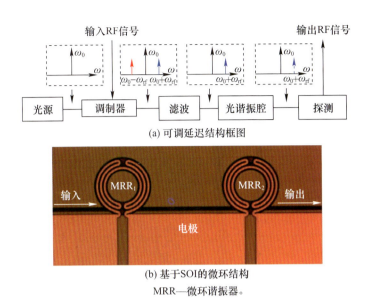

图 4.19 基于 SOI 波导的可调光延迟的原理框图及结构

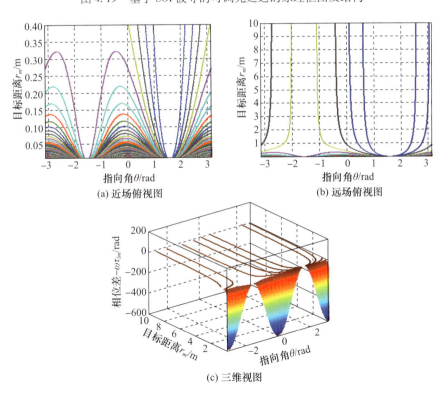

图 5.2 近、远场情况下的相位差和距离及指向角的等高线

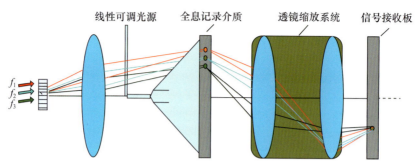

图 5.23 空间光谱全息波束形成系统

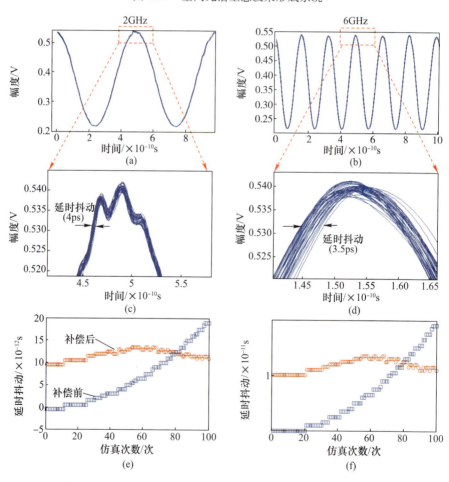

图 5.48 输入频率为 2GHz 和 6GHz 时的信号波形和相位稳定度((a)和(b)分别表示相位抖动补偿后的波形图;(c)和(d)分别是图(a)和图(b)细节的放大;(e)和(f)表示相位稳定度)

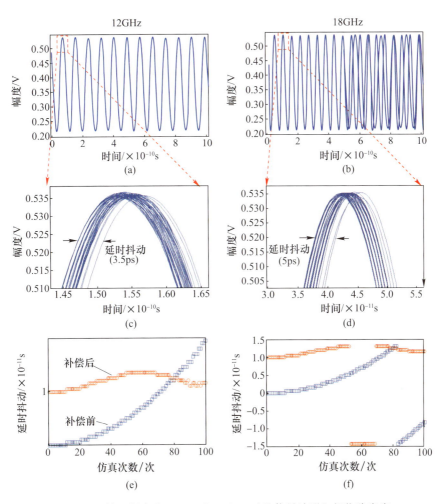

图 5.49 输入频率为 12GHz 和 18GHz 时的信号波形和相位稳定度
((a)和(b)分别表示相位抖动补偿后的波形图;(c)和(d)分别是
图(a)和图(b)细节的放大;(e)和(f)表示相位稳定度)

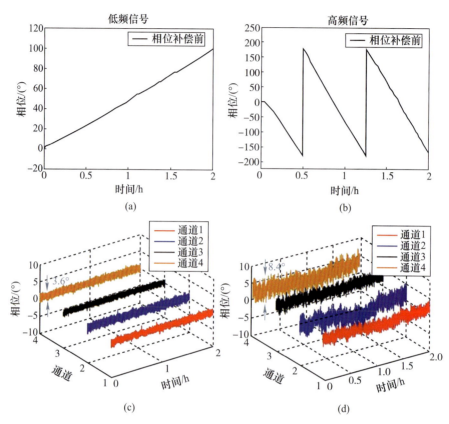

图 5.52 0.5km 传输后测量的补偿前和补偿后的相位抖动((a)和(b)表示不同频率信号补偿前的相位抖动;(c)和(d)表示不同频率信号补偿后的相位抖动)

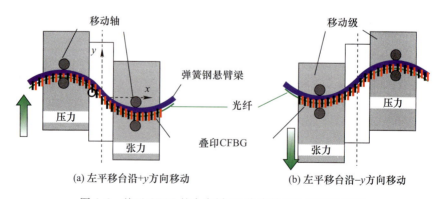

图 6.6 基于 CFBG 的全光纤 FP 滤波器 FSR 调节示意图

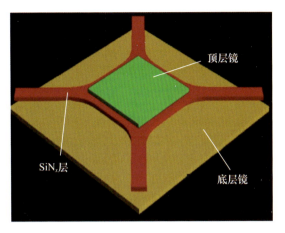

图 6.7　SiN$_x$ 薄膜 FP 滤波器基本结构

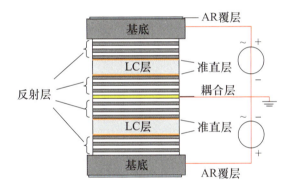

图 6.9　基于液晶材料的耦合 FP 滤波器结构[8]

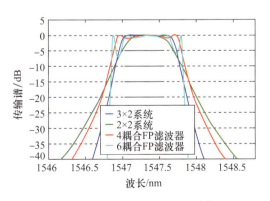

图 6.10　图 6.9 的仿真结果[8]

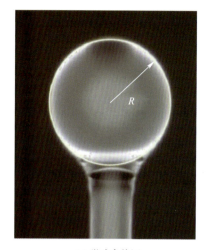
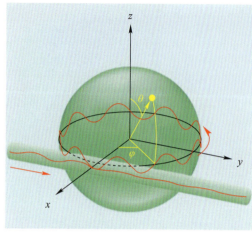

(a) 微球实物图　　　　　　　(b) 微球内部模场分布示意图

图 6.17　微球的实物图和模场分布示意图

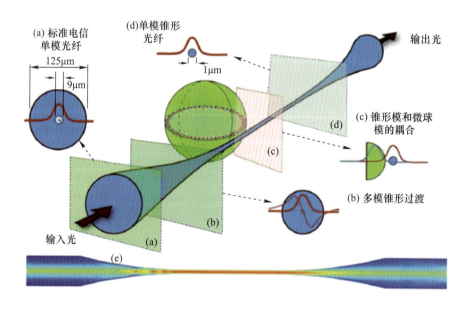

图 6.18　锥形光纤与微球谐振腔耦合过程中的模式变化示意图

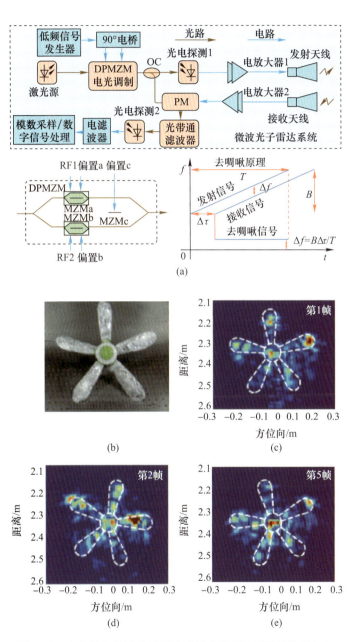

图 7.12 南京航空航天大学微波光子成像雷达系统结构图(a)、
待成像物(b)和成像结果(c)~(e)

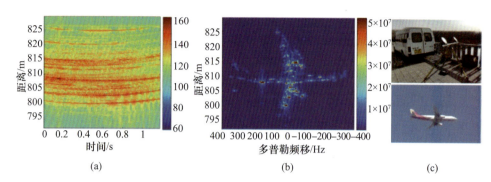

图 7.14　中国科学院电子学研究所波音 737 外场测试逆 SAR 成像结果

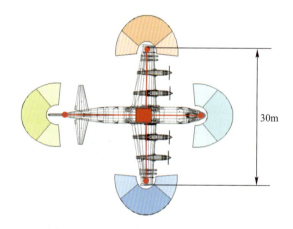

图 7.23　大飞机信号接收处理方案设想

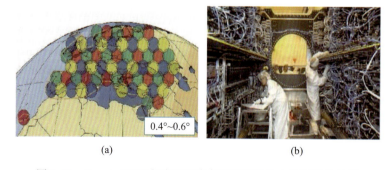

图 7.38　Eurostar3000 在欧洲的波束覆盖图及舱内光子转发系统